U0350719

3D 打印技术

主　编　刘彦伯　孔　琳

副主编　李会荣　韩　佳

参　编　罗　楠　白　松　吕晓冬

主　审　李俊涛

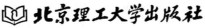

北京理工大学出版社

BEIJING INSTITUTE OF TECHNOLOGY PRESS

图书在版编目（CIP）数据

3D 打印技术 / 刘彦伯，孔琳主编． -- 北京：北京理工大学出版社，2021.8

ISBN 978 - 7 - 5763 - 0142 - 7

Ⅰ．①3… Ⅱ．①刘… ②孔… Ⅲ．①立体印刷 – 印刷术 – 教材 Ⅳ．①TS853

中国版本图书馆 CIP 数据核字（2021）第 164312 号

出版发行 / 北京理工大学出版社有限责任公司

社　　址 / 北京市海淀区中关村南大街 5 号

邮　　编 / 100081

电　　话 / (010) 68914775 （总编室）

　　　　　 (010) 82562903 （教材售后服务热线）

　　　　　 (010) 68944723 （其他图书服务热线）

网　　址 / http：//www. bitpress. com. cn

经　　销 / 全国各地新华书店

印　　刷 / 北京国马印刷厂

开　　本 / 787 毫米 × 1092 毫米　1/16

印　　张 / 16

字　　数 / 370 千字

版　　次 / 2021 年 8 月第 1 版　2021 年 8 月第 1 次印刷

定　　价 / 75.00 元

责任编辑 / 张鑫星

文案编辑 / 张鑫星

责任校对 / 周瑞红

责任印制 / 李志强

前　言

　　3D 打印技术是一项有着广阔发展前景的新技术、新工艺。传统的加工主要以去除材料的加工技术为主，而 3D 打印技术的加工成型方式与其不同。其成型方式是先将三维数字模型经软件离散分层，再由计算机数控系统控制，通过激光束和喷头等形式将各类材料逐层叠加，最终成型。它是通过增加材料来生成实体制件的技术，其基本原理是"离散 – 堆积"。因此 3D 打印技术也被称为增材制造技术，它是数字化技术和新材料应用紧密结合的一种先进制造技术。

　　目前，3D 打印技术已在国防军工、工业设计、汽车制造、航空航天、文化艺术、文物考古、服饰珠宝、食品医疗和建筑等领域得到了广泛应用及发展，并随着这项新技术的深入研究与发展应用，将不断拓展新的应用领域。

　　本书紧跟 3D 打印技术发展方向，结合陕西国防工业职业技术学院"双高建设"任务要求和实验实训条件开发了新的内容和案例，是学院"双高建设"的阶段性成果。

　　本书是 3D 打印技术的入门教程，旨在让读者全面了解 3D 打印技术的基础知识与内容，系统全面地对 3D 打印技术进行了深入浅出的介绍。全书分为 6 章，每章相对独立，又相互联系。第一章主要对 3D 打印技术及发展趋势进行了介绍。第二章主要对光固化成型技术、选择性激光烧结技术、熔融沉积制造技术、三维印刷成型技术和叠层实体制造技术等主流 3D 打印成型技术的原理及工艺等进行了介绍。第三章主要对各类 3D 打印成型材料的特点和应用等进行了介绍。第四章主要对常见 3D 打印机的结构和维护进行了介绍。第五章主要对数据处理和实例制作进行了介绍。第六章主要对工业、医疗、航空航天和建筑等领域的应用情况进行了介绍。

　　本书由陕西国防工业职业技术学院刘彦伯、西安航空职业技术学院孔琳担任主编。陕西国防工业职业技术学院李会荣、韩佳担任副主编。陕西国防工业职业技术学院罗楠、白松、西安航空职业技术学院吕晓冬参与教材编写。编写人员及分工如下：刘彦伯编写第一章、第二章第一节至第四节、第三章第一节至第五节。李会荣编写第四章，韩佳编写第六章，孔琳编写第五章第二节的实例三，吕晓冬编写第五章第二节的实例二，罗楠编写第五章第一节、第二节的实例一和实例四以及附录，白松编写第二章第五节、第三章第六节至第七节。全书由陕西国防工业职业技术学院李俊涛担任主审。

　　在本书的编写过程中得到了学院 3D 打印实训中心和兄弟院校诸位教师、相关企业诸位工程技术人员的热情帮助和大力支持。感谢北京三维天下科技股份有限公司总经理闫学文高级工程师在教材编写过程中提供的帮助与支持。在此，对所有帮助和关心过本书编写工作的企业和个人表示衷心的感谢！

本书可作为各高校和职业院校 3D 打印技术应用及相关专业、相关课程的教材，也可作为 3D 打印技术的培训教材，以及广大工程技术人员和 3D 打印技术爱好者的参考用书。

由于编者知识水平和技术能力有限，书中难免有疏漏和不妥之处，殷切希望广大读者批评指正。

编　者
2021 年 6 月

目　录

目　录

第一章 绪论

3D打印助力制造业转型升级

当前，我国制造业正面临艰巨的转型升级压力，"中国制造2025"的核心就是智能制造，而智能制造是制造业发展的必然趋势，是传统产业转型升级的必然方向。"中国制造2025"实际上就是中国版的"工业4.0"战略，是中国智能制造规划的路线图。在这个路线图中，3D打印必将扮演重要角色。

3D打印又称增材制造，它是以数字模型为基础，将材料逐层堆积制造出实体物品的新兴制造技术，将对传统的工艺流程、生产线、工厂模式、产业链组合产生深刻影响，是制造业有代表性的颠覆性技术。我国高度重视增材制造产业，将其作为《中国制造2025》的发展重点。2015年，工业和信息化部、发展改革委、财政部联合印发了《国家增材制造产业发展推进计划（2015—2016年）》，通过政策引导，在社会各界共同努力下，我国增材制造关键技术不断突破，装备性能显著提升，应用领域日益拓展，生态体系初步形成，涌现出一批具有一定竞争力的骨干企业，形成了若干产业集聚区，增材制造产业实现快速发展。

全球制造、消费模式开始重塑，增材制造产业将迎来巨大的发展机遇。与发达国家相比，我国增材制造产业尚存在关键技术滞后、创新能力不足、高端装备及零部件质量可靠性有待提升、应用广度深度有待提高等问题。为有效衔接《国家增材制造产业发展推进计划（2015—2016年）》，应对增材制造产业发展新形势、新机遇、新需求，推进我国增材制造产业快速健康持续发展，在2017年，制定了《增材制造产业发展行动计划（2017—2020年）》。

3D打印是以数字模型为基础，将材料逐层堆积制造出实体物品的新兴制造技术，体现了信息网络技术与先进材料技术、数字制造技术的密切结合，是先进制造业的重要组成部分。当前，增材制造技术已经从研发转向产业化应用，其与信息网络技术的深度融合，或将给传统制造业带来变革性影响。加快增材制造技术发展，尽快形成产业规模，对于推进我国制造业转型升级具有重要意义。

第一节 3D 打印技术概述

1. 了解 3D 打印技术的概念与特点；
2. 了解 3D 打印技术的工作原理。

能正确理解 3D 打印技术的工作原理和加工流程。

1. 培养学生树立具有中国特色社会主义共同理想，有为实现中华民族伟大复兴中国梦而不懈奋斗的信念和行动；
2. 培养学生树立科技报国的信念；
3. 培养学生正确查阅各种资料的方法与能力。

3D 打印技术（Three Dimensional Printing）是一种通俗的、常见的叫法，在学术领域范畴这种技术一般也称为快速原型制造技术、三维打印技术和增材制造技术等。

快速原型制造技术（Rapid Prototyping Manufacturing，RPM）是机械工程、计算机技术、数控技术以及材料科学等技术的集成，能将已有数学几何模型的设计迅速、自动地物化为具有一定结构和功能的原型或零件。它诞生于 20 世纪 80 年代后期，RPM 技术获得零件的途径不同于传统的材料去除或材料变形方法，而是在计算机控制下，基于离散堆积原理采用不同方法堆积材料最终完成零件的成型与制造的技术。从成型角度看，零件可视为由点、线或面的叠加而成，即从计算机辅助设计的三维模型中离散得到点线面的几何信息，再与成型工艺参数信息结合，控制材料有规律、精确地由点到面，由面到体地堆积零件。从制造角度看，它根据零件造型生成三维几何信息，转化为相应的指令传输给数控系统，通过激光或其他方法使材料逐层堆积而形成原型或零件，无须经过模具设计制作环节，极大地提高了生产效率，大大降低了生产成本，极大地缩短了生产周期。

三维打印技术也称为三维立体打印技术。它是利用普通打印机的原理，将打印机和计算机连接起来，把原料装入机身，通过计算机的控制，用注射器将原料一层一层累积起来，最后将计算机上的蓝图变成实物。打印过程是通过读取文件中的横截面信息，用液体状、粉状或片状的材料将这些截面逐层地打印出来，再将各层截面以各种方式粘合起来从而制造出一个实体。

增材制造技术（Additive Manufacturing）融合了计算机辅助设计、材料加工与成型技术，以数字模型文件为基础，通过软件与数控系统将专用的金属材料、非金属材料以及医用生物材料，按照挤压、烧结、熔融、光固化、喷射等方式逐层堆积，制造出实体物品。与传统的制造技术不同，它并不是对原材料进行切削加工，去除多余材料，而是一种"自下而上"通过材料累加的制造方法，材料是从无到有。这使得过去受到传统制造方式的约束而无法实现的复杂结构件制造变为可能。美国材料与试验协会将其定义为一种与传统的去除材料加工方法截然相反的，基于三维模型数据的，通常采用逐层制造方式制造三维实体模型的方法。其基于离散堆积原理，是由零件三维数据驱动直接制造零件的科学技术体系，其内涵和外延也在不断深化和扩展。

3D打印技术泛指上述所涉及的相应技术及相关技术领域。3D打印技术制造的三维物体如图1.1所示。

图1.1　3D打印技术制造的三维物体

3D打印技术的成型原理类似于建筑房屋的过程，其加工过程首先是把材料按照一定厚度进行分层，再一层一层将成型材料堆积起来，最终加工制造成具有一定结构形状的分层式的立体物件。整个制造过程呈现一种分层–叠加形式的成型原理，它是将计算机辅助设计的三维模型文件导入到3D打印机的软件中并对此模型进行离散化，对模型进行分层处理，再控制3D打印机将成型材料逐层进行堆积，最终制造出三维实物的一种技术。3D打印技术是一种新工艺、新技术。

3D打印技术的基本成型原理是把一个通过正向建模或者扫描等方式得到的三维数字化模型沿着某一方向切成多个剖面或薄层，然后按照顺序逐层进行打印并依次堆积形成一个实体模型。

3D打印成型过程一般可以分为三个步骤。首先得到三维数字化模型，再将该模型离散化将其分成多个截面薄层，使用3D打印机按照顺序逐层打印得到原型实体，最后进行后处理得到零件。

1. 三维数字化建模

三维数字化模型的获得方式一般有两种：第一种是通过三维设计建模软件得到三维数字化模型，常用的3D建模软件有AutoCAD、Autodesk 123D、UG、Creo（Pro/E）、Solidworks、Catia、Cimatron、Rhino、ZBrush、Maya、3ds Max等；另外一种方法是通过点云扫描的方式扫描真实的物体得到可以用于打印的三维数字化模型。

用于3D打印的三维数字化模型的文件格式是STL格式，它是建模软件和打印机之间协同工作的标准文件格式。1988年，此接口标准由美国3D Systems公司制定。STL文件使用三角面片来近似模拟物体的表面，三角面片越小、数量越多则其生成的表面分辨率越高。

2. 模型处理与制造打印

将三维数字化模型转化成 STL 格式后导入 3D 打印机中，使用 3D 打印机控制软件对三维数字化模型进行分层切片，获得离散化的截面薄层，并对每层切片进行处理以用于打印。3D 打印机每层打印厚度的分辨率是以每英寸的像素或者微米来计算的。一般而言，打印层厚为 0.1 mm 左右，也可以根据零件的结构形状特点对零件不同部位的层厚进行调整。三维数字化模型切片分层示意图如图 1.2 所示。

图 1.2 三维数字化模型切片分层示意图

分层结束后 3D 打印机会根据层厚等数据信息用成型材料将这些截面薄层按照顺序逐层进行打印，控制材料精准迅速地堆积成型，将各截面薄层用各种方式粘合起来，从而制造出一个三维实体。

加工时长根据模型的形状、结构、尺寸及成型材料、环境的不同而不尽相同。用一般加工制造方式得到一个零件通常需要的时间较长，而采用 3D 打印技术则可以将这个时间大幅缩短，在加工复杂零件时，3D 打印技术在加工时间上的优势更为明显。

3. 制件成型及后处理

在加工某些零件时，打印过程会用到支撑，这种支撑物并不是零件的一部分，在零件加工完成后是需要去除的，这种去除多余支撑物的过程即零件的后处理过程。有的后处理是去除废料、支撑物，有的是对制件进行修补、打磨和表面强化处理等。为了提高精度，使表面光整，可使用修补、打磨、抛光等后处理方式进行处理。为了提高强度、刚度，可使用表面涂覆等后处理方式进行处理。为了美观，可使用不同颜色的颜料进行着色等后处理方式进行处理。刚加工完的制件不能直接使用，一般都要经过后处理才能最终得到需要的制件。

综上所述，3D 打印的加工过程如图 1.3 所示。

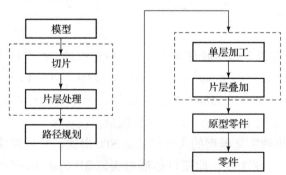

图 1.3 3D 打印的加工过程

3D 打印技术颠覆了传统的生产思路与模式，在常规加工中难以加工的复杂零件可以轻松地通过 3D 打印机进行加工。它带来了一场变革式的、大范围的制造业革命，任何复杂形状的设计基本上皆可以通过 3D 打印机进行制造加工，实现其设计意图。

3D 打印技术特点鲜明，相比常规制造加工技术而言具有显著的优势：

（1）3D 打印技术在一定层面上突破了常规的加工方法与模式，在加工形状结构比较复杂的零件时具备一定的优势。在航空航天相关领域，一些零件的结构形状是十分复杂的，常规制造技术很难对其进行制造加工，但是 3D 打印技术独特的成型原理很适合加工此类零件。

（2）3D 打印技术能大幅提升产品的生产效率、缩短产品的生产周期。其加工过程易于实现数字化制造，可直接将计算机辅助设计的三维模型导入 3D 打印机进行加工，其制造过程中减少甚至省略了很多环节，如毛坯的准备环节、刀具的准备环节和装配环节等。加工过程中的噪声和废料也明显减少。

（3）3D 打印技术能充分利用材料，有效减少材料的浪费。由于 3D 打印技术是一种分层–叠加形式的加工制造技术，并没有明显的切屑，材料可以根据需要进行调整，提高了材料利用率。

（4）3D 打印技术易于进行柔性化生产以满足用户的个性化需求，其应用领域不仅限于工业也可以用于民用。

第二节　常见 3D 打印成型工艺

1. 了解常见 3D 打印成型工艺及特点；
2. 了解常见 3D 打印成型工艺的原理及流程。

能正确了解 3D 打印成型工艺原理及加工特点。

1. 培养学生具有文化自信，尊重中华民族的优秀成果，能传播弘扬中华优秀传统文化和社会主义先进文化；
2. 培养学生正确查阅各种资料的方法与能力。

3D 打印工艺众多，一般按成型原理与方法不同分为光固化成型技术、选择性激光烧结技术、熔融沉积制造技术、三维印刷成型技术和叠层实体制造技术等几类常见的成型工艺。光固化成型技术是一种基于紫外光源和光敏树脂固化的成型技术。选择性激光烧结技术是一种使用高功率激光器加热材料的成型技术。熔融沉积制造技术是一种采用材料加热挤出成型的成型技术。三维印刷成型技术是一种基于数字微喷方法的成型技术。叠层实体制造技术是一种采用薄片材料切割叠加的成型技术。

一、光固化成型

自从 1988 年美国 3D Systems 公司推出了一台名为 SLA 的快速原型机以来，光固化成型技术已经有了快速的成长与发展。光固化成型技术也称为激光立体光刻、激光立体造型和光造型等，其英文缩写为 SLA，有时也缩写为 SL。光固化成型技术主要使用的固化光源有激光、紫外光和 LED 光等，通常将使用激光束作为光源的光固化成型技术称为 SLA 技术。这些工艺方法虽然使用的光源不同，但它们所采用的成型材料均为对特定光束敏感的树脂材料。本教材主要针对使用激光光源的 SLA 技术进行介绍。

光固化成型方法的基本原理是利用光的化学作用和热作用使液态的光敏树脂材料产生变化。光敏树脂是一种透明具有黏性的液体，当光照对其进行照射时，被照射的部分会发生聚合反应而固化。控制光源可对液态树脂进行有选择、有针对性的照射使其固化，进而形成所需的三维实体。

光固化成型方法可按照加工成型方式分为自由液面式和约束液面式两种。

自由液面式成型原理如图 1.4 所示。先把液态光敏树脂倒入树脂槽中直至盛满容器，使用特定波长的激光照射光敏树脂使其固化，激光照射的部位、轨迹和时间等参数都是通过相关软件计算后进行精确控制的，光敏树脂在被有选择地逐点照射固化后，升降台下移一定的距离，用刮板刮平液面后进行第二层的照射固化，新固化的一层会牢固地和上一层固化的树脂粘贴在一起，如此重复这个循环，直至整个制件加工成型。

约束液面式成型原理与自由液面式刚好相反，其成型原理如图 1.5 所示。其光源是从下向上进行照射的，最先成型的固化树脂位于最上方，每层扫描照射固化后，升降台向上移动一定的距离，液态树脂会自动填补制件上移后所产生的间隙，新的光敏树脂填充在制件与底板之间，激光继续照射进行固化，如此重复这个循环，直至整个制件加工成型，成型件倒置于基板上。虽然自由液面式比较常见，但约束液面式不必对液面进行刮平处理，有利于缩短成型时间。

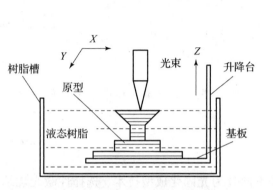

图 1.4　自由液面式成型原理　　　　图 1.5　约束液面式成型原理

约束液面式的工作流程如图 1.6 所示。正式加工之前，光敏树脂要盛满树脂槽，基板与树脂槽底面之间要留有一定的距离，此距离即为第一层需要固化的厚度。激光器发出激光照射光敏树脂，被照射到的光敏树脂因发生聚合反应而固化，第一层加工完成后激光停止照射，刚固化的第一层会粘贴在基板上。基板上升一定的距离，此距离即为第二层需要固化的厚度。液态树脂填充到第一层固化层和树脂槽底面之间，激光器复位后继续发出激光照射光敏树脂，被照射到的光敏树脂固化，第二层加工完成后激光停止照射，刚固化的第二层会粘贴在第一层上。如此反复这个过程最终直至完成加工，形成制件。

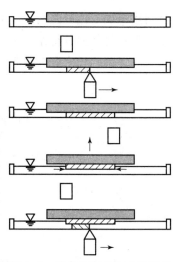

图 1.6 约束液面式的工作流程

光固化成型技术出现时间早，有着多年的技术积累和发展创新，工艺成熟稳定。其制件尺寸精度较高，表面质量较好，质量稳定，适合制作精细的小尺寸工件。其成型速度快，生产周期短，无须切削刀具与模具，可以加工结构外形复杂或使用传统手段难以成型的工件，也可以直接作为面向熔模精密铸造的具有中空结构的消失模。虽然其优点众多，但是也有不足之处：光固化成型设备制造成本较高，光敏树脂等耗材价格也较贵，设备成本和使用成本相对较高；打印速度处于中等程度，由于树脂固化过程中会不可避免地产生收缩，进而产生应力引起形变；光敏树脂材料具有气味和毒性，对环境具有一定的污染；光固化成型加工对工作环境的要求较高；制件为树脂类材料，其强度、刚度、耐热性有限，需要二次固化，并且保存时间不能太久。

目前，光固化成型技术主要应用于尺寸精度要求较高、表面质量要求较高且光滑、细节表现力较高的模型、模具等。可在成型材料中加入其他成分，用以代替熔模精密铸造中的蜡模。可用以制造用于航空航天、汽车制造等领域的精密零部件，在精密铸造领域也有着广泛的用途。此外，在珠宝行业、医用义齿等领域也有应用。光固化成型技术正向着高速、高强度和微小化的方向发展。今后也有可能在医药、微电子和生物等领域大有作为。

二、选择性激光烧结

1989 年，选择性激光烧结技术由美国得克萨斯大学奥斯汀分校的 C. R. Dechard 研制成功，最早被美国 DTM 公司商品化，于 1992 年推出以选择性激光烧结为原理的成型设备。德国的 EOS 公司也开发了相应的系列成型设备。选择性激光烧结技术的英文缩写为 SLS，它与光固化成型技术类似，只是选择性激光烧结技术通常使用的光源是红外激光束，而且材料也从光敏树脂材料变为粉末颗粒材料，其多为各类金属粉末、陶瓷粉末、热塑性塑料颗粒和尼龙粉末颗粒等。

选择性激光烧结技术也属于分层制造加工技术中的一种，其成型原理如图 1.7 所示。首先需要对三维数据模型进行离散化，将整个模型进行切片分层处理，在确定每层截面图形后将数据导入 3D 打印机。在升降台上先铺一层粉末颗粒材料，材料一般为金属粉末颗粒或非金属粉末颗粒，这层颗粒的厚度与分层层厚相当。再根据每层截面的轮廓形状，利用计算机控制激光束准确照射这些粉末颗粒材料，对其进行烧结。被照射到的粉末颗粒材料被烧结后粘贴在一起形成与第一层轮廓形状一致的片层，该层便是最终制件的底层。第一层加工制造完成后升降台下移一定的距离，这个距离便是第二层的厚度。铺粉辊筒将储料箱中的粉末颗粒材料送至加工用升降台上，并将其铺平铺匀后复位。激光束继续根据第二层的轮廓形状照射粉末颗粒材料使其烧结成型，并与第一层粘贴在一起。如此反复这个过程，当全部烧结完成后去除多余的粉末颗粒材料，便得到最终的制件。

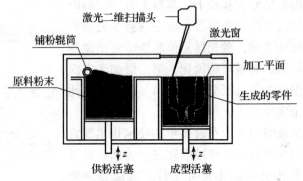

图 1.7　选择性激光烧结技术成型原理

选择性激光烧结技术具有材料利用率高的特点，未使用过的粉末能够在下一次打印中循环使用，成本较低，无浪费。此技术材料选择十分广泛，从理论上讲，经过加热能熔化的任何粉末颗粒材料皆可使用，从各类金属粉末、陶瓷粉末到高分子材料粉末颗粒等都可用于烧结材料。与光固化技术不同，选择性激光烧结技术在打印过程中无须额外加装支撑结构，未烧结的粉末可对制件的悬臂结构、空腔结构或镂空结构等起支撑作用，能加工形状结构复杂的制件，使得制造工艺简单，既节省时间，又节省材料成本。

虽然选择性激光烧结技术有很多优点，但其也有不足之处：粉末颗粒烧结后的表面比较粗糙，需要进行后处理，后处理工艺较复杂；高分子材料在用激光进行熔化烧结时，通常会有异味；由于此项技术通常使用大功率激光器，除了设备成本外，还需配套很多辅助保护工艺，致使设备成本和运行维护成本较高。

选择性激光烧结技术的应用十分广泛。由于材料多元化，选择的空间很大，能根据不同材料制作不同用途的烧结件。不仅用于研发设计阶段的概念验证、结构验证和功能测试的功能件制作，还可用于制造复杂熔模和砂芯，与传统铸造技术结合形成快速铸造技术。不仅用于微型机械的研究开发，还可以用于艺术品的设计制造，在航空航天、家用电子、汽车制作、医疗辅助、工艺美术等领域有着很广泛的应用前景。

三、熔融沉积制造

1988 年，Scott Crump 提出了熔融沉积制造的思想，于 1992 年研制开发了第一台商业机型。熔融沉积制造技术是当前全世界应用最为广泛的一种 3D 打印技术，同时也是最早开源的 3D 打印技术之一，其英文缩写为 FDM。目前，民用市场中常见的桌面式 3D 打印机多采用此项技术。

熔融沉积制造技术是一种加工制造速度较快的 3D 打印成型工艺。其成型原理如图 1.8 所示。首先料丝穿过材料导管送至喷嘴内，喷嘴内的热电阻加热器将通过的料丝加热至半流体状态。喷嘴在计算机控制下，根据第一层截面轮廓形状将半流体状态的材料涂敷在工作台上并快速冷却后形成一层截面。第一层加工完成后，工作台下移一定的距离，这个距离即第二层的厚度。喷嘴根据第二层截面轮廓形状将半流体状态的材料挤出粘贴在第一层上并凝固。如此反复，直至整个模型打印完成。

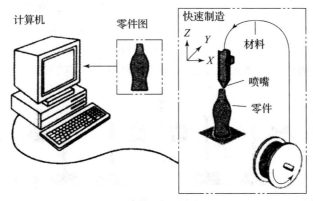

图1.8 熔融沉积制造技术成型原理

熔融沉积制造工艺常用的成型材料种类很多，以热塑性材料为主，包括尼龙、ABS 塑料、PLA 塑料和铸造石蜡等。

熔融沉积制造技术的优点和缺点对比鲜明。其优点为原理相对简单，没有激光器等贵重元器件，更易操作与维护，成本较低；市场普及率高，对使用环境的限制少，打印设备可在办公室或家庭环境中使用，现在常见的桌面式 3D 打印机多为此类；成型材料的承载形式一般以卷轴盘为主，易于实现快速更换和搬运，且无污染。其不足之处为尺寸精度较差，表面质地粗糙，不太适合尺寸精度要求较高的零部件；打印时需要设计制作支撑结构，不仅存在一定材料的浪费，而且在打印结构形态复杂的制件时，支撑结构很难去除，加大了后处理的难度；喷嘴采用机械式结构时，打印速度较慢，不太适合打印大尺寸制件或进行大批量生产。

熔融沉积制造技术已被广泛应用于建筑、汽车、电子、通信、玩具和医学等领域。在产品开发与设计过程中经常使用，如产品外观设计评估、功能测试、样品试制、塑料件开模校验和装配检查等。

四、三维印刷成型

三维印刷成型技术最早是由美国麻省理工学院 Emanual Sachs 等人研制的，后来美国多家公司开发出了相应的成型设备。三维印刷成型技术的英文缩写为3DP，与选择性激光烧结技术类似，使用的成型材料多为金属粉末、陶瓷粉末这类的粉末颗粒材料。但是其成型过程并不是通过烧结的方式将粉末颗粒材料连接起来，而是通过喷头喷出黏结剂将粉末颗粒材料黏结在一起形成零件的截面形状。

从工作方式来看，三维印刷成型技术与传统的二维喷墨打印技术最为接近，此类的 3D 打印设备使用标准喷墨打印方式，通过将液态黏结剂喷射到粉末薄层上，以打印截面的方式逐层增加制造零部件。其成型原理如图1.9所示。它的供料方式与选择性激光烧结技术类似，加工时先将粉末颗粒材料平铺在打印升降平台上，铺粉辊筒将第一层材料压实铺平。将具有颜色的液态黏合剂加压，通过导管输送至打印喷头，喷头像喷墨打印机那样会根据第一层的截面形状将不同颜色的黏合剂进行混合并有选择性地喷在粉末颗粒上，粉末颗粒材料就像黏胶水那样黏结为实体。第一层黏结完成后，打印升降平台下移一定的距离，这个距离即第二层的厚度，铺粉辊筒再次将粉末颗粒材料压实铺平，形成第二层材料厚度，喷头开始新一轮的黏结打印。如此反复这个过程，逐层进行黏结打印，直至整个制件加工完成。打印完成后进行后处理，将未黏结的粉末颗粒材料回收，清理制件表面多余的粉末。刚成型的原型件比较脆弱，稍遇压力就会粉碎，需要再次将原型件用透明黏合剂浸泡，或者在其表面喷涂一层蜡、乳胶或环氧树脂等渗透剂，使得最终的制件具备一定的强度。

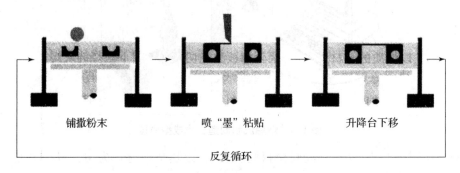

铺撒粉末　　　　喷"墨"粘贴　　　　升降台下移

反复循环

打印中　　　　最后一层　　　　打印成件

图 1.9　三维印刷成型原理

三维印刷成型技术的最大特点就在于其几乎可以制造出任何形状的彩色物品或制件，最终成品的色彩表现力很好，可以完美体现设计师在色彩上的设计意图。其不需要价格昂贵的激光器等高成本元器件，设备成本较低。加工速度快，在安装多个成型喷头后成型速度明显提升，喷射黏合剂的速度比光固化成型技术和选择性激光烧结技术单点逐线扫描快得多。打印过程无须支撑，粉末颗粒材料本身即可以充当支撑部分，不但免除了安装去除支撑的过程，同时也降低了使用成本。虽然优点很多，但也有不足之处：其制件强度、韧性较低，不太适合用于功能测试，一般常用于样品展示；模型精度和表面质量较差，最终制品的细节表现力不足，不适合制造结构太复杂或细节较多的薄型制件。

三维印刷成型技术应用较为广泛，多用于商业、办公、科研和个人工作室。常用于砂模铸造、建筑、影视和工艺制品等方面。由于该技术适合制作彩色制件，色彩表现力好，目前市场上多数 3D 照相馆采用的就是三维印刷成型技术的 3D 打印机。

五、叠层实体制造

1984 年，Michael Feygin 提出了叠层实体制造技术，组建公司后推出第一台商业型原型机。叠层实体制造的英文缩写为 LOM，其工艺原理是根据零件分层信息对纸、箔材或 PVC 薄膜等进行切割，将片层逐层黏结，最终形成三维实体。

叠层实体制造技术最早使用的成型材料是以厚度为 0.1~0.2 mm 的纸片为主，采用 CO_2 激光器对每层片型材料进行切割，计算机控制激光沿着截面轮廓形状进行切割。其工艺原理如图 1.10 所示。首先将背面涂有胶的纸片粘贴在工作升降台上，用激光切割出工件的内外轮廓，其余部分切割成小块。切割完一层后，工作升降台下降一定的距离与料带分离。收料轴和供料轴转动，新的纸片经过热压辊将单面的胶水融化使其具有黏性。将料带输送到加工区域后，将新的纸片叠加在上一层上，并使两层纸片黏结在一起，激光继续进行切割加工。如此反复，最终将制件加工成型。由于 CO_2 激光器造价较高，成型材料种类过少，纸片强度弱，易受潮等诸多原因的影响并没有得到很好的发展。后来成型材料以 PVC 覆膜材料替代了传统的纸片，用切割刀替换了造价高昂的 CO_2 激光器，使得成本降低了不少。PVC 覆膜材料具有良好的物理特性，强度和韧性较高，表面光滑，可打印通透的零部件。现在，叠层实体制造技术常用的成型材料有纸、金属箔、塑料膜、陶瓷膜等。

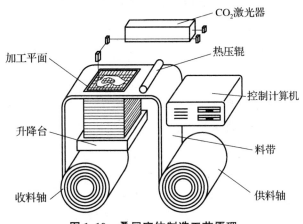

图1.10 叠层实体制造工艺原理

叠层实体制造技术具有工作可靠、支撑性好、成本低、效率高等优点。其只需对片型材料进行切割，不用像光固化成型技术那样对整个轮廓形状逐点进行扫描，在加工制造大型零件时具有一定的优势。加工制造过程所使用的材料无明显的相变，不易发生翘曲变形。加工过程无须安装支撑部件，工件外框与截面轮廓形状之间的多余材料就起到了支撑作用。虽然有优点，但是也有不足之处：叠层实体制造技术成型材料有明显的浪费，表面质量较差，制件的强度较差，不宜加工制造中空结构较复杂的制件。

叠层实体制造技术应用广泛，除了可以制造模具、模型外，还可以直接制造结构件或功能件。利用材料的黏接性能，可制作尺寸较大的制件或薄壁件。采用薄材叠层方法制作铸造用消失模，制造石蜡件的蜡模、熔模精密铸造中的消失模等。

以上各种3D打印成型工艺各有所长。

光固化成型工艺使用的是光敏树脂，当光敏树脂被激光照射后会发生聚合反应进而固化，由液态变为固态。其使用的激光器多为具有固定波长的紫外固体激光器，零件的精度和表面质量较高，但成型材料的可选择范围较窄，材料成本较高，激光器造价高，最终导致制件成本较高。

选择性激光烧结工艺主要使用固体粉末颗粒材料，在被激光照射后发生熔融，形成每层的截面轮廓形状后固化。各类金属和陶瓷材料在成型方面具有独特的优势，成型材料适用性好。但是也存在制件表面质量较差等情况。

熔融沉积制造工艺不以激光作为照射源，成本较低。它是使用电能加热材料，通过喷头使材料达到熔融状态。此项工艺成本较低，市场普及率高。但是喷头的运动多为机械运动，

速度受限，加工时间较长；受到所用料丝直径的限制，成型精度较低。

三维印刷成型工艺原理简单，速度快，适合在办公室环境使用。当成型材料为树脂时，由于其喷墨量小，加工时间较长，制作成本较高。

叠层实体制造工艺的每层厚度由薄型材料的厚度限制，激光主要进行切割工作，而非逐点扫描每层的截面轮廓形状，所以加工速度较快。在以纸片为成型材料进行加工时，每层厚度控制不好会留有灰烬和烟雾。

第三节 3D 打印技术发展趋势

1. 了解国外 3D 打印技术的发展现状；
2. 了解国内 3D 打印技术的发展现状；
3. 了解 3D 打印技术的发展趋势。

1. 能正确了解 3D 打印技术的发展现状；
2. 能正确判断 3D 打印技术的发展趋势。

1. 培养学生具有全球意识和开放的心态；
2. 培养学生关注人类面临的全球性挑战，理解人类命运共同体的内涵与价值等；
3. 培养学生能尊重世界多元文化的多样性和差异性，积极参与跨文化和跨学科交流，使自身能兼容并包，集百家之长。

3D 打印技术作为一项新技术新工艺，不仅正在改变物品制造的方法，而且还对人们的生产、生活等方面产生了影响，正悄然引起了一系列的变革。虽然 3D 打印机已经可以进入家庭或办公环境，但并非每个人都能像设计师那样设计出有创意的物品。在这种情况下，用户可向设计公司购买自己所需的数据文件，下载后直接用于 3D 打印，制造出有创意的物品。3D 打印技术不仅给制造业注入了新的活力，并且也给制造业和服务业带来了新的商机。

一、国外 3D 打印技术发展现状

3D 打印技术在国外的发展速度快且历史久远。2012 年，《时代》杂志就对 3D 打印技术给予了非常高的评价和期望，称其正逐渐改变制造业的格局。《经济学人》杂志则认为 3D 打印技术将与其他数字化生产模式一起推动实现新的工业革命。

从国际市场来看，3D 打印市场已进入商业化阶段，出现了众多的相关设备和企业，如美国的 3D Systems 公司和德国的 EOS 公司等。美国 3D 打印技术起步早、发展水平较高，2010 年前后，政府就出台了扶持 3D 打印产业的政策用以振兴相关产业。在此过程中，美国大力推动创新成果的产业化，提高人才的竞争力，通过智能创新和智能制造提高制造业生产率。德国提出的"工业 4.0"概念成为引领世界制造业未来发展方向的理论。其核心概念是将制造领域内的资源、信息、物品和人之间相互关联形成相关系统，其根本目标是通过构建智能生产网络，推动工业生产制造向智能化和网络化方向升级。

为了在相关产业升级革新过程中占得先机和充分利用新技术带来的发展机遇，很多国家纷纷调整战略布局，及时推出各种措施，积极应对并且努力重塑在全球制造业领域的优势。

二、国内 3D 打印技术发展现状

我国 3D 打印技术的研究工作起步于 20 世纪 90 年代初，最早进行 3D 打印技术研究的科研机构包括清华大学、华中科技大学、西安交通大学、西北工业大学等众多知名高校和科研院所，这些科研机构早期在各成型工艺和成型设备的研究和开发方面各有侧重，取得了众多的成果。我国的 3D 打印事业正在欣欣向荣地高速发展，已初步形成了 3D 打印设备和材料的生产与销售体系。

目前，3D 打印技术正处于快速发展的阶段，不仅在工业领域有所涉及，而且在民用领域也得到了很好的发展。我国也出台了相关的政策，如 2015 年国家工业与信息化部发布了《国家增材制造产业发展推进计划（2015—2016 年）》。很多业内人士认为，在高新尖产业快速发展的大背景下，3D 打印产业将迎来巨大的发展机遇，预计未来将出现井喷式的发展。

三、3D 打印技术发展趋势

3D 打印技术的发展十分迅速，研发领域与方向也各不相同，呈现出一种蓬勃发展、遍地开花的趋势。其未来的发展趋势包括：

1. 多元化

成型材料的种类逐渐增多，从高分子材料、金属材料到生物材料、食用材料等，其品类繁多，应用多样。随着 3D 打印技术的发展，3D 打印机不仅可以打印种类繁多的均质材料，也可以打印功能各异的非均质材料。现有的粉末冶金法、等离子喷涂法等方法不同程度地存在着工艺复杂、费用昂贵、操作不便等缺点，而 3D 打印技术能较好地适应于此类技术。其基于离散－堆积的成型原理，比较容易实现两种或两种以上的材料复合，能让各种材料的含量在空间位置上有规律地进行变化，进而达到比较好的效果。

2. 集成化

目前，三维数字化模型和 3D 打印机操控系统之间普遍采用 STL 文件格式，它是一种基于表面三角化的近似处理技术，文件存在着很多不足之处，最终影响了零件的成型精度和加工效率。为了解决这些问题，中间过程要进行简化处理和通用数据的整合，最终在软件层面上形成一种类似于 CAD/CAM 的一体化、集成化趋势。

3. 共享化

由于 3D 打印技术易于实现数字化，能将设计好的三维数字模型直接转给 3D 打印机进行生产制造，再加上网络化的普及和全球化的趋势，当今已经可以轻松实现在本地进行设计，在异地进行生产制造。设计者、生产者和消费者可以通过网络共享资源，实时有效地沟

通，加快生产过程。如急需某个重要零件时，可以直接通过共享的方式调用成熟可靠的设计文件进行 3D 打印加工，省去了重新设计、物流、坯料准备等环节的时间，原本几天的工作任务可在短短几小时内完成，高效快捷。

4. 民用化

3D 打印技术正在从工业向民用转化，已经悄无声息地走进了人民群众的生活当中。已经在创意制作、食品制作等领域慢慢普及，给人们的生活带来了诸多方便与便利。3D 打印技术能满足消费群体个性化的需求，为了方便使用，其在材料、成本、外形上会向着多样化、低成本、小型化的方向发展。

第三次工业革命浪潮中，3D 打印技术将很有可能成为重要核心之一。借助 3D 打印技术构建的虚拟条件，设计者、生产者和消费者可以非常直观地看到产品的设计结果、内部结构、制造过程和运行原理，自主地互动参与产品设计过程，把控和监督生产过程，预先发现和修正缺陷、解决问题，极大地缩短开发周期、降低生产成本。3D 打印技术是一门复合性的技术，涉及多个学科技术领域，其融合了机械、机电、机器人技术，自动化、电气学、材料学、先进制造技术、CAD/CAM 技术、工业设计、产品造型设计、3D 扫描技术、人机工程学等诸多知识体系和学科领域。

3D 打印技术是目前最受关注和最值得期待的新兴技术之一，在工业设计、装备制造、航空航天、电子电器、生物医学、食品加工等领域都有着广泛的应用。发展 3D 打印产业，有利于提升产品开发水平、提高工业设计能力。作为一门新兴技术，其应用前景十分广泛。市场对相关技术人才也有着迫切的需求，高端人才凤毛麟角。3D 打印技术相关技术人才应具备三维产品设计、三维扫描、逆向造型、设备操作、维护管理等能力，能够与他人合作，有一定的创新能力，并具备一定的知识积累，能可持续发展。

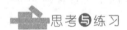思考与练习

1. 3D 打印技术的成型原理是什么？
2. 简述 3D 打印成型过程可以分为哪几个步骤。
3. 常见的 3D 打印成型工艺有哪些？
4. 3D 打印技术的发展趋势是什么？
5. 3D 打印技术有哪些特点？

第二章　3D打印成型工艺及技术

[思政学堂]

打破国外垄断，振兴中国制造

每个人都应该有一个梦想，一个理由去坚强。航天使命，国之担当。徐强作为中国航天科技集团运载火箭技术研究院十八所的一名高级工程师，他的梦想是打破国外先进制造强国对我国精密传动机构行业的技术和市场双重垄断。他技术底蕴丰富，在每一个研究过的方向上都能沉得下来，钻得进去。世界发达国家对我国机械工业核心部件，特别是精密传动机构及伺服驱动系统实施军民两用技术和高端市场的双重垄断，这关系到整个中国航天的核心技术是否受制于人的问题，更是关系到国家战略型号和国防安全的重大问题。中国航天的厚重传统，不允许落后他人，国家的战略型号安全和国防安全，不容挑战。如何扭转精密传动机构受制于人的局面，成为摆在航天人眼前的重大问题，刻不容缓。徐强在这种危急时刻，毅然放弃已有研究成果，主动投身精密传动机构技术研究，犹如"垦荒牛"一般地默默耕耘。苦心人，天不负，其团队终于研发出两种类别多种型号的行星滚柱丝杠。丝杠产品的工艺精度超越国外水平，使中国航天领域牢牢把握住了机电伺服核心部件精密传动机构的关键技术，改变了行星滚柱丝杠全部依靠进口的局面，为航天事业重要战略型号独立自主和安全奠定了坚实的基础。徐强对于家庭的疏于照顾，他的家人从不计较。没有徐强家人在背后的默默付出，就没有徐强对于精密传动事业的全心投入，就没有精密传动后来的技术突破和跻身世界前列的成果。他守得住清苦，耐得住性子，啃得了技术的硬骨头，坐得住默默无闻的冷板凳。作为一名科研工作者，他铁骨铮铮，一身闯劲。他常说："我在做自己最喜欢做的事，而且是推动技术发展的大事，我很幸福。"

第一节　光固化成型

1. 了解光固化成型工艺原理和特点；
2. 了解光固化成型控制系统的组成；
3. 了解光固化成型质量的影响因素及控制措施。

能力目标

1. 能正确理解成型工艺原理；
2. 能正确理解控制系统组成并能对软硬件进行控制；
3. 能根据问题现象正确分析影响成型质量的因素。

素质目标

1. 培养学生崇尚真知的精神，能理解和掌握基本的科学原理和方法；
2. 培养学生具有实证意识和严谨的求知态度，能尊重事实和证据；
3. 培养学生理性逻辑，能运用科学的思维方式认识事物、解决问题、指导行为等；
4. 培养学生善于发现问题，敢于质疑，敢于尝试，用创新的思维去解决问题。

光固化成型技术的简称是 SLA 或 SL，其技术特点是利用光敏材料在受到光照情况时固化成型的特性进而形成制品。光固化成型方法的基本原理是利用光的化学作用和热作用使光敏材料产生变化进而对其进行分层叠加，加工成型。

光敏树脂等光敏感成型材料在受到紫外线、电子束、可见光或不可见光等照射下转变为固态聚合物。光敏树脂是一种透明具有黏性的液体，当对其进行照射时，被照射的部分会发生聚合反应而固化。控制光源可对液态树脂进行有选择、有针对性的照射使其固化，进而形成所需的三维实体。

光固化成型技术的加工过程是利用计算机三维建模技术、逆向工程技术、图像处理技术、高能光束光源技术、数字控制技术和紫外线固化塑胶技术等实现三维制件的成型，在加工成型时，紫外线光束在聚合物的液体表面逐层描绘制件每层的截面轮廓形状，被照射到的光敏树脂材料发生聚合反应变成固态并逐层加工，最终完成制件的加工，达到造型的目的。在科研领域，对光固化成型技术的研究比较深入，技术较成熟、应用广泛，是最早被实用化的 3D 打印成型工艺技术之一。光固化成型技术的常用材料是热固性光敏树脂，主要用于制造各种模具、模型等。

我国在 20 世纪 90 年代初即开始了对光固化成型技术的研究，经过多年的发展取得了长足的进展，西安交通大学等知名高校对其原理、工艺、应用等进行了深入的研究，技术产品已经达到了商业化的要求。

中华民族正在实现伟大复兴，中国技术正在崛起，只要怀揣梦想，铸技锻能，就能为我国的建设发展添砖加瓦。

一、成型工艺原理

1. 成型工艺

在光固化成型工艺中，光敏树脂的固化是指在激光光源照射到液态的光敏树脂后，光敏树脂发生聚合反应，聚合反应发生区域主要在液态树脂的表层，其固化区城的大小常用水平方向的宽度和垂直方向上的深度来表示。常见的固化方法有三种：

（1）第一种固化方式为快速铸造，此方法主要用于制造中空的铸件模型。在成型过程中，每层的外轮廓在内部固化之前先被扫描，然后在实体内部按四边形或三角形路径进行扫描，它们在垂直方向上以一定的距离平行，以便排出多余的树脂。成型方法如图 2.1 所示，三角形的平移应确保本层每个三角形的顶点位于上一层三角形中心的上方，正方形的平移应按照一半的间距进行偏离。由于正方形的内角比三角形大，树脂的月形液面更小，便于多余的树脂排出。因为此种方法生成的原型具有较大的表面再加之树脂具有吸湿性，因此需要注意避免因吸湿而产生的变形，在加工时应尽快移到可以控制湿度的地方避免过度的变形。

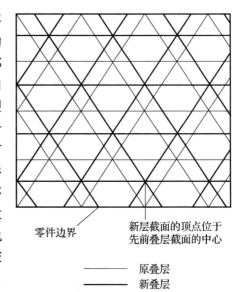

零件边界　　　新层截面的顶点位于先前叠层截面的中心

—— 原叠层
—— 新叠层

图 2.1　固化方式一

（2）第二种固化方式是指实体的内部在激光光源照射的作用下完全固化。发生反应的光敏树脂相当于一半线宽的距离，成型方法如图 2.2 所示。因为间距是相同的，所以固化树脂将受到相同量的紫外激光照射并向下形成平直的表面，此方式适用于聚合时不收缩的环氧树脂，否则会产生变形进而影响精度。与另外两种常用的固化方法相比较而言，此种方法所需的扫描时间是三种方法中最长的，但是在变形率较低的树脂材料成型中其精度是最高的一种，该方法广泛应用于高精度制件的 3D 打印成型。

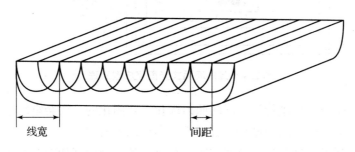

线宽　　　间距

图 2.2　固化方式二

（3）第三种固化方式在原型内部以固定形状的网格为支撑，使得所固化的原型具备了较高的尺寸稳定性。这些网格是当每隔一层成型时在每半个间距中产生的，成型方法如图 2.3 所示。网格的末端并不接触实体的边缘，这样处理可减少整体的变形。网格线不相交能使得变形量变得更小，与此同时，还应考虑强度，网格线将尽可能地接近有利于提升实体的强度。此方法适用于收缩率较大的丙烯酸树脂。此种方法所需的扫描时间较短，也适用于环氧树脂材料。

光固化成型工艺的加工方式一般分为自由液面式成型方式和约束液面式成型方式两种。自由液面式光固化成型原理如图 2.4 所示。先把液态光敏树脂倒入树脂槽中直至盛满容器，使用特定波长的激光照射光敏树脂使其固化，激光照射的部位、轨迹和时间等参数都是通过相关软件计算后进行精确控制的，光敏树脂在被有选择地逐点照射固化后，升降台下移一定

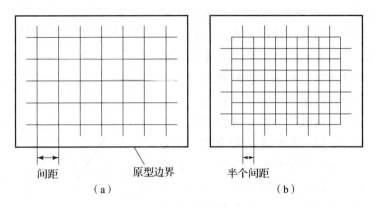

间距　　　　原型边界　　　　半个间距
（a）　　　　　　　　　　　（b）

图 2.3　固化方式三

（a）上一层；（b）平移半个间距的下一层

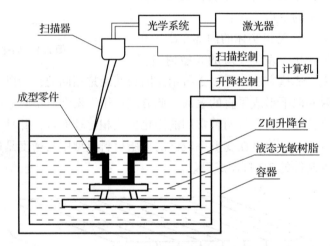

图 2.4　自由液面式光固化成型原理

的距离，用刮板刮平液面后进行第二层的照射固化，新固化的一层会牢固地和上一层固化的树脂粘贴在一起，如此重复这个循环，直至整个制件加工成型。

约束液面式的成型原理与自由液面式刚好相反，其成型原理如图 2.5 所示。其光源是从下向上进行照射的，最先成型的固化树脂位于最上方，每层扫描照射固化后，升降台向上移动一定的距离，液态树脂会自动填补制件上移后所产生的间隙，新的光敏树脂填充在制件与底板之间，激光继续照射进行固化，如此重复这个循环，直至整个制件加工成型，成型件倒置于基板上。虽然自由液面式比较常见，但约束液面式不必对液面进行刮平处理，有利于缩短成型时间。

2. 后处理

光固化成型加工过程完成后，并不能使用，需要对其进行后处理。光固化成型制件从工作台上取出后表面一般都沾有液态树脂，也有可能存在少部分未完全固化的树脂；模型中起辅助支撑作用的结构并不是制件的一部分，也需要进行去除和进行修复。

一般情况下，光固化成型的后处理工序主要有制件的后固化工序、清理工序、去除支撑工序和打磨工序等。3D 打印加工结束后，工作台升起，原型制件被工作台脱离光敏树脂槽，

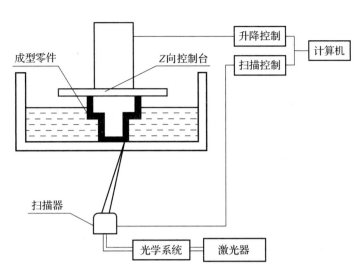

图 2.5　约束液面式光固化成型原理

不能立刻取下制件，需要停滞一段时间以便晾干滞留在制件表面的树脂和去除包裹在制件内多余的树脂。制件晾干后，用铲刀等工具将制件从工作台上小心地取出，用丙酮、酒精等清洗液对其进行清洗工作，刷掉残留的气泡。清洗结束后，将制件的支撑结构去除，为了方便去除支撑结构一般由软件自行添加，一般位于底部和中空部分等部位。去除支撑时应小心翼翼，不能破坏制件表面及精细结构或部位。尺寸较大的制件在刚成型时，其中可能会有小部分未完全固化的树脂，为了不影响其加工成型质量，需对制件进行仔细清洗后置于紫外烘箱中进行整体二次固化。外形较复杂的制件在加工成型后，在其表面可能出现台阶状的结构影响其表面质量。台阶状的结构不能完全避免，制件是逐层硬化的，层与层之间可能会出现此种情况，需要在后处理时对其进行打磨等工序的处理。

二、光固化成型控制系统

1. 系统组成

光固化成型系统根据生产商不同而略有不同，一般会包含光源、扫描系统、平整系统、工作台和温度控制系统等。激光振镜扫描式的光固化成型系统如图 2.6 所示。激光器产生光源，激光光束通过振镜偏转可进行水平面的二维平面内的扫描，当扫描完一层之后，工作台沿着垂直方向移动准备进行下一层的成型加工。在每层的成型加工时，控制系统会根据这层的截面形状信息对振镜进行精确控制，使得激光光束按照设定的路径逐点进行扫描，与此同时控制光阀与快门使一次聚焦后的紫外光进入光纤，在成型头经过二次聚焦后照射在树脂液面上进行固化。一层固化完成后，控制工作台在垂直方向上移动一个距离，这个距离即是制件每层的厚度，然后再控制激光光束对新一层的树脂进行固化，如此反复这个过程直至整个制件加工完成。

1）光源系统

光固化成型技术一般所使用的光源主要是气体激光器、固体激光器和半导体激光器等几种类型的激光器，也有采用普通紫外灯作为光固化光源的。

从光固化成型的原理可以看出，当激光光束的光谱分布与光敏树脂吸收谱线相同时，组

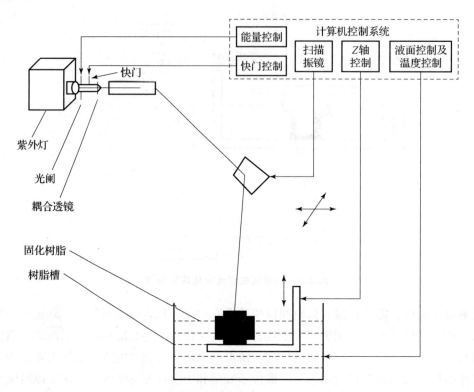

图 2.6　激光振镜扫描式的光固化成型系统

成树脂的有机高分子吸收紫外线，造成分解、交联和聚合现象，其物理或化学性质发生变化。光固化成型技术对光源选择的主要因素是光敏剂对不同频率的光子的吸收，大部分光敏剂在紫外区的光吸收系数较大，一般使用低量光能量密度就可以使得树脂固化，故而多数光固化成型设备一般都采用紫外波段的光源。

　　气体激光器的介质是气体，通过放电得到激发。它是利用气体作为工作物质产生激光的器件。激励方式以电激励方式最为常用，在适当放电条件下利用电子碰撞激发和能量转移激发等，气体粒子有选择性地被激发到某高能级上，从而形成与某低能级间的粒子数反转，产生受激发射跃迁。气体激光器结构简单、造价低，操作方便，工作介质均匀，光束质量好且能长时间较稳定地连续工作，品种多，应用广。常见的有氦氖激光器、二氧化碳激光器和氮气激光器等多种。

　　固体激光器用固体激光材料作为工作物质。工作介质是在作为基质材料的晶体或玻璃中均匀掺入少量激活离子。例如在钇铝石榴石（YAG）晶体中掺入三价钕离子的激光器可发射波长为 1 050 nm 的近红外激光。固体激光器具有体积小、使用方便、输出功率大的特点。一般光固化成型设备所采用的固体激光器输出波长约为 355 nm，具有输出功率高，使用寿命长，在更换激光二极管后可继续使用，光斑模式好，有利于聚焦，扫描速度快，效率高等优势。

　　半导体激光器是用半导体材料作为工作物质的激光器。由于物质结构上的差异，不同种类产生激光的具体过程比较特殊。常用工作物质有砷化镓、硫化镉和硫化锌等。半导体激光器具有驱动方式简单、能耗小、体积小和寿命长等优点。半导体激光器根据最终输出光线形状不同可分为点激光器、线激光器和面激光器。点激光器扫描速度慢，精度高；面激光器扫描速度快，精度低；线激光器介于两者之间，应用较为广泛。

　　普通紫外光源有氘灯、氢弧灯、汞灯、氙灯和汞氙灯等。氘灯和氢弧灯是点光源，作为一种热阴极弧光放电灯，泡壳内充有高纯度气体，外壳由紫外透过率高且光洁的石英玻璃制成。当灯内充的气体是重氢（氘）时称为氘灯，灯内充的气体是氢时，称为氢弧灯。汞灯一般分为高压汞灯和低压汞灯，高压汞灯多为球状，其体积小、亮度高，但在远紫外区域有效能量弱。低压汞灯多为棒状，功率较小，但极间距长，不是点光源，限制了它在远紫外曝光中的应用。氙灯的光谱接近于太阳光谱，热辐射大，远紫外辐射较少，不适合作为光固化成型使用的紫外光源。

　　汞氙灯是利用氙气作为基本气体，并充入适量的汞制成的球形弧光放电灯。它是一种具有体积小、亮度高、即开即亮和节电等优点的球形点光源，在远紫外范围内具有很强的能量辐射。远紫外汞氙灯含有丰富的光谱，既含有能固化树脂的紫外能量，还含其他可见光和红外线。其他可见光会在一定程度上影响固化零件的质量，造成零件表面粗糙等缺陷。红外线具有热效应，如在焦点上把红外线能量聚集起来会形成高温致使光纤损坏导致系统无法正常工作。为了避免上述情况的发生，一般采用冷光介质膜技术进行处理，在聚光反射表面镀一层具有较强紫外反射特性的介质膜。介质膜对可见光和红外光的反射能力弱，使得反射罩具有较强的紫外波段反射能力。其结构如图2.7所示。

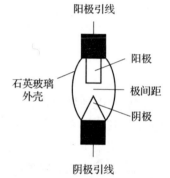

图2.7　远紫外汞氙灯结构

　　聚焦系统也是光源系统的一部分，主要作用是进行光能量的传输。光能量传输示意图如图2.8所示。光固化成型技术要求传输至树脂液面的光能量具有较高的能量密度。一般采取反射罩实现反光聚焦效果，便于提高光能量密度。经光纤输入端的耦合聚焦系统聚焦进一步提高光能量密度；再由光纤传输将光能量传至光纤输出端的耦合聚焦系统聚焦至树脂液面。

图2.8　光能量传输示意图

　　经过集光系统的光能量，由于光源并非理想点源，而是一弥散圆斑，且聚光罩本身也会造成一定的误差。为了提高光能量密度需要再次将光能量聚焦耦合，由光纤传输。但是光纤输出是光束以充满光纤数值孔径角的形式射出，将这种形式的光能直接作用于光敏树脂不满足成型的要求，需要再一次聚焦，以高能量密度、小光斑面积耦合至树脂液面，完成光能量输送，实现树脂的固化。

　　2）扫描系统

　　光固化成型设备的光学扫描系统有数控导轨式扫描系统和振镜式激光扫描系统等，如图2.9所示。数控导轨式扫描系统利用计算机控制工作台进行二维平面运动，用光纤和聚焦透镜完成零件的扫描成型。其具有结构简单、成本低、定位精度高的优点，这种系统便于简化物镜设计，但是扫描速度相对比较慢。振镜扫描器是一种低惯量扫描器，主要用于激光刻线和舞台艺术等激光扫描场合，常用于高精度大型快速成型系统。它的工作原理是用具有低转动惯量的转子带动反射镜偏转光束。它能产生稳定状态的偏转，进行高保真度的正弦扫描以及非正弦的锯齿、三角或任意形式扫描。振镜扫描器适用于大视场范围内的扫描，速度快、动态特性好，但是其结构相对比较复杂，对光路要求高，调整较为烦琐，价格较高。

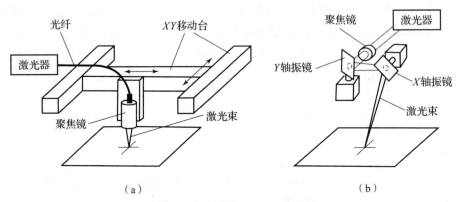

图 2.9　光固化成型光学扫描系统

(a) 数控导轨式扫描系统；(b) 振镜式扫描系统

　　振镜式激光扫描系统主要由电动机、聚焦系统和控制系统等组成。电动机一般为检流计式有限转角电动机，其有一定的机械偏转角，反射镜片黏接在电动机的转轴上通过电动机的旋转带动其偏转来实现激光束的偏转。聚焦系统可分为静态聚焦方式和动态聚焦方式，需要根据实际聚集工作面的大小进行不同的选择。

　　动态聚焦方式需要辅以一个 Z 轴电动机并通过一定的机械结构将电动机的旋转运动转变为聚焦透镜的直线运动来实现动态调焦，同时需要特定的物镜组对工作面上聚焦光斑进行调节。动态聚焦方式相对于静态聚焦方式复杂，其系统示意图如图 2.10 所示，采用动态聚焦方式的振镜式激光扫描系统，激光器发射的激光光束经扩束镜后得到均匀的平行光束，然后通过动态聚焦方式的聚焦以及物镜组的光学放大后依次投射到 X 轴和 Y 轴振镜上，最后经过两个振镜，二次反射到工作台面上，形成扫描平面上的扫描点，通过控制协调镜片的相互偏转和动态调焦来实现工作平面上任意复杂图形的扫描。

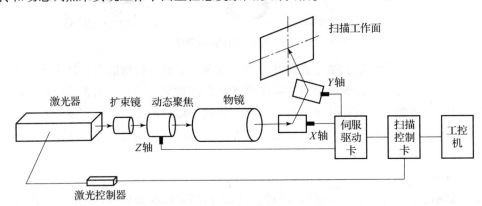

图 2.10　振镜式激光扫描系统示意图

3）平整系统

平整系统主要用于将树脂液面进行涂覆刮平，可使液面尽快流平，缩短成型时间，提高涂覆效率和提升成型质量。涂覆机构常见的形式有吸附式、浸没式和吸附浸没式等。

吸附式涂覆机构如图 2.11 所示，由吸附槽、前刃、后刃、压力控制阀和真空泵等组成，刮刀由吸附槽、前刃和后刃组成。工件完成一层激光扫描后，电动机带动托板工作台下降一个层厚的距离，真空泵抽气产生的负压使刮刀的吸附槽内吸有一定量的树脂，刮刀沿水平方向运动将吸附槽内的树脂涂覆到已固化的工件层面上，同时刮刀的前刃和后刃修平高出的多余树脂使液面平整，刮刀吸附槽内的负压还能消除由于托板工作台移动在树脂中产生的气泡。这种形式适合断面尺寸较小的固化层面，在操作过程中，可通过调节刮刀移动速度完成较大区域的涂覆。

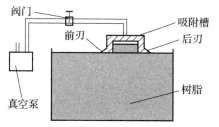

图 2.11　吸附式涂覆机构

浸没式涂覆机构的涂覆过程如图 2.12 所示。其刮刀结构与吸附式不同，只有前刃和后刃，没有吸附槽。当工件完成一层的扫描之后，托板工作台下降距离较大，此距离一般大于数层的厚度，然后再上升至比最佳液面高度低一个层厚的位置，随后刮刀做来回运动将表面多余的树脂和气泡刮除。此种方法能将较大的工件表面刮平，但刮走后的气泡仍留在树脂槽中，较难消失。若气泡附在工件上面，则可能导致工件出现气孔，影响质量。

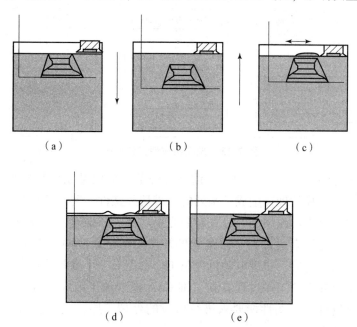

（a）　　　　　　　　（b）　　　　　　　　（c）

（d）　　　　　　　　（e）

图 2.12　浸没式涂覆机构的涂覆过程

（a）启动状态；（b）工作台下移；（c）工作台上升后刮刀刮平；（d）刮平后的液面；（e）静置等待液面平整

吸附浸没式涂覆机构结合了前两者的优点，主要由刮刀、真空机构和运动机构等组成，并增加了水平调节机构。真空机构通过调节阀控制负压值来控制刮刀吸附槽内的树脂液面的高度，保证吸附槽里有一定量的树脂；刮刀水平调节机构主要用于调节刮刀刀口的水平。由于液面在激光扫描时必须是水平的，因此，刮刀的刀口也必须与液面平行。工作时，刮刀的吸附槽里由于存在负压，会一直有一定量的树脂。当完成一层扫描后，升降托板带动工件下降几层的高度，然后再上升到比液面低一个层厚的位置，接着电动机带动刮刀做来回运动，将液面多余的树脂和气泡刮走，激光就可以进行下一次的扫描了。通过这种技术能明显地提高工件的表面质量和精度。

4）工作台

托板升降工作台的主要作用是完成零件支撑及在垂直方向运动，它与平整系统相互协调可实现待加工层液态光敏树脂的涂覆。工作台升降系统采用步进电动机驱动，使用精密滚珠丝杠和精密导轨进行传导和导向。制造零件时托板工作台需要经常在垂直方面做直线移动，在托板工作台上分布的小孔结构可有效减小工作台直线移动对液面产生的搅动。

2. 系统控制

光固化成型设备的控制系统各不相同，但是大致可以分为前处理、处理中和后处理等环节。光固化成型工作流程如图 2.13 所示。

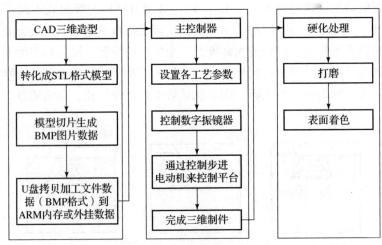

图 2.13　光固化成型工作流程

以振镜扫描式光固化成型系统为例，前处理环节主要将数字三维模型转化为 STL 格式后利用软件进行分层切片处理，生成一系列的二维切片文件。前处理环节完成后就可以进行处理中环节，其主要是进行成型加工。先对激光束功率、扫描速度和液态树脂温度等进行设置，启动激光器，激光光束通过数字振镜的偏转按照指定轨迹照射加工区域的光敏树脂表层，第一层光敏树脂固化后，步进电动机控制工作台上升一个层厚的距离，继续加工固化第二层树脂，如此反复前面的工序过程直到三维 CAD 模型加工完成。后处理主要是模型制备完成后，必须根据制件相应的性能要求进行后续的处理工序，主要包括后固化、修补、打磨、表面硬化处理和表面着色等。

1）系统硬件

系统硬件主要能实现数据处理、运动控制和人机交互等功能，是光固化系统中必不可少的部分。其本质是一个相对比较复杂的机电控制系统，在进行控制硬件系统设计时需要根据不同情况和影响因素统筹考虑。

根据控制硬件结构的不同，大致上可分为单机控制模式和双位机控制模式等。单机控制模式是由一台高性能的计算机集中控制，统一完成人机交互、数据处理、运动控制和成型过程控制等全部功能。单机控制模式的硬件结构相对简单，系统可靠性相对较高。其控制系统的绝大多数功能通过软件实现，便于简化设备驱动装置的硬件结构，设备硬件成本较低。对于这种主要由软件完成大部分控制工作的系统而言，能通过软件设计解决兼容性问题，实现良好的兼容性，系统较为稳定。除了上述优点外，也存在软件设计相对复杂等缺点。双位机控制也称为上下位机控制模式，它是由两台计算机分工协作共同完成快速成型设备所需的控制功能。两台计算机通过网络进行数据的传递。上位机一般是由一台高性能的计算机构成，主要承担编译、解释、人机交互和数据处理等非实时性任务。下位机一般是由一台性能相对较低的计算机构成，其主要承担内存访问、中断服务、设备的运动控制和成型过程控制等实时性要求较高和与硬件设备相关联的控制。此模式采用并行处理机制，两台计算机分别执行不同的任务，分工明确且互不干涉。控制系统的硬件结构清晰，两台计算机相对独立，控制硬件系统的设计可以进行分工合作，同时进行。除了上述优点外，也存在控制硬件系统的结构较复杂，设备的硬件成本较高等缺点。

以离线生成方式处理数据的光固化成型设备系统为例，其在成型加工之前已通过数据处理软件得到了全部切片层的实体位图数据和支撑相关数据，在成型加工过程中计算机控制系统并不需要进行复杂的数据计算和处理工作，只需要完成层面位图数据的读取和显示即可。单机控制模式基本能够满足光固化成型系统对于成型加工的要求，因为光固化成型系统中的运动控制相对简单，采用集成化的运动控制系统，一般的计算机的性能就够用。

激光束的功率控制、振镜的偏转控制以及光敏树脂液位控制互不干扰，采用独立的控制模块自主控制。在光固化成型加工过程中，计算机控制系统只需要对它们的状态进行监测，在故障出现时发出报警信息。在光固化成型系统中，垂直方向的运动通过运动控制器进行控制，扫描振镜控制由一块专用的控制卡来实现，对自主控制模块部分的监测和激光束光闸的控制则用一块多功能数据采集卡来完成，三块控制卡通过插接板直接插入控制计算机的扩展槽中，通过总线与控制计算机进行信息传输。光固化成型系统的控制硬件系统结构如图2.14所示。

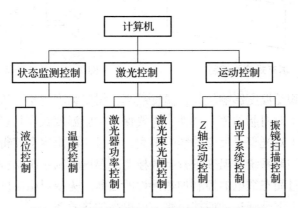

图2.14　光固化成型系统的控制硬件系统结构

在成型加工过程中，工件托板的垂向移动等都会对光敏树脂液面产生影响进而使得液面发生变化，造成光敏树脂液面不在激光扫描的最佳工作高度，进而影响工件的成型尺寸和精度。液位控制系统的主要功能就是解决上述问题，让工作液面一直保持最佳高度。

液位控制系统常见的液面控制方式有溢流式、填充式、整体升降式等几种。

溢流式液面控制如图2.15所示，整机工作时树脂泵也会一直工作，将小树脂槽中的树脂抽到大树脂槽中，当大树脂槽的液面高度高过溢流口时，树脂就会从溢流口流回小树脂槽，这样就能始终保证大树脂槽的高度不变。此种方式会带来较多的气泡，树脂黏度较大时树脂泵工作难度较大，难以抽到大树脂槽中。

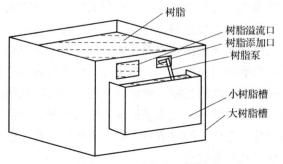

图 2.15　溢流式液面控制

填充式液面控制如图 2.16 所示，通过控制可升降填充物的高度来控制液面的高低。此原理简单，但由于填充物体积有限，当填充物下降到最低点时，需要通过手工向树脂槽里添加树脂，才能让填充物回到正常工作点。

整体升降式液面控制如图 2.17 所示，工作时液面传感器实时检测液面的高度，当高度出现变化时，通过计算机计算出需要上升或下降的高度并启动电动机带动升降机来调节液面高度。此方式简单可行，并能轻松更换树脂和树脂槽，清洗方便。此方式应用较为广泛。

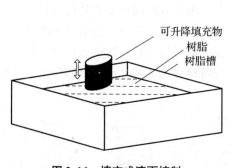

图 2.16　填充式液面控制

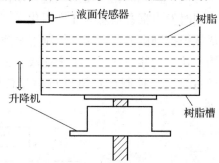

图 2.17　整体升降式液面控制

树脂的黏度和体积受温度影响较大，温度越高，树脂黏度越小，流平特性越好。为保持液面的稳定及改善刮平时树脂的流平特性，需要保持树脂温度较高且稳定。光聚合反应的温度范围较宽，温度基本对光聚合反应的影响不大，但过高的温度会使得成型件软化。基于以上几点原因需要温度控制系统对温度进行有效控制。温度控制系统结构框图如图 2.18 所示，控制器输出信号，通过固态继电器控制加热元件的通断。为使树脂温度尽快均衡，可在加热的开始阶段，托板做上下升降运动搅拌树脂，以提高加热效率。

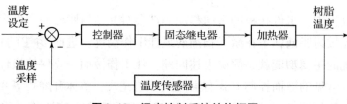

图 2.18　温度控制系统结构框图

激光控制系统的主要功能是控制扫描光点的速度完成成型加工过程。在扫描固化成型基本固化单位的过程中，扫描光点并非匀速运动，而是由加速、匀速及减速三个过程组成的。开始扫描时，光点聚焦系统在驱动系统的作用下从静止很快加速到一定速度值，然后匀速进行扫描，扫描快结束时，扫描光点必须迅速减速，再进行下一条相邻扫描轨迹线的扫描。此过程得到的成型固化线条不是理想的微细柱状的线型结构，而是两端粗、中间细的实体结构。由此实体结构在累积、黏接而形成制件时，对成型尺寸精度和翘曲变形等有着较大的影响。非匀速扫描时，在离轴距离一定的直线上其曝光时间是不同的，从而导致了曝光量的差异，所以固化深度和固化线宽是不均匀的，曝光时间越长，固化深度越深，固化线宽越宽。

为了完善成型动作和改善成型质量，需要解决上述这种不均匀性。一种方法是使光能量适时改变，使能量随时间变化的曲线与扫描线的曝光时间曲线相互作用，最终达到均匀曝光的目的。另一种方法是设计实现控制扫描光束能量供给的控光快门装置，即在扫描过程的加速及减速段，控光快门控制激光光束，使其精准作用于光敏树脂，使扫描固化线条趋于理想化和均匀性。控光快门装置原理如图2.19所示。按功能可分为机电能量转换部分、磁路封闭系统和衔铁复位系统。机电能量转换部分包含线圈架、电磁线圈、铁芯和衔铁。电磁线圈通过导线与控制及驱动电路相连构成电路系统，电磁线圈的电阻、电感、绕线方式和外形尺寸对能量转换的效率有较大影响。磁路封闭系统包含线圈、铁芯、衔铁及支座。衔铁与铁芯间隙的调整对快门的功能有较大影响。衔铁复位系统包括复位弹簧和弹簧支撑座。快门动作的数字电压信息通过接口电路送至线圈驱动管。当数字电压为高电平时，线圈驱动管导通，电磁铁产生电磁力，推动快门执行挡光或通光动作。当数字电压为低电平时，线圈驱动管断开，线圈中无电流流过，快门在复位弹簧的弹力作用下复位。在数字电压由高电平切换到低电平后，线圈中的能量必须通过相应的回路释放，否则有可能击穿线圈驱动管，所以在驱动控制电路中需要设计浪涌电压吸收电路，通过该电路吸收驱动管断开时由驱动线圈产生的反峰电压。

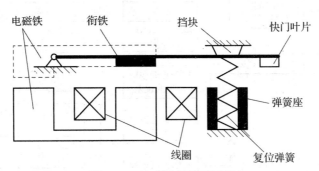

图2.19　控光快门装置原理

2）系统软件

光固化成型设备的工艺系统软件主要包含三维模型设计、数据处理和加工控制等环节，系统软件结构框图如图2.20所示。

三维模型设计一般有两种方式，使用三维造型软件建立一个三维实体CAD模型或者通过反求的方法得到三维模型实体数据，再将三维实体模型转化生成快速成型系统的数据接口STL文件。

数据处理模块先建立三维模型中各点、线、面、体等几何元素之间的拓扑关系，再对

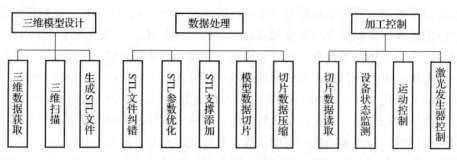

图 2.20　系统软件结构框图

STL 文件进行纠错处理。在对三维模型进行成型方向优化和图形变换之后，由切片软件得到一系列的二维截面轮廓形状，并由二维截面轮廓形状数据生成层面实体数据和支撑相关的数据。

加工控制模块在读取分层数据后进行显示处理，利用振镜扫描系统控制激光光束进行打印成型，光敏树脂材料固化并进行每层的叠加，最终完成制件的成型加工。加工控制模块在进行加工过程控制时还需要对设备的运行状态进行监控，随时处理故障并进行报警。

三、光固化成型质量控制

光固化成型技术的基本原理是将任意复杂的三维 CAD 模型转化为一系列简单的二维层片，逐层固化粘贴，最终获得三维模型。按照成型工艺过程可将成型误差的影响因素按类划分，如图 2.21 所示。

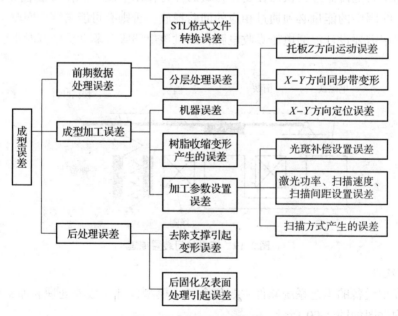

图 2.21　光固化成型误差

1. 前期数据处理对成型精度的影响

零件的 CAD 模型在造型软件中生成之后，必须经过分层处理才能将数据输入到 3D 打印设备中。CAD 模型分层处理主要有基于 CAD 模型的直接切片方法和基于 STL 文件的切片方法。CAD 模型的直接切片具有文件数据量小、精度高、数据处理时间少以及模型错误少等优点，但它不适合对模型自动增加支撑，同时需要软件环境的支持等。尽管 STL 文件有不足之处，但基于 STL 模型的分层方法是主流的分层方式。采用 STL 文件切片方法对三维模型进行数据处理时误差主要来源于三维 CAD 模型的 STL 文件输出和对此 STL 文件的分层处理过程，即 STL 格式文件转换和分层处理这两方面的影响。

1）STL 文件格式转换误差

STL 文件有信息交换标准代码 ASCII 格式和二进制格式两种数据格式。二进制的文件格式较小，易于传输，使用较为广泛。

STL 文件的数据格式是采用小三角形来近似逼近三维 CAD 模型的外表面，小三角形数量的多少直接影响着近似逼近的精度。精度要求越高所选用的三角形应该越多。一般三维 CAD 系统在输出 STL 格式文件时都要求输入精度参数，也就是用 STL 格式拟合原 CAD 模型的最大允许误差。这种文件格式将 CAD 连续的表面离散为三角形面片的集合，当实体模型表面均为平面时不会产生误差，但对于曲面而言，不管精度怎么高，也不能完全表达原表面，这就不可避免地存有误差。圆柱体和球体的 STL 格式如图 2.22 所示。

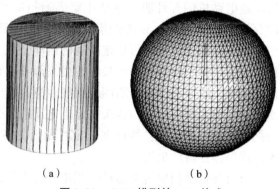

（a） （b）

图 2.22 CAD 模型的 STL 格式

（a）圆柱体；（b）球体

由于 3D 打印技术本身的特点，制造精度一般在 ±（0.1~0.2）mm。过分提升 STL 格式精度只是徒增数据量，并没有对加工制造起到实质性的效果。较稳妥的做法是根据工艺条件和成型零件精度要求选择适当的 STL 格式精度。

2）分层处理产生的误差

分层处理对成型精度的影响主要体现在其产生的原理误差，分层处理以 STL 文件格式为基础，先确定成型方向，通过一簇垂直于成型方向的平行平面与 STL 文件格式模型相截，所得到的截面与模型实体的交线再经过数据处理生成截面轮廓信息，相邻两平行平面之间的间距即每一层的分层厚度。由于切片层之间存在距离导致了对模型表面连续性的破坏，造成了两切片层间信息的缺失，进而造成分层方向的尺寸误差和面型精度误差。

进行分层处理时，确定分层厚度后，如果分层平面正好位于顶面或底面，则所得到的多边形恰好是该平面处实际轮廓曲线的内接多边形；如果分层平面与此两平面不重合，即沿切层方向某一尺寸与分层厚度不能整除时，将会引起分层方向的尺寸误差。由此可见，合理的分层切片厚度可以减少或消除误差。

由于 3D 打印成型技术采用分层叠加的制造原理，一个 CAD 模型的切片由上下水平面及中间曲面组成，上下水平面的轮廓并不相同。而在成型制造中，却是由上层的层面信息构成的柱体完成一个厚度的层面制作，用柱面替代任意曲面，在加工过程中必然会产生"阶梯效应"，其原理如图 2.23 所示。这是一种原理误差，致使曲面精度下降造成面型精度误差。

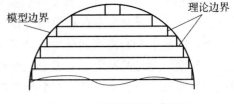

图 2.23 "阶梯效应"原理图

2. 光固化成型加工误差对成型精度的影响

1）设备误差对成型质量的影响

设备误差是 3D 成型设备本身的误差，它属于原始误差，在成型系统设计及制造过程中就应尽量减小以提升硬件基础品质，提高制件精度。

工作台 Z 向运动误差直接影响堆积过程中每层厚度的精度，最终导致 Z 向的尺寸误差。工作台在垂直面内的运动直线度误差宏观上影响制件的形状、位置误差，微观上致使粗糙度增大。

扫描系统在 $X - Y$ 方向的定位误差受系统运动惯性力和扫描机构振动的影响。步进电动机本身和机械结构对采用步进电动机的开环驱动系统主要影响扫描系统的动态性能。$X - Y$ 扫描系统在扫描换向阶段存在一定的惯性，致使扫描头在零件边缘部分超出设计尺寸的范围，导致零件的尺寸产生偏差。扫描头反复进行加速减速的运动，在工件边缘的扫描速度略低于其他部分，激光光束对边缘部分的照射时间稍长，在边缘部分会有扫描方向的转换，扫描系统惯性力大，加减速过程慢，致使边缘处树脂固化程度较高，进而对精度产生影响。扫描机构对零件的分层截面做往复填充扫描时，扫描头在步进电动机的驱动下本身具有一个固有频率，由于各种长度的扫描线都可能存在，所以在一定范围内的各种频率都有可能发生，当发生谐振时，振动增大，成型零件将产生误差。

步进电动机驱动同步齿形带并带动扫描镜头运动，同步带的变形也会影响定位精度，可采用位置补偿系数减小其影响。

2）树脂收缩变形对成型质量的影响

材料形态的变化对成型精度有直接影响。在成型过程中光敏树脂从液态到固态的聚合反应过程中要产生线性收缩和体积收缩。

线性收缩导致在逐层堆积时产生层间应力，使制件变形翘曲。其变形过程与材料结构、光敏特性、聚合反应等多种因素有关。线性收缩在成型固化及二次固化中都会发生，导致制件尺寸变化和形状位置变化从而精度降低。

树脂在光固化过程中产生的体积收缩影响制件尺寸的变化，进而影响成型精度。光敏树脂固化后的结构单元之间的共价键距离小于液态时的范德华力作用距离，造成结构单元在聚合物中的结合紧密程度比液态时大，导致聚合过程中产生体积收缩。体积收缩在光固化快速成型中对成型零件的翘曲有一定的影响。

树脂固化后的溶胀性对制件精度影响较大。光固化成型过程需要至少数小时才能完成，先固化的部分长时间浸泡在液体树脂中会出现溶胀，致使尺寸变大，强度下降。

3）加工参数对成型质量的影响

光斑直径对成型质量具有一定的影响。在光固化成型中，圆形光斑有一定的直径，固化的线宽大小等于在该扫描速度下实际光斑直径大小。如不采用补偿，光斑扫描路径如图

2.24（a）所示。成型的零件实体部分周边轮廓大了一个光斑半径，结果导致零件的实体尺寸大了一个光斑直径，使得零件出现正偏差。为了减小或消除正偏差，采用光斑补偿，使光斑扫描路径向实体内部缩进一个光斑半径，如图 2.24（b）所示。从理论上说，光斑扫描按照向内部缩进一个光斑半径的路径扫描，所得零件的长度尺寸误差为零。通常需要根据零件误差大小修正补偿直径大小，使补偿直径大小等于实际的光斑直径大小。

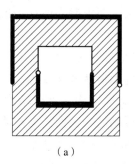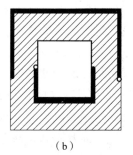

（a）　　　　　　　　　（b）

图 2.24　光斑对制件的影响

（a）未采用光斑补偿时的扫描路径；（b）采用光斑补偿时的扫描路径

除了光斑直径对成型质量具有一定的影响外，扫描方式的不同也会产生不同的影响。填充扫描是指光固化成型设备利用计算机控制激光光束在 $X-Y$ 方向有序扫描零件轮廓形状的内部区域。不同的扫描方向和扫描线之间的相对位置，可派生出多种扫描方式。在不同的扫描方式下，固化成型过程中所产生的层间应力的大小和方向是不同的，这种层间应力的差异在宏观上表现为工件变形和收缩量的不同。在不同的扫描方式下，工件的变形程度有很大的差别。

此外，激光功率、扫描速度、扫描间距产生的误差也会对光固化成型加工过程产生影响。

3. 后处理过程对成型精度的影响

后处理是指刚打印成型的制件不能直接使用，需要进行后固化、修补、打磨、抛光和去除支撑等工序才能正常使用。后处理工序也会对成型精度造成影响。

在后固化工序时，未固化的树脂和处于凝胶态的树脂发生聚合反应，导致产生均匀或不均匀的形变。与扫描过程不同，制件是具有一定的扫描间距固化线相互黏结的薄层叠加而成，固化线之间和相邻层之间都有未固化的树脂，相互之间又存在收缩应力和约束。温度的降低也会引起应力。后固化方式不同，所用紫外光灯的能量、时间不同等也会有所影响。多种因素的互相影响使得制件在后固化中产生翘曲进而产生误差，影响精度。

在去除支撑工序时，人为因素和支撑对表面质量可能会产生影响。支撑在设计时就应考虑成型方向、支撑部位和支撑结构等问题，支撑设计要合理，便于后续操作和处理。

在打磨、抛光等工序时，如果处理不当会影响到制件的尺寸及形状精度，产生后处理误差。有时制件表面会出现不平整的现象，可能在曲面上出现因分层引起的微小台阶状结构等缺陷。有时制件的薄壁和特殊结构可能出现强度不足、尺寸有偏差和表面硬度等问题。修补、打磨和抛光等后处理工序可提高表面质量，表面涂覆工序能改变制品表面颜色、提高其强度等。

四、光固化成型特点

由光固化成型工艺得到的制件成型精度较高，表面质量较好，在工业生产中经常用于直

接制作面向熔模精密制造的具有空中结构的消失模或替代塑料件。该项技术的特点如下：

（1）尺寸精度较高，表面质量较好。光固化成型技术加工制件的尺寸精度可达到 0.05 ~ 0.1 mm。由于制件结构形状的影响，可能会在曲面等表面出现台阶状的微结构，但制件表面仍可得到玻璃状的效果。

（2）成型材料种类有限，选择时有局限性。目前常用的成型材料为光敏液态树脂，其具有一定的毒性和气味。对储存具有一定的要求，要求避光保存，远离热源，常温保存以防止储存的原料发生聚合反应影响正常的使用。

（3）成型制件外形尺寸稳定性较差。在成型过程中，较大、较薄和较复杂的表面或部位容易产生翘曲变形，影响制件的尺寸精度、外形形状和强度等。

（4）对于有些制件的加工需要设计和制造支撑结构，支撑结构需在成型制件的后处理环节中进行去除，去除过程如果不慎将容易破坏制件的表面精度和质量。有些较大制件的个别部件并未完全被固化，为了提升制件的性能和尺寸稳定性通常需要进行二次固化。

（5）该项技术有利于构建结构相对复杂、尺寸较小的较精密零件。尤其对于内部结构复杂、一般切削加工刀具难以加工的制件，光固化成型过程能自动化地一次成型，效率较高。

（6）光固化成型设备购买、运行和维护费用较高。对于加工环境有一定的要求，需要对原件定期进行维护保养。激光器作为主要光源，其价格较高。所用的液态树脂成型材料的价格也比较高，并对储存环境有一定的要求。

（7）光固化成型工艺制造的零件由于强度较弱等原因一般不适合进行二次的机械加工。

第二节　选择性激光烧结

知识目标

1. 了解选择性激光烧结成型工艺原理和特点；
2. 了解选择性激光烧结控制系统的组成；
3. 了解选择性激光烧结成型质量的影响因素及控制措施。

能力目标

1. 能正确理解成型工艺原理；
2. 能正确理解控制系统组成并能对软硬件进行控制；
3. 能根据问题现象正确分析影响成型质量的因素。

素质目标

1. 培养学生崇尚真知的精神，能理解和掌握基本的科学原理和方法；
2. 培养学生具有实证意识和严谨的求知态度，能尊重事实和证据；

3. 培养学生理性逻辑，能独立思考、独立判断，多角度、辩证地分析问题；

4. 培养学生具有好奇心和想象力，有不畏困难和挫折的勇气，有坚持不懈的探索精神，能大胆尝试，积极寻求有效的问题解决方法。

选择性激光烧结又称选区激光烧结。它是一种采用激光有选择地分层烧结固体粉末，并使烧结成型的固化层层层叠加生成所需形状零件的工艺。从理论上来说，任何受热后能够黏接的粉末都可以作为选择性激光烧结的原材料，如塑料、石蜡、金属、陶瓷等。金属粉末的激光烧结技术因其特殊的工业应用，已成为近年来研究的热点，该技术能够使高熔点金属直接烧结成型为金属零件，完成传统切削加工方法难以制造出的高强度零件的成型，尤其是在航天器件、飞机发动机零件及武器零件的制备方面，这对 3D 打印技术在工业上的应用具有重要的意义。

选择性激光烧结思想是由美国得克萨斯大学奥斯汀分校的 Dechard 于 1986 年首先提出的。这是一种用红外激光作为热源来烧结粉末材料成型的 3D 打印技术。

1992 年美国 DTM 公司推出 Sinterstation 2000 系列商品化选择性激光烧结成型机，随后分别于 1996 年、1998 年推出了经过改进的选择性激光烧结成型机 Sinterstation 2500 和 Sinterstation2500$^+$，同时开发出多种烧结材料，可直接制造蜡模及塑料、陶瓷和金属零件。由于该技术在新产品的研制开发、模具制造、小批量产品的生产等方面均显示出广阔的应用前景，因此，选择性激光烧结技术在十多年时间内得到迅速发展，现已成为技术最成熟、应用最广泛的快速成型技术之一。DTM 公司拥有多项选择性激光烧结技术专利，无论是在成型设备还是在成型材料方面均处于领先地位，该公司于 2001 年被 3D 公司收购，因此 3D 公司拥有了最先进的选择性激光烧结技术。

国内从 1994 年开始研究选择性激光烧结技术，北京隆源公司于 1995 年初研制成功第一台国产化激光快速成型机，随后华中科技大学也生产出了 HRPS 系列的选择性激光烧结成型机，这两家单位的选择性激光烧结成型设备均已产业化。国内研究选择性激光烧结技术的还有南京航空航天大学、西北工业大学和中北大学等单位，其中中北大学研制成功变长线扫描选择性激光烧结设备。此外，国内还引进了多台选择性激光烧结成型机，目前有多家企业和高等院校在进行选择性激光烧结技术的研究及应用工作。

国内的科研工作者依靠自身锲而不舍的意志，不断琢磨、不断研究，充分发扬新时代工匠追求极致、精益求精的精神理念。对产品品质的追求，只有进行时，没有完成时，永远在路上；不惜花费大量的时间和精力，反复改进产品，努力把产品的品质从 99% 提升到 99.9%、再提升到 99.99%，使得国内选择性激光烧结技术有了巨大的进步。

一、成型工艺原理

1. 成型工艺

选择性激光烧结工艺成型过程如图 2.25 所示。首先将零件三维实体模型文件沿 Z 向分层切片，并将零件实体的截面信息存储于 STL 文件中；然后在工作台上用铺粉辊铺一层粉末材料，由二氧化碳激光器发出的激光束在计算机的控制下，根据各层截面的 CAD 数据，有选择地对粉末层进行扫描，在被激光扫描的区域，粉末材料被烧结在一起，未被激光照射的粉末仍呈松散状，作为成型件和下一粉末层的支撑；一层烧结完成后，工作台下降一个截面层（设定的切片厚度）的高度，再进行下一层铺粉、烧结，新的一层和前一层自然地烧结在一起；这样，当全部截面烧结完成后除去未被烧结的多余粉末，便得到所设计的三维实体零件。如图 2.25 所示，激光扫描过程、激光开关与功率、预热温度及铺粉辊、粉缸移动等都是在计算机系统的精确控制下完成的。

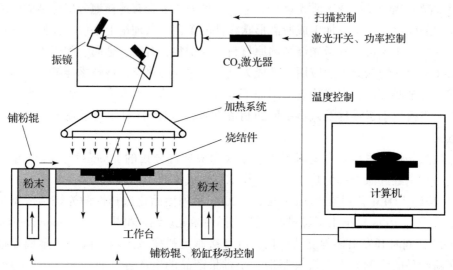

图 2.25 选择性激光烧结工艺成型过程

2. 后处理

选择性激光烧结形成的金属或陶瓷件只是一个坯体，其力学性能和热学性能通常不能满足实际应用的要求，因此，必须进行后处理。常用的后处理方法主要有高温烧结、热等静压烧结、熔浸和浸渍等。

（1）高温烧结：将选择性激光烧结成型件放入温控炉中，先在一定温度下脱掉黏接剂，然后再升高温度进行高温烧结。经过这样的处理后，坯体内部孔隙减少，制件的密度和强度得到提高。

（2）热等静压烧结：热等静压烧结将高温和高压同时作用于坯体，能够消除坯体内部的气孔，提高制件的密度和强度。有学者认为，可以先将坯体做冷等静压处理，以大幅提高坯体的密度，然后再经高温烧结处理，提高制件的强度。

以上两种后处理方式虽然能够提高制件的密度和强度，但是也会引起制件的收缩和变形。

（3）熔浸：熔浸是将坯体浸没在一种低熔点的液态金属中，金属液在毛细管力作用下沿着坯体内部的微小孔隙缓慢流动，最终将孔隙完全填充。经过这样的处理，零件的密度和强度都大大提高，而尺寸变化很小。

（4）浸渍：浸渍和熔浸相似，所不同的是浸渍是将液态非金属物质浸入多孔的激光区烧结坯体的孔隙内。和熔浸相似，经过浸渍处理的制件尺寸变化很小。

二、选择性激光烧结控制系统

1. 系统组成

选择性激光烧结系统一般由高能激光系统、光学扫描系统、加热系统、供粉及铺粉系统等组成。计算机根据切片截面信息控制激光器发出激光束，同时伺服电动机带动反射镜偏转激光束，激光束经过动态聚焦镜变成汇聚光束在整个平面上扫描，一层加工完成后，控制供粉缸上升一个层厚，工作台下降一个层厚，铺粉辊筒在电动机驱动下铺一层新粉，开始新层的烧结，如此重复直至整个零件制造完毕。

1）光学扫描系统

选择性激光烧结采用红外激光器作能源，使用的成型材料多为粉末材料。加工时，首先将粉末预热到稍低于其熔点的温度（熔融温度以下 20 ~ 30 ℃），然后在刮平辊子的作用下将粉末铺平；激光束在计算机控制下根据分层截面信息进行有选择的烧结，材料粉末在高强度的激光照射下被烧结在一起，得到零件的截面，并与下面已成型的部分黏接；一层完成后再进行下一层烧结，全部烧结完后去掉多余的粉末，就可以得到一个烧结好的零件。目前，选择性激光烧结主要采用振镜式激光扫描和 $X - Y$ 直线导轨扫描。

振镜式激光扫描系统主要由执行电动机、反射镜片、聚焦系统以及控制系统组成。执行电动机为检流计式有限转角电动机，其机械偏转角一般在 ±20° 以内。反射镜片黏接在电动机的转轴上，通过执行电动机的旋转带动反射镜的偏转来实现激光束的偏转。其辅助的聚焦系统有静态聚焦系统和动态聚焦系统两种，根据实际中聚焦工作面的大小选择不同的聚焦透镜系统。静态聚焦方式又有振镜前聚焦方式的静态聚焦和振镜后聚焦方式的 F – theta 透镜聚焦；动态聚焦方式需要辅以一个 Z 轴执行电动机，并通过一定的机械结构将执行电动机的旋转运动转变为聚焦透镜的直线运动来实现动态调焦，同时加入特定的物镜组来实现工作面上聚焦光斑的调节。

动态聚焦方式相对于静态聚焦要复杂得多，图 2.26 所示为采用动态聚焦方式的振镜式激光扫描系统，激光器发射的激光束经过扩束镜之后，得到均匀的平行光束，然后通过动态聚焦系统的聚焦以及物镜组的光学放大后依次投射到 X 轴和 Y 轴振镜上，最后经过两个振镜，二次反射到工作台面上，形成扫描平面上的扫描点。可以通过控制振镜式激光扫描系统镜片的相互协调偏转以及动态聚焦的动态调焦来实现工作平面上任意复杂图形的扫描。

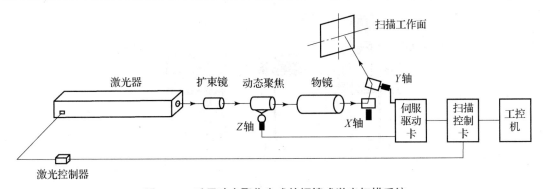

图 2.26　采用动态聚焦方式的振镜式激光扫描系统

振镜式激光物镜前扫描方式原理如图 2.27 所示。

2）供粉及铺粉系统

（1）供粉系统。

选择性激光烧结系统在进行零件制作时需要通过成型缸的逐层下降来实现零件的逐层叠加，因此成型缸的精度是需要重点保证的。实际中，在成型缸的执行机构上装入精度较高的光电编码器，实时测量成型缸的位置，光电编码器的输出信号为正交脉冲信号，抗干扰能力

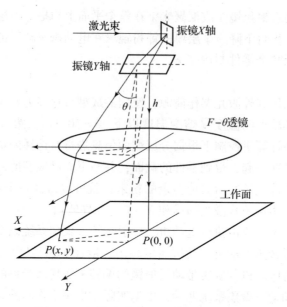

图 2.27　振镜式激光物镜前扫描方式原理

很强。在向成型缸电动机驱动器发送位置控制命令的同时，通过读取光电编码器的测量值，来确定成型缸的精确位置，如果发现成型缸动作过程中出现误差，则可以通过光电编码器的反馈值来修正，从而确保成型零件高度方向的成型精度。

对于送粉缸而言，其主要功能是在扫描准备阶段向上进给粉末，所以主要考虑送粉缸是否进给足够的粉末来完成零件的制作，以及根据单层厚度来确定送粉量。图 2.28 所示为选择性激光烧结系统运动系统示意图。

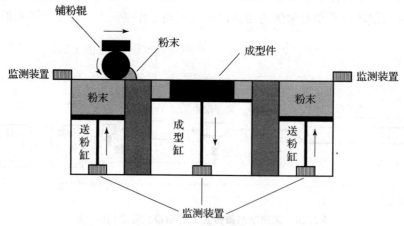

图 2.28　选择性激光烧结系统运动系统示意图

（2）铺粉系统。

铺粉系统由平移电动机和自转电动机组成，均采用变频控制；在铺粉辊行程两端安装有位置检测装置。铺粉辊通过电动机带动进行左右铺粉运动将送粉缸进给的粉末送至工作缸，同时将粉末铺平等待扫描。如果在铺粉过程中，由于信号干扰导致铺粉运动出现异常并使某层铺粉错误，则会导致整个零件制作失败。有时候制作大型零件，系统需要连续运行几十个小时，有可能就因为某层铺粉错误而导致整个零件制作失败，浪费大量的时间以及材料，因此铺粉系统连续稳定运行的可靠性是非常重要的。

2. 系统控制

1）系统硬件

选择性激光烧结控制系统结构框图如图 2.29 所示。工作台和激光振镜扫描是控制系统中最重要的两个部分。工作台部分由送粉、成型、回收、铺粉四个装置构成。激光振镜扫描系统则是由激光器、扫描头、光路转换装置和反馈装置组成。其中工作台部分由步进电动机控制卡控制完成 X 轴的铺粉运动和 Z 轴的送粉、成型、回收等运动。激光振镜扫描系统则由 X、Y 伺服电动机和 X、Y 两轴反射镜组成。当 X、Y 伺服系统发出指令信号，X、Y 两轴电动机就能使 X、Y 方向的反射镜发生精确的偏转。

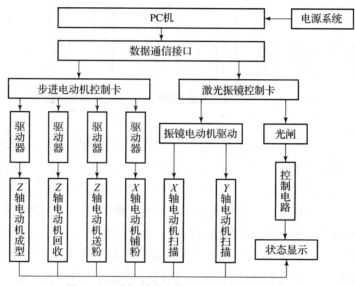

图 2.29 选择性激光烧结控制系统结构框图

（1）PC 机。选择性激光烧结主要针对三维零件信息进行处理，具有信息量大、计算复杂等特点。因此，选择性激光烧结对上位机的要求比较苛刻。由于三维零件的信息量大，一些功能算法比较复杂，所以对 PC 机的 CPU 和内存有较高的要求。

（2）运动控制器。运动控制器的芯片是决定其性能的主要指标。目前主要有 3 种芯片：①单片机，其价格便宜，但是控制精度低，实时性较差；②ARM，其价格适中，可靠性、实时性比较好，但是其数据处理功能一般；③DSP，其实时性、可靠性较好，具有强大的数据处理能力和很高的运行速度，特别适用于复杂控制算法和高精度的场合，但是价格比较昂贵。

（3）工作台电动机及驱动。目前一般用步进电动机和全数字化交流伺服电动机作为执行电动机。两者相比，后者具有较好的短频特性、加速快等特点。

（4）扫描振镜的选择。目前国内与国外扫描振镜控制技术有较大的差距，主要表现在振镜的抗干扰性、稳定性上，而且现在的国外扫描振镜价格过于昂贵。

2）系统软件

选择性激光烧结控制系统的控制模式采用上位机、下位机并行处理的方式实现整个系统控制。上位机就是 PC 机,下位机是指单片机、ARM 或 DSP 小型控制系统,两者之间通过串口或并口通信。图 2.30 所示为选择性激光烧结控制模块总体结构框图。软件的关键点是上、下位机数据以及指令交互。在这个过程中,上位机主要面向用户,负责处理人机交互、数据处理、实时控制等功能;下位机主要面向设备,负责立即响应上位机控制指令,实时控制设备。

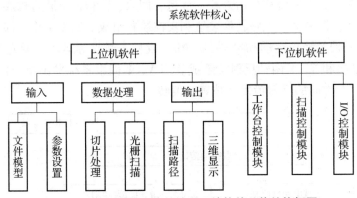

图 2.30 选择性激光烧结控制系统软件总体结构框图

(1)下位机。

下位机软件系统最基本的要求就是一个最小系统。所谓最小系统,就是能够实现输入/输出,并且能够实现最基本运算的系统。以 DSP 为例,它具有数据处理精度高、运行速度快、实时性好的优点。DSP 系统就是一个最小系统,它的输入/输出就是利用通信协议实现上位机和下位机之间数据互传,如上位机给下位机发送控制指令,下位机反馈运动位置给上位机等,基本运算就是电源供电、附属时钟电路、内部数据处理等。简单来说,在这个系统中,它包含通信协议、硬件驱动、运动处理等功能。四轴步进电动机控制卡负责控制工作台,激光振镜扫描控制卡负责控制扫描振镜。它们的系统包含的函数功能基本一样,如硬件初始化、数字 I/O、状态检测、运动函数等,只是具体的电路控制方式略有差别。下位机为上位机提供软件接口,它负责将上位机发送的命令函数及参数翻译成相应的机器指令,发送驱动程序,驱动电动机执行。

(2)上位机。

上位机软件系统与下位机软件系统执行功能不同,其软件系统处理流程也就不同。由于它们面向的对象不同,上位机软件系统主要面向的对象是用户,下位机主要面向的对象是硬件。因此,上位机软件系统一般采用高级语言开发,而下位机软件系统一般采用低级语言开发。上位机软件系统主要完成数据处理和提供友好的人机交互界面,以及完成对图形数据、两块控制卡进行集中式管理。

三、选择性激光烧结成型质量控制

选择性激光烧结工艺成型质量受多种因素影响,包括成型前数据的转换、成型设备的机械精度、成型过程的工艺参数以及成型材料的性质等。本节主要对成型过程中烧结机理以及几个主要工艺参数进行分析,各参数间既相互联系,又各自对烧结精度有一定的影响。

1. 烧结机理影响分析

某些粉末在室温下就会有结块的趋势。这种自发的变化是因为粉体比块体材料的稳定性差，即粉体处于高能状态。烧结的驱动力一般为体系的表面能和缺陷能。所谓缺陷能是畸变或空位缺陷所储存的能量。粉末越细，粉体的表面积越大，即表面能越高。新生态物质的缺陷浓度较高，即缺陷能较高。由于粉末颗粒表面的凹凸不平和粉末颗粒中的孔隙都会影响粉末的表面积，因此原料越细，活性越高，烧结驱动力越大。从这个角度讲，烧结实际上是体系表面能和缺陷能降低的过程。利用粉末颗粒表面能的驱动力，借助高温激活粉末中原子、离子等的运动和迁移，从而使粉末颗粒间增加黏接面，降低表面能，形成稳定的、所需强度的制品，这就是高温烧结技术。烧结开始时粉体在熔点以下的温度加热，向表面能量（表面积）减少的方向发生一系列物理化学变化及物质传输，从而使得颗粒结合起来，由松散状态逐渐致密化，且机械强度大大提高。烧结的致密化过程是依靠物质传递和迁移来实现的，存在某种推动作用使物质传递和迁移。

粉末颗粒尺寸很小，总表面积大，具有较高的表面能，即使在加压成型体中，颗粒间接触面积也很小，总表面积很大而处于较高表面能状态。根据最小能量原理，在烧结过程中，颗粒将自发地向最低能量状态变化，并伴随使系统的表面能减少，同时表面张力增加。可见，烧结是一个自发的不可逆过程，系统表面能降低、表面张力增加是推动烧结进行的基本动力。

图 2.31 所示为粉末烧结过程示意图。图 2.31（a）所示为烧结前成型体中颗粒的堆积情况，此时，颗粒间有的彼此接触，有的彼此分开，孔隙较多。图 2.31（a）→图 2.31（b）阶段表明随烧结温度的升高和时间的延长，开始产生颗粒间的键合和重排，粒子开始相互靠拢，大孔隙逐渐消失，气孔的总体积减小，但粒子间仍以点接触为主，总面积并未减少。图 2.31（b）→图 2.31（c）阶段开始有明显的传质过程，颗粒间由点接触逐渐扩大为面接触，粒界面积增加，表面积相应减少，但孔隙仍连通。图 2.31（c）→图 2.31（d）阶段表明，随着传质的继续，粒界进一步扩大，气孔逐渐缩小和变形，最终转变为孤立的闭气孔。同时颗粒粒界开始移动，粒子长大，气孔逐渐迁移到粒界上而后消失，烧结体致密度增高。

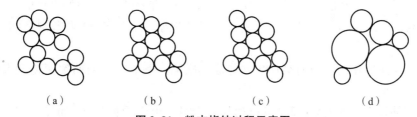

|（a）|（b）|（c）|（d）|

图 2.31　粉末烧结过程示意图

烧结时的物质迁移大致可分为表面迁移和体积迁移两类机制。表面迁移机制是由物质在颗粒表面流动而引起的。表面扩散和蒸发凝聚是主要的表面迁移机制。烧结体的基本尺寸不发生变化，密度还保持原来的大小。体积迁移机制包括体积扩散、塑性流动亦即非晶物质的黏性流动，主要发生在烧结的后期。

烧结过程中颗粒之间的黏接大致可分为三个阶段，如图 2.32 所示。

图 2.32　颗粒间的烧结模型

2. 工艺参数

选择性激光烧结过程中，烧结制件会发生收缩。如果粉末材料都是球形的，在固态未被压实时，最大密度只有全密度的 70% 左右，烧结成型后制件的密度一般可以达到全密度的 98% 以上。所以，烧结成型过程中密度的变化必然引起制件的收缩。

烧结后制件产生收缩的主要原因是：粉末烧结后密度变大，体积缩小，导致制件收缩 < 熔固收缩。这种收缩不仅与材料特性有关，而且与粉末密度和激光烧结过程中工艺参数有关。制件的温度从工作温度降到室温造成收缩（温致收缩）。

1）激光功率

在扫描系统中，为了降低所需激光的功率，应尽可能减少激光光斑的直径，提高粉末材料的起始温度，采用适当的激光扫描速度。在固体粉末选择性激光烧结中，激光功率和扫描速度决定了激光对粉末的加热温度和时间。

如果激光功率低而且扫描速度快，则粉末的温度不能达到熔融温度，不能烧结，制造出的制件强度低或根本不能成型。如果激光功率高而且扫描速度又很慢，则会引起粉末汽化或使烧结表面凹凸不平，影响颗粒之间、层与层之间的黏接。

2）扫描间距

激光扫描间距是指相邻两激光束扫描行之间的距离，它的大小直接影响到传输给粉末能量的分布、粉末体烧结制件的精度。在不考虑材料本身热效应的前提下，对聚苯乙烯粉末进行激光烧结，用单一激光束以一定参数对其扫描，在热扩散的影响下，会烧结出一条烧结线。

3）烧结层厚

材料在快速成型机上成型之前，必须对制件的三维 CAD 模型进行 STL 格式化和切片处理，以便得到一系列的截面轮廓。正是这种成型机理，导致烧结制件产生阶梯效应和小特征遗失等误差。

STL 格式化是用许多小的三角形平面片去逼近模型的曲面或平面，若要提高近似的程度，就需要用更多、更小的三角形平面片。但这也不可能完全表达原始设计的意图，离真正的表面还是有一定的距离，而且在边界上产生凹凸现象，这种 CAD 模型网络细化会带来表面形状失真的问题。

进行 STL 格式转化时，有时会产生一些局部缺陷。例如，表面曲率变化较大的分界处，可能出现锯齿状小凹坑。

对 STL 文件处理后的 CAD 模型进行切片处理时，由于受材料性能的制约及为达到较高的生产率，切片间距不可能太小，这样会在模型表面造成阶梯效应，而且还可能遗失两相邻切片层之间的小特征结构（如小凸缘、小窄槽等），造成误差。

4）制件摆放角度

从成型原理上看，切片过程中，制件模型在坐标系中的方向配置，不仅对激光烧结制件的表面粗糙度有直接的影响，而且与制件成型效率也有很大的关系。当 CAD 模型的表面与直角坐标轴线平行时，不产生阶梯效应；当其表面接近垂直方向，受阶梯效应影响小，而接近水平方向的表面则受阶梯效应的影响严重；当表面与轴线倾斜成角度，阶梯现象明显。由此可见，对于同一个制件，各个表面的粗糙度不一定相同，成型精度会有较大的区别。

5）激光扫描方式及扫描速度

在激光束扫描每一直线时，该扫描线从开始的熔融态到最终固态的过程中，由于材料形状的改变而引起体积变化，导致扫描线在长度方向上收缩，从而引起扫描线的扭曲变形；在同一激光功率下，扫描速度不同，材料吸收的热量也不同，变形量不同引起的收缩变形也就不同。当扫描速度快时，材料吸收的热量相对少，材料的粉末颗粒密度变化小，制件收缩也小；当扫描速度慢时，材料接触激光的时间长，吸收热量多，颗粒密度变大，制件收缩也大。

6）烧结制件材料及特性

由于工作温度一般高于室温，当制件冷却到室温时，制件都要收缩。其收缩量主要是由烧结材料和制件的几何形状决定的。在聚苯乙烯烧结成型试验中发现，随着制件的壁厚及尺寸的增大，收缩率也增大；烧结制件的冷却时间越短，收缩率越高；制件结构的角度越小，收缩率越大。

7）其他因素

成型机 X，Y，Z 方向的运动定位误差，以及 Z 方向工作台的平直度、水平度和垂直度等对成型件的形状和尺寸精度有较大影响。对于平面精度而言，机器误差主要是激光扫描的误差，它取决于系统的定位精度；对于 Z 向精度而言，Z 向累积误差与传动精度和烧结的层数有关，机器误差主要是活塞传动系统的误差。

成型材料的性能对其加工精度起着决定性的作用。成型过程中材料状态发生变化，容易引起制件收缩、翘曲变形，导致制件内部产生残余应力，影响制件表面精度和尺寸精度。

制件后处理对其精度的影响：对成型后的制件需要进行剥离、打磨、抛光和表面喷涂等后处理。如果处理不当，制件形状、尺寸精度会受到很大影响。

四、选择性激光烧结成型特点

选择性激光烧结成型工艺的特点如下：

（1）可采用多种材料。选择性激光烧结可采用加热时能够熔化黏接的任何粉末材料。

（2）可制造多种原型。可以直接生产复杂形状的原型、型腔模三维构件或部件及工具。例如，制造概念原型，可安装为最终产品模型的概念原型；蜡模铸造模型及其他少量母模生产，直接制造金属注塑模等。

（3）精度较高，但表面粗糙。选择性激光烧结一般能够达到工件整体范围内 ±（0.05～2.5）mm 的偏差。当粉末粒径小于 0.1 mm 时，成型后的原型精度可达 ±1%。成型后表面呈粉粒状，较为粗糙，表面质量不高。

（4）无须支撑结构。选择性激光烧结成型过程中出现的悬空层面可直接由未烧结的粉末实现支撑。

（5）材料价格贵，但利用率高。选择性激光烧结打印工艺采用的金属粉末（如钛合金、铝合金等）的价格较高，但利用率较高，可接近100%。

（6）烧结过程有异味。选择性激光烧结工艺中粉层需要通过激光使其加热达到熔化状态，高分子材料或者粉粒在激光烧结时会挥发出异味气体。

学习是一个循序渐进、持之以恒的过程，要想在学习上一蹴而就，成为大学问家是不可能的，因为这不符合人们认识事物的客观规律。我国古代思想家荀子在《劝学》中说的

"积水成渊，积土成山，积善成德"就是讲的这个道理。所以在日常的学习中我们要注意多读、多记、多写，要有水滴石穿的精神，在阅读过程中要多积累知识，努力提高自己对语言的理解和运用能力，把知识用于日常学习和生活中，做到游刃有余，融会贯通。

第三节　熔融沉积制造

1. 了解熔融沉积制造成型工艺原理和特点；
2. 了解熔融沉积制造控制系统的组成；
3. 了解熔融沉积制造成型质量的影响因素及控制措施。

1. 能正确理解成型工艺原理；
2. 能正确理解控制系统组成并能对软硬件进行控制；
3. 能根据问题现象正确分析影响成型质量的因素。

1. 培养学生崇尚真知的精神，能理解和掌握基本的科学原理和方法；
2. 培养学生具有实证意识和严谨的求知态度，能尊重事实和证据；
3. 培养学生能自觉、有效地获取、评估、鉴别、使用信息，具有数字化生存能力，能主动适应信息化社会的发展，并具有伦理道德与信息安全意识等；
4. 培养学生理性思维，具有对自我学习状态进行审视的意识和习惯，善于总结经验教训，能够根据不同情境调整学习策略和方法等。

　　熔融沉积快速成型也称熔融挤出成型，英文简称 FDM，由美国学者 Scott Cramp 博士于1988 年率先提出。这种工艺不用激光，使用、维护简单，成本较低。用蜡成型的零件原型可以直接用于失蜡铸造。用 ABS 制造的原型因具有较高强度而在产品设计、测试与评估等方面得到广泛应用。近年来又开发出 PC、PC/ABS、PPSF 等更高强度的成型材料，使得该工艺有可能直接制造功能性零件。熔融沉积制造技术主要用于家用电器、办公用品和模具行业等新产品的开发，以及用于假肢、医学、医疗、建筑、教育、艺术等基于数字成像技术的三维实体模型的制造。近几年，该工艺发展极为迅速，目前熔融沉积制造技术系统在全球已安装快速成型系统中的份额约为 30%。

　　熔融沉积制造技术的思想是 Scott Crump 于 1988 年提出的。次年，基于该技术的 Stratasys公司成立，并于 1991 年开发推出了第一台商业机型 3D Modeler。目前，世界上仍以 Stratasys公司开发的熔融沉积制造技术制造系统的应用最为广泛。与其他 3D 打印成型工艺相比，熔融沉积制造技术是使用工业级热塑性材料作为成型材料，打印出的物件具有可耐受高热、腐蚀性化学物质、抗菌和强烈的机械应力等特性，被用于制造概念模型、功能模型，甚至直接制造零部件和生产工具。Stratasys 公司的 Dimension、uPrint 和 Fortus 等多个产品均采用熔融沉积制造技术为核心技术。

中华民族上下五千年具有悠久的历史文化，在弘扬中国优秀传统文化方面熔融沉积制造技术可以发挥自身技术优势。

一、成型工艺原理

熔融沉积成型工艺一般使用热塑性材料，如 PLA、ABS、蜡、尼龙等，材料在喷头内被加热熔化呈半流动状态，在计算机的控制下，喷头沿零件截面轮廓和填充轨迹运动，同时将熔融状态的材料挤出；材料迅速凝固，并与周围的材料凝结。如果热熔性材料的温度始终稍高于固化温度，已成型的部分温度稍低于固化温度，就能保证热熔性材料挤喷出喷嘴后，随即与前一个层面快速黏结在一起。一个层面沉积完成后，工作台按预定的增量下降一个层的厚度，再继续下一层的沉积，直至完成整个零件。熔融沉积成型工艺原理如图 2.33 所示。

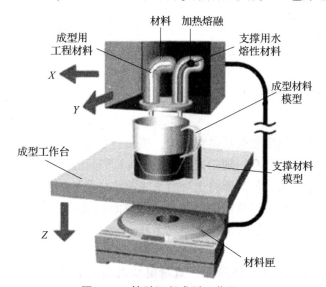

图 2.33　熔融沉积成型工艺原理

熔融沉积成型工艺流程如图 2.34 所示，其可以归纳为以下七步：

（1）读取待成型零件的三维模型数据文件，目前常用的一般为 ***.stl 文件，并检查数据有无问题；如有问题需要修正数据。

（2）确定待成型零件的成型区域、成型方向及摆放位置。

（3）设定成型工艺参数，对待成型零件的三维数据按确定的分层厚度进行分层处理，同时建立分层数据文件，目前一般为 ***.cli 文件。

（4）建立成型所需的支撑结构，同时检查支撑结构摆放的位置是否合理。

（5）生成加工路径，输出加工文件。

（6）成型加工。

（7）成型零件后处理。

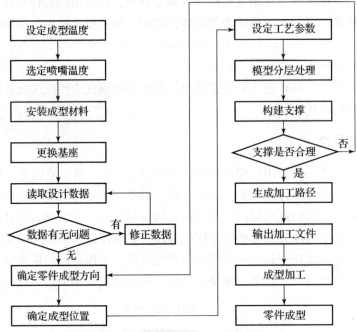

图 2.34　熔融沉积成型工艺流程

二、熔融沉积制造控制系统

1. 系统组成

熔融沉积制造技术系统主要包括供料机构、喷头、运动系统和工作台等。喷头安装于扫描系统上，可根据各层截面信息，随扫描系统做 $X - Y$ 平面运动。在计算机控制下，供料系统将可热塑性丝材送进喷头，加热器将送至喷头的丝状材料加热至熔融态，然后被选择性地涂覆在工作台上，快速冷却后形成截面轮廓，一层截面完成后，喷头上升（或工作台下降）一截面层的高度，再进行下一层的涂覆。如此循环，最终形成三维产品。

1）供料机构

普通供料机构的结构如图 2.35 所示，直流电动机驱动一对送进轮，靠摩擦力推动丝材进入液化器和喷嘴。为了实现供料机构的功能，要求电动机驱动力大于流道和喷嘴的阻力，且丝材具有足够的轴向强度。

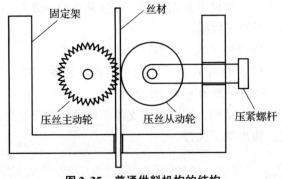

图 2.35　普通供料机构的结构

送进轮若采用 V 形轮，料丝被夹在 V 形轮中间，能有效防止丝材横向滑移，且驱动力为两个摩擦力的合力。当 V 形轮的夹角较小时，两个摩擦力的合力要比单个大得多，即提高了驱动力。

因为普通供料机构依靠摩擦力提供的挤压力有限，所以聚合物盘条的加热完全通过外部加热装置，因而要求较长的流道，容易引起喷嘴堵塞。图 2.36 所示为采用不同挤压方式的供料机构，包括丝材送进、泵送和活塞送进。

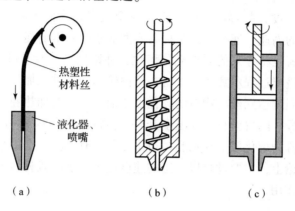

（a）　　　　　　　　　　　（b）　　　　　　　　（c）

图 2.36　常见供料机构

（a）丝材送进挤压方式；（b）螺旋杆泵送进挤压方式；（c）活塞缸送进挤压方式

图 2.36（a）所示为丝材送进挤压方式，成型材料为丝状热塑性材料，经驱动机构送入液化器，并在其中受热逐渐熔化，先进入液化器的材料熔化后受到后部未熔材料丝（起到推压活塞的作用）的推压而挤出喷嘴。图 2.36（b）所示为螺旋杆泵送进挤压方式，采用一螺旋泵实现颗粒状原材料的泵送、加热和挤出，挤出材料的速度可以由螺旋杆的转速调节。图 2.36（c）所示为活塞缸送进挤压方式，喷头的主要部分是一缸体，成型材料在缸内受热熔融，在活塞的压力作用下挤出喷嘴。可以看出，这几种方式都能实现材料的送进、熔融和挤压。在目前成熟的熔融沉积制造技术系统中，喷头采用的挤出形式主要为丝材送进挤压式和螺旋杆挤压式喷头。前者占据桌面熔融沉积制造技术设备的主流位置，后者在一些大型熔融沉积制造技术设备中较为常见。

2）喷头

喷头是熔融沉积制造技术系统的核心部件之一，其质量的优劣直接影响着成型件的质量。理想的喷头应该满足以下要求：材料能够在恒温下连续稳定地挤出，这是熔融沉积制造技术对材料挤出过程的最基本的要求。恒温是为了保证黏接质量，连续是指材料的输入和输出在路径扫描期间是不间断的，这样可以简化控制过程和降低装置的复杂程度。稳定包括挤出量稳定和挤出材料的几何尺寸稳定两方面，目的都是保证成型精度和质量。本项要求最终体现在熔融的材料能无堵塞地挤出。材料挤出需具有良好的开关响应特性以保证成型精度。熔融沉积制造技术是由 X、Y 轴的扫描运动，Z 工作平台的升降运动以及材料挤出相配合而完成。由于扫描运动不可避免地有启停过程，因此材料挤出也应该具有良好的启停特性，换言之就是开关响应特性。启停特性越好，材料输出精度越高，成型精度也就越高。材料挤出速度具有良好的实时调节响应特性。熔融沉积制造技术对材料挤出系统的基本要求之一就是材料挤出运动能够同喷头 XY 扫描运动实时匹配。在扫描运动起始与停止的加减速段，直线扫描、曲线扫描对材料的挤出速度要求各不相同，扫描运动的多变性要求喷头能够根据扫描运动的变化情况适时、精确地调节材料的挤出速度。另外，在采用自适应分层以及曲面分层技术的成型过程中，对材料输出的实时控制要求则更为苛刻。挤出系统的体积和质量需限制在一定的范围内。目前大多数熔融沉积制造技术中，均采用 XY 扫描系统带动喷头进行扫描运动的方式来实现材料 XY 方向的堆积。喷头系统是 XY 扫描系统的主要载荷。喷头系统体积小，可以减小成型空间；质量轻，可以减小运动惯性并降低对运动系统的要求，也是实现高速（高速度和高加速度）扫描的前提。提高成型效率是人们不断改进快速成型系统的原动力之一。实现材料的高速、连续挤出是提高成型效率的基本前提。

喷头的基本功能就是将导入的丝材充分熔化，并以极细丝状从喷嘴挤出。图 2.37 所示为丝材在流道中熔融挤出过程示意图。丝材在摩擦轮驱动下进入加热腔直流道，受到加热腔的加热逐步升温。在温度达到丝材物料的软化点之前，丝材与加热腔内壁之间有一段间隙不变的区域，称为加料段。随着丝材表面温度升高，物料熔化，形成一段丝材直径逐渐变细直到完全熔融的区域，称为熔化段。在物料被挤出之前，有一段完全由熔融物料充满机筒的区域，称为熔融段。理论上，只要丝材以一定的速度送进，加料段材料就能够保持固体时的物性而充当送进活塞的作用。

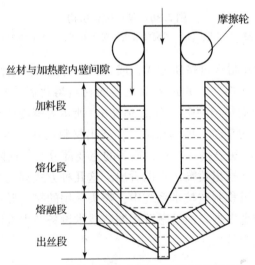

图 2.37　丝材在流道中熔融挤出过程示意图

3）运动系统

熔融沉积制造技术的一种运动系统如图 2.38 所示。底板平台在电动机的带动下可以沿 Y 轴做前后运动；送丝打印头装置悬挂在 X 轴杆上，在电动机的带动下，打印头可以沿 X 轴做左右运动。平台和打印头的合作就是整个平台面上的平面运动。在打印机的两边各有三根竖杆，它是水平杆（Y 轴）做上下运动的轨道，也就是 Z 轴。把平面运动与水平杆上下运动组合起来，就是 XYZ 三个方向的运动。

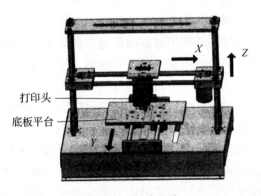

图 2.38　运动系统

2. 系统控制

熔融沉积制造技术控制系统主要由温控单元、运动控制单元和软件程序等组成。3D 打印机正常工作状态的整个控制过程为：在打印之前需将三维模型文件处理成打印机主控单元可以识别的文件格式，并将打印过程中的温度、速度、层厚等重要参数设定完成，这一过程由切片软件来完成。启动设备后，打印机各运动控制单元先进行初始化，而后温控单元按照切片时设置的喷头和加热床温度进行预热，待温度达到预定温度时，测温元件将信号反馈到主控板加热单元执行恒温命令，而后运动控制单元在切片程序指令控制下使三轴发生位移。XY 轴电动机驱动喷头和打印平台完成每层的打印，Z 轴电动机驱动丝杠在打完一层之后下降一个层厚进行下一层的打印，如此往复，层层堆积，直至完成整个零件的打印过程。在主控板接到切片程序执行结束的指令后，紧接着运动控制单元将三轴回零，整个打印控制就结束了。控制系统控制流程如图 2.39 所示。

三、熔融沉积制造成型质量控制

熔融沉积制造成型（熔融沉积制造技术）工艺是一个集成了 CAD/CAM、计算机软件、数控、材料、工艺规划及后处理的制造过程，每一个环节都有可能使成型零件产生误差，这些误差会严重影响成型零件的精度及其力学性能。影响熔融沉积制造技术成型零件精度和力学性能的因素有很多，但依据其影响机理可分为原理性因素和工艺性因素两类。原理性因素是由成型原理及成型系统所致，所产生的误差是一种原理性误差，是无法克制和降低，或者消除成本较高的误差。工艺性因素是由成型工艺过程所引起，所产生的误差为工艺性误差，是可以改善而且改进成本较低的误差。通过深入分析成型工艺过程，理解其机理，然后进行合理的工艺规划，对成型工艺参数进行协调优化选择，可很大程度上减小工艺性误差。本书按照误差产生的来源将其归纳为以下三种类型：①原理性误差；②工艺性误差；③后处理误差，如图 2.40 所示。

1. 原理性误差

1）成型系统引起的误差

熔融沉积成型系统是一个典型的机械电子系统，根据系统分析的观点可以将它分为数据处理、控制驱动以及机构本体三个子系统，其系统分解图如图 2.41 所示。

根据上述分析，熔融沉积成型系统产生的误差主要有以下三类：

（1）工作台误差。

工作台误差主要分为 OZ 方向运动误差和 XOY 平面误差。OZ 方向运动误差直接影响成型零件在 OZ 方向上的形状误差和位置误差，会使分层厚度精度降低，最终导致成型零件表面粗糙度增大，所以要保证工作台与 OZ 轴的直线度。工作台在 XOY 平面的误差主要表现为工作台不水平，会使成型零件的设计形状与实际形状差别较大。若零件尺寸较小，由于喷头压力的作用还可能会导致成型失败，所以在加工之前要确保工作台的 XOY 平面与 OZ 轴的垂直度。

（2）同步带变形误差。

在成型单个层片时，采用 XOY 扫描系统，也即采用 OX、OY 轴的二维运动，由步进电动机驱动齿形皮带并带动喷头在 XOY 面内运动。在加工时，同步带可能会发生变形，影响成型过程中的定位精度。

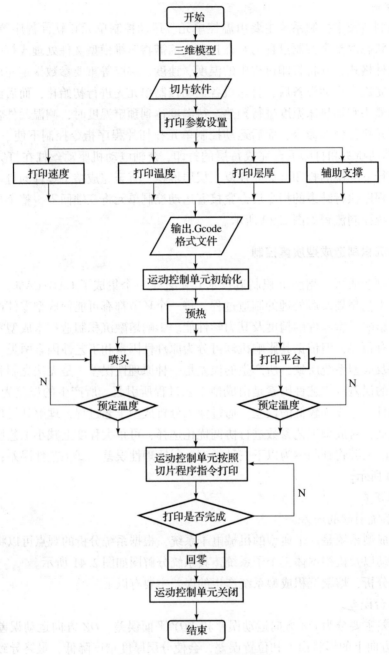

图 2.39　控制系统控制流程

（3）定位误差。

在 *OX*、*OY*、*OZ* 三个方向上，熔融沉积成型设备的重复定位均可能有所差异，从而造成定位误差，这受制造水平的限制，也是所有机器中普遍存在的问题，一般不可能避免。为了减少这种误差，应定期对机器进行维护。

2）CAD 模型转换成 STL 文件的误差

一般情况下，需要成型加工的零件往往有一些自由曲面特征，为了获得该特征每个部位的具体坐标信息，在进行成型前必须对其做近似处理，即将 CAD 模型转换为 STL（Standard

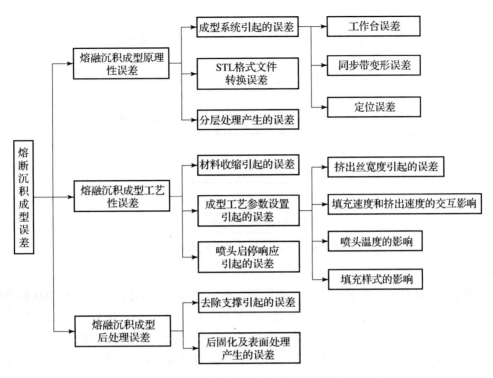

图 2.40 熔融沉积成型的误差分类

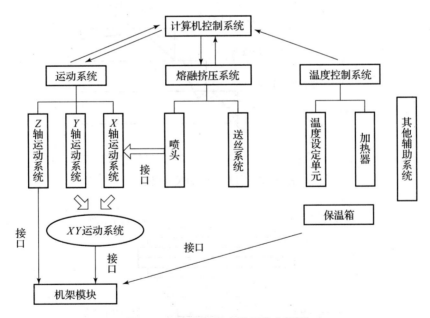

图 2.41 熔融沉积成型系统分解图

Template Library）格式文件；该格式文件是由 3D Systems 公司提出的一种用于 CAD 模型与快速成型设备之间数据转换的文件格式，它是目前快速成型设备中最常用的一种文件格式。STL 文件在快速成型技术数据处理中的地位如图 2.42 所示。有三种方式可获得通用片层文件，即从 CAD 模型直接分层；对 STL 文件进行分层；逆向工程中的 CT、MRI 等分层文件。

在当前的快速成型技术中，最常用的还是用 STL 文件得到 CLI（Command Layer Interface），该格式文件是成型零件每一片层二维轮廓的描述文件，由此可见 STL 文件的重要性。

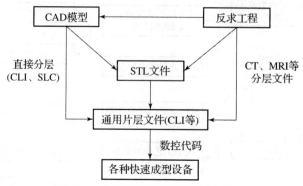

图 2.42　快速成型技术中的数据处理

3）分层处理产生的误差

快速成型技术本质上是基于离散－堆积的思想完成零件的制造，将三维 CAD 模型转换成 STL 文件后，还需进行分层处理，即用一簇平行平面沿某一设定方向与 STL 文件求截交面得到轮廓信息。经过分层处理，层与层之间有一定的厚度，就不可避免地破坏了 CAD 模型表面轮廓的连续性，从而使零件产生误差，主要有两种形式：OZ 方向上的尺寸误差和台阶误差，如图 2.43 和图 2.44 所示。

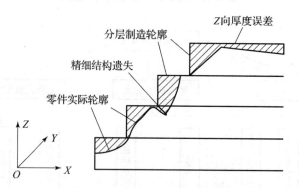

图 2.43　分层产生的尺寸误差

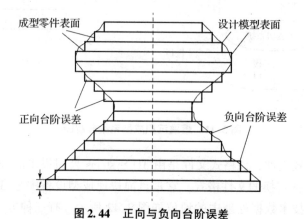

图 2.44　正向与负向台阶误差

2. 工艺性误差

1）材料收缩引起的误差

熔融沉积成型工艺所采用的材料主要是 ABS、PLA 及蜡等工程塑料，成型过程中材料将会发生两次相变过程：一次是由固态丝状受热熔化成熔融态，另一次是由熔融态经喷嘴挤出后冷却成固态。成型材料会在熔融态到固态的相变过程中出现体积收缩率，这一过程不仅会影响尺寸精度，而且会导致内应力，以致出现层间剥离等现象。

2）成型工艺参数设置引起的误差

（1）挤出丝宽度引起的误差。

在零件的成型过程中，热熔性丝材经喷头融化，从喷嘴挤出具有一定宽度的丝，导致扫描填充轮廓路径时的实际轮廓线超出了设计模型的轮廓线。所以在生成零件的轮廓路径时，需要对理想轮廓线进行补偿。在实际工艺过程中，挤出丝的截面形状、尺寸受到喷嘴直径、分层厚度、挤出速度、填充速度等诸多成型工艺参数的影响。

（2）填充速度和挤出速度的交互影响。

在成型过程中，如果填充速度比挤出速度快，则材料填充不足，出现断丝现象，难以成型。相反，填充速度比挤出速度慢，熔丝堆积在喷头上，使成型面上材料分布不均匀，表面会有"疙瘩"，影响成型质量。因此，扫描填充速度与挤出速度之间应在一个合理的范围内匹配。

（3）喷头温度的影响。

喷头温度会影响材料的黏结性能、沉积性能、流动性能及挤出丝宽等指标，因此，喷头温度应控制在一定的范围内，以使其喷出的丝材呈现出熔融流动状态。如果喷头温度过低，熔融态的材料偏向于呈现固态性，则材料黏性加大，致使挤丝速度变慢；这不仅加重了挤出系统的负担，极端情况下会造成喷嘴堵塞，而且会使材料层间黏结强度降低，可能会引起层间剥离。如果温度偏高，材料偏向于液态，黏性系数变小，流动性强，挤出过快，无法精确控制挤出丝的截面形状；成型时会出现前一层材料还未冷却凝固，后一层就加压于其上，从而使得前一层材料坍塌和破坏。

（4）填充样式的影响。

由于熔融沉积成型过程所独具的特点，在成型零件的单个片层时，除了要成型轮廓外，还需要对轮廓内部实体部分以一定的样式进行密集扫描填充，以生成该层的实体形状。熔融沉积成型工艺的填充样式主要有单向填充样式、多向填充样式、螺旋形填充样式、Z 字形填充样式、偏置填充样式以及复合填充样式等。填充样式不同，则其填充线的长度就不一样，填充线越长，因填充开始和停止而造成的启停误差就越少。另外，成型零件的力学性能、成型过程中的热量传递方向等都与零件的填充样式有密切关系。

3）喷头启停响应引起的误差

在熔融沉积成型工艺过程中，零件轮廓接缝处的成型质量会较差。在没有进行喷头启停响应控制之前，零件的接缝处会出现"硬疙瘩"；若对喷头进行启停响应控制又易发生"开缝"现象。

3. 后处理误差

通常情况下，熔融沉积成型零件从设备上取下之后，有可能出现零件的部分尺寸和外形还不够精确，表面光洁度不好，或者零件的自由曲面特征上还存在因分层制造引起的台阶误差；有些零件的薄壁或者某些微小特征结构其强度和刚度不能满足需求；或是零件的耐热性、耐蚀性、耐磨性以及表面硬度等性能指标还未达到要求；抑或成型零件表面的颜色不符合产品的设计需求等。都必须将成型零件经过一定的后处理，如支撑的去除、固化、修补、打磨、抛光和表面涂覆等强化处理，才能满足产品的最终需求。

后处理工序有可能会对零件的精度及性能造成一定的影响，常见的有以下几种形式：

（1）在剥离废料的过程中，很可能会划伤成型零件的表面或者支撑材料难以去除，从而影响成型零件的表面精度。

（2）零件在成型完成后，由于周围温度、湿度等环境的变化，会导致成型零件发生小范围的变形；这是由于零件在成型过程中积累了残余应力，所以为降低后续变形，应在零件的成型过程中尽可能减小残余应力。

（3）修补、打磨、抛光也会影响成型零件的尺寸及形状精度。

四、熔融沉积成型特点

熔融沉积成型工艺之所以能被广泛应用并得到迅速发展，主要因为其具有以下优点：

（1）成型材料广泛。一般的热塑性材料如塑料、蜡、低熔点金属等都可应用于熔融沉积成型工艺。

（2）成型精度高。熔融沉积制造技术的分层厚度可达 0.1 mm，使用标准零件测得的平均变形可达到 0.37%。

（3）成型零件具有优良的综合性能。经检测，使用 ABS、PLA 等常用工程塑料成型的零件，其力学性能可达到注塑模具零件的 60%～80%。此外，熔融沉积成型技术制作的零件的尺寸稳定性、对环境的适应能力远远超过用选择性激光烧结、LOM 等成型工艺制作的零件。

（4）成型设备简单、低廉、可靠性高。由于该种工艺中不使用激光器及电源，很大程度上简化了设备，使机身尺寸大幅减小且成本降低。

（5）成型过程对环境无污染。该种工艺在成型过程中所使用的材料一般为无毒、无味的热塑性材料，因此对周围环境不会造成污染，并且在运行过程中噪声很低，适合于办公应用。

除上述优点以外，熔融沉积成型工艺有以下缺点：

（1）受成型空间的限制，熔融沉积制造技术只能制造中小型零件。

（2）由于成型过程中不可避免的台阶效应，成型零件表面具有明显的纹理。

（3）成型过程中需要逐点扫描，成型时间较长。

（4）由于热塑性材料的热胀冷缩，该工艺在成型薄板类零件时，易发生翘曲变形。

熔融沉积 3D 打印材料只有通过 3D 打印机的管理约束、加工塑造才能成型为各种工业产品，我们在学校学习也是一样，只有经过老师的引导，自我的管理约束，才能不断进步。罗伯特·古兹维塔作为美国可口可乐公司的前董事长兼 CEO，掌管可口可乐长达 16 年，使可口可乐的规模比原来扩大了 3 倍。他在年轻时是个很不起眼的人，可是他很善于自我管理。他经常把自己锁在房间里读书，一读就是 5 个小时，并且不跨出房门半步，一点也不理会外面世界的喧嚣。正因为有如此的坚持和自律精神，他才有了日后不平凡的成就。对于熔融沉积制造技术的学习也是一样，我们只有加强自我管理，珍惜时间，才能在技术上有所突破。

第四节　三维印刷成型

1. 了解三维印刷成型工艺原理和特点；
2. 了解三维印刷成型控制系统的组成；
3. 了解三维印刷成型质量的影响因素及控制措施。

1. 能正确理解成型工艺原理；
2. 能正确理解控制系统组成并能对软硬件进行控制；
3. 能根据问题现象正确分析影响成型质量的因素。

1. 培养学生崇尚真知的精神，能理解和掌握基本的科学原理和方法；
2. 培养学生具有实证意识和严谨的求知态度，能尊重事实和证据；
3. 培养学生思维逻辑，能独立思考与判断，多角度、辩证地分析问题；
4. 培养学生创新意识，能够打破传统思维模式，不断适应环境的变化，创造性提出解决问题的方案并善于总结与归纳。

三维印刷成型，分为粉末黏接三维印刷成型工艺与微喷光固化三维印刷成型工艺，本节以粉末黏接三维印刷成型工艺为例进行重点介绍。三维印刷成型工艺和选择性激光烧结工艺相似，但固化方式不同：首先铺粉作为基底，按照原型零件分层截面轮廓，喷头在每一层铺好的材料上有选择性地喷射黏接剂，喷过黏接剂的粉末材料被黏接在一起，其他地方仍为松散粉末，层层黏接后去除未黏接的粉末就得到了一个三维实体。工作过程中喷射方式类似于普通喷墨打印机，三维印刷成型使用的粉末材料包括金属粉末、陶瓷粉末、石膏粉末、塑料粉末等。

三维印刷成型工艺技术由麻省理工学院（MIT）的 Emanual Sachs 等人率先提出，并于 1989 年申请了专利。1992 年，Sachs 等人采用喷墨技术实现黏接溶液的选择性喷射，逐层黏接粉末，最终获得三维实体，成型完成后进行烧结以提高制件的强度。美国 ZCorp 公司在得到麻省理工学院的三维印刷成型的授权后，自 1997 年以来陆续推出了一系列三维印刷成型打印机，后来该公司被 3D Systems 公司收购，主要以淀粉掺蜡或环氧树脂为粉末原料，将黏接溶液喷射到粉末层上，逐层黏接成型所需原型制件。

基于喷射技术的三维印刷成型同样受到国内学者的关注。西安交通大学、天津大学、清华大学、中国科技大学、华中理工大学等国内许多高校对三维印刷成型工艺开展了深入研究，并在一些领域形成了自己的特点。

从事工艺研究的科学家们厚积薄发，终生学习，善于获取知识，运用先进技术方法，选择有价值有创意的想法，最终研究出了三维印刷成型技术，他们高度的职业素养值得我们终身学习。

一、成型工艺原理

1. 成型工艺

三维印刷成型工艺的成型原理如图 1.9 所示：辊筒将储料桶送出的粉末在加工平台上铺撒一薄层，喷嘴依照 3D 计算机模型切片后定义出来的形状喷出黏接剂，黏接粉末。加工完一层后，加工平台自动下降一个层厚，储料桶上升一个层厚，辊筒继续将储料桶送出的粉末推至工作平台形成薄层，喷黏接剂，如此循环直至得到所要加工的零件。

原型件加工完成后，完全埋没于工作台的粉末中，在进行后处理操作时，操作人员要小心地把工件从工作台中挖出来，再用气枪等工具吹走原型件表面的粉末。一般刚成型的原型件很脆弱，在压力作用下会粉碎，所以原型件完成后需涂上一层蜡、乳胶或环氧树脂等渗透剂以提高其强度。

2. 后处理

在三维印刷成型工艺中，打印完成后的模型是完全埋在成型槽的粉末材料中的。一般需待模型在成型槽的粉末中保温一段时间后方可将其取出。从成型槽中取出的模型其表面以及内部会粘有粉末材料，需要用毛刷或气枪将其表面清理干净。为了能使模型具有一定的强度，需要对模型注入一定的固化渗透剂，再将模型晾干即可。

二、三维印刷成型控制系统

1. 系统组成

三维印刷成型系统结构如图 2.45 所示，主要由喷墨系统、*XYZ* 运动系统、成型工作缸、供料工作缸、铺粉辊装置和余料回收袋等组成。铺粉辊装置首先将供料工作缸中的粉末送至成型工作缸，并在工作台（或基底）上铺撒一薄层，喷墨系统在计算机控制下，随 *XYZ* 运动系统扫描工作台，并根据各层轮廓信息供应黏结剂，有选择性地喷射到粉末上。加工完一层后，工作台自动下降一个层厚，供料工作缸上升一个层厚，辊筒继续在工作台上铺撒一薄层，如此循环直至得到所要加工的零件。

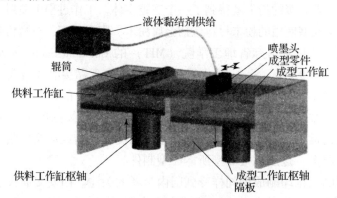

图 2.45　三维印刷成型系统结构

1）喷墨系统

三维印刷成型工艺喷墨系统采用与喷墨打印机类似的技术，但喷头喷射出的不是普通墨水，而是一种黏结剂。喷头将这些黏结材料按层状打印数据喷射出来，将粉末黏接形成一个截面，并与已生成的截面黏接在一起，最后堆积成一个完整的原型。三维印刷成型工艺的喷墨技术可分为连续式和按需滴落式两大类，后者较为常用，如图 2.46 所示。

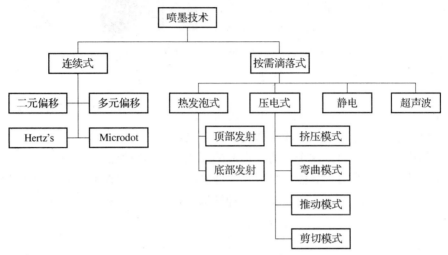

图 2.46 液滴喷射分类

（1）连续式喷墨技术。

连续式喷头结构如图 2.47 所示，墨水流经加压喷出、振动、分解成小墨滴后，经过一电场，由于静电作用，小墨滴在飞越此电场后不论是否有电荷，均直线向前飞行。在通过偏离电场时，电荷量大的墨滴会受到较强的吸引，而有较大幅度的偏转；反之，则偏转较小。而不带电的墨滴将积于集墨沟内回收。

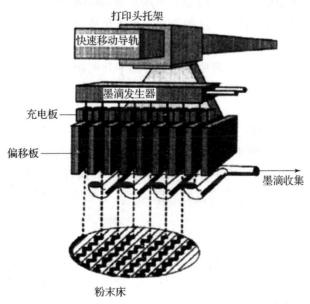

图 2.47 连续式喷头结构

（2）按需滴落式喷墨技术。

目前流行的按需滴落式喷墨技术主要有热发泡式和压电式两种。图 2.48 所示为热发泡式喷头的原理，将墨水装入一个非常微小的毛细管中，通过一个微型的加热垫迅速将墨水加热到沸点。这样就生成了一个非常微小的蒸汽泡，蒸汽泡扩张就将一滴墨水喷射到毛细管的顶端。停止加热，墨水冷却，蒸汽凝结收缩，从而墨水停止流动，直到下一次再产生蒸汽并生成一个墨滴。

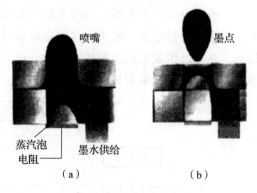

图 2.48　热发泡式喷头的原理

图 2.49 所示为压电式喷头结构。压电式喷头是利用压电陶瓷的压电效应，当压电陶瓷的两个电极加上电压后，振子发生弯曲变形，对腔体内的液体产生一个压力，这个压力以声波的形式在液体中传播。在喷嘴处，如果这个压力足以克服液体的表面张力，其能量足以形成液滴的表面能，则在喷嘴处的液体就可以脱离喷嘴而形成液滴。压电式按需滴落喷头有三种结构形式，即弯曲式、剪切式和推杆式。

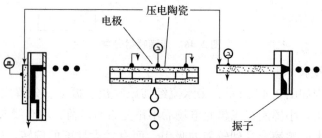

图 2.49　压电式喷头结构

在三维印刷成型领域研究中，一般都采用热发泡式喷嘴喷射成型材料或者黏接材料，通过加热产生蒸汽泡的方式喷射微滴。这种方式不可避免地对喷射的材料性质产生影响，特别是对三维印刷成型在生物、制药等新兴领域的应用约束较大。由此，在三维印刷成型中采用压电式喷头喷射产生微滴的思想，避免了喷射时的加热问题，基于压电式喷墨打印机开发了新型的三维打印快速成型系统，降低了设备费用。

2）XYZ 运动系统

XYZ 运动是三维印刷成型工艺进行三维制件的基本条件。图 2.50 所示为三维印刷成型系统结构示意图，X、Y 轴组成平面扫描运动框架，由伺服电动机驱动控制喷头的扫描运动；伺服电动机驱动控制工作台做垂直于 XY 平面的运动。扫描机构几乎不受载荷，但运动速度较快，具有运动的惯性，因此应具有良好的随动性。Z 轴应具备一定的承载能力和运动平稳性。

3）其他部件

成型工作缸：在缸中完成零件加工，成型工作缸每次下降的距离即为层厚。零件加工完后，成型工作缸升起，以便取出制作好的工件，并为下一次加工做准备。成型工作缸的升降由伺服电动机通过滚珠丝杠驱动。

供料工作缸：提供成型与支撑粉末材料。

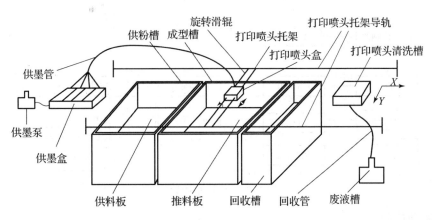

图 2.50 三维印刷成型系统结构示意图

余料回收袋：安装在成型机壳内，回收铺粉时多余的粉末材料。

铺粉辊装置：包括铺粉辊及其驱动系统。其作用是把粉末材料均匀地铺撒在工作缸上，并在铺粉的同时把粉料压实。

2. 系统控制

1）系统硬件

三维印刷成型工艺控制系统由 6 个模块组成：喷头驱动模块、运动控制模块、接口及数据传输模块、RIP 处理模块、上位机控制台总控模块及辅助控制模块。图 2.51 所示为三维印刷成型控制系统的整体框图。喷墨控制板负责接收计算机处理过的二维点阵数据，并对 Y 轴电动机增量型编码器的反馈信号做光栅解码，从而获得电动机的当前位置和运动状态。运动控制器负责接收控制面板的指令并控制 5 个电动机的协调运动和执行计算机发送过来的清洗指令。喷墨控制和电动机控制是在计算机的上位机喷墨控制软件协调下工作的，主要通过 USB2.0 接口和 RS-232 接口进行通信。

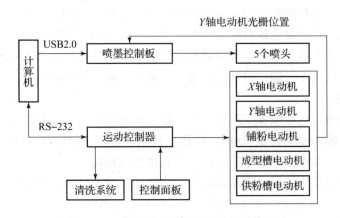

图 2.51 三维印刷成型控制系统的总体框图

控制系统中各个模块的功能划分和它们之间的通信如图 2.52 所示。PC 中运行喷墨控制软件和分层切片软件，光栅解码模块、USB2.0 接口模块等集成在主控芯片上，并且该主控芯片还负责对外部传感器获得的信号进行处理，依次做出下一步的指令动作。

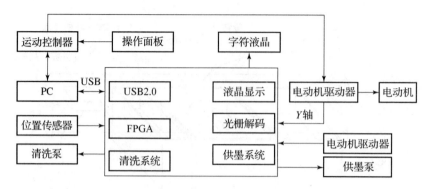

图 2.52 模块功能划分

（1）运动控制。

运动控制部分的硬件包括运动控制器、光电位置传感器、控制面板、电动机及其驱动器等。图 2.53 所示为运动控制部分的连接示意图。该部分由运动控制器实现各电动机的运动控制，通过查询操作面板的按键操作实现手动铺粉的功能。

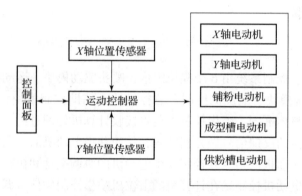

图 2.53 运动控制部分的连接示意图

运动控制器对电动机的控制模式有转矩控制模式、位置控制模式和速度控制模式三种。由于本系统电动机的功能是完成精确定位和按指定速度运动，所以采用位置控制模式按集电极开路方式进行运动控制器和电动机驱动器之间的连接。位置控制方式是通过输出脉冲的频率确定电动机转速的大小，通过脉冲的输出个数确定电动机的转动距离。

（2）喷墨控制。

喷墨控制部分硬件包括喷墨主控板和 4 色喷头驱动板两部分，该部分包括 USB2.0 接口模块、电源模块、喷头驱动模块、SDRAM 接口模块和基于 ALTERA、FPGA 的主控模块等。USB 接口模块在上一节中已经介绍，下面介绍其他功能模块。

喷头驱动模块包括主控板内驱动模块和喷头驱动板两个部分，微型数字化喷嘴采用的是热发泡式喷嘴。图 2.54 所示为喷头驱动模块的数据处理框图。

（3）主控制器模块。

主控制器模块负责以下几个方面的功能：数据接收阶段，将上位机发送过来的数据，通过 USB 接口以 DMA 方式进行处理和存储。打印阶段，将 RAM 中的数据按照喷头的打印速度取出，并通过 8 位数据总线发送出去；读取喷墨数据并将并行数据发送给喷头驱动板；电动机的光栅计数，得出电动机的当前坐标。

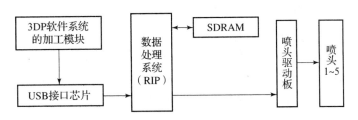

图2.54　喷头驱动模块数据处理框图

打印数据的发送功能是把待打印的并行数据从 RAM 中依次取出发送给喷头驱动板，然后驱动不同颜色喷头喷出墨水。依次取出数据的频率是由打印喷头的运动速度和相对位置坐标决定的。

（4）通信接口及温度控制。

三维印刷成型系统各部分模块之间的通信方式主要有 USB 通信和串口通信两种。USB 通信的功能有数据传输和系统工作状态的获取；串口通信的功能包括 PC 通过串口对运动控制器编程和通过串口接收各轴的当前运动状态，并根据当前状态决定后续的动作。

三维印刷成型装置的成型材料为粉末状，含有石膏成分和一些其他微细颗粒，较易受潮而结块，而且喷头喷射的墨水和粉末之间的物理/化学作用在一个合适的温度（大约35℃）下会更加有效。因此，在系统工作过程中或平时闲置时，都需要给工作空间进行加热，以增强系统成型工作的可靠性和成型件的成型质量，并能防止成型材料受潮结块。

加热装置为红外陶瓷加热板和一个轴流风扇，红外陶瓷加热板能够迅速加热周围空气，然后通过轴流风扇将热风吹进工作空间，以对流的形式提升工作空间的温度。在工作空间中有一个温度传感器对空间温度进行采样，当采样到空间温度（主要是成型工作部分周围）达到设定的温度范围时，温控器控制其继电器的断开以切断陶瓷加热板的工作电源使其停止工作。如果工作空间温度低于设定的工作温度范围，温控器又会接通继电器从而接通加热片的工作电源，使其开始工作，如此构成一个闭环的控制回路。

在整个三维成型系统刚启动时，加热装置就开始工作，直到工作空间温度达到设定值后，温控器会向运动控制器发送一个信号，告知运动控制器系统工作前的加热工作已经完成，系统可以开始工作。只有当运动控制器检测到该信号后，系统才会开始工作，否则一直处于等待状态。

2）系统软件

三维印刷成型装置控制系统的软件控制部分主要包括实体模型分层切片、二维切片数据处理、打印控制和运动控制等几个方面。

（1）二维切片数据处理。

对二维切片的数据处理包括 RIP 处理和抖动算法两个重要的方面。RIP 是数字化印前处理系统的核心，抖动算法则是实现 RIP 的主要算法之一。

RIP 即光栅图像处理器，它的主要作用是将经由计算机制得的数字化图文页面信息中的各种图像、图形和文字转化为打印机、照排机、直接制版设备、数字印刷机等输出设备能够记录的高分辨率图像点阵信息，然后控制输出设备将图像点阵信息记录在胶片、印刷、纸张以及其他介质上。

RIP 的具体工作流程为：首先输入数字化图文页面信息（由桌面软件制得的 PostScript 及兼容格式），经由输入渠道（最常见的有 AppleTalk、TCP/IP、NT、Pipe、Hotfolder 等）输入 RIP 工作站。随后，RIP 根据页面上对象性质的不同做不同的解释和处理，生成对应的页面点阵信息，在这一步不同的厂商可能会做不同的设计。最后，RIP 控制输出转化成页面实体，同样，不同的 RIP 厂商会为其 RIP 设计不同的输出行为。

（2）打印控制。

打印控制模块的功能是将各个模块组合在一起，使软件和硬件协调地工作，实现图像的打印功能，并控制设备的正常工作与工作状态的显示。该模块的功能有以下几个方面：设备及数据处理中各种参数设置以及保存；在指定的地方打开 TIF 图片并显示，然后 RIP 成点阵数据；把 RIP 好的点阵数据转换成适合传输到设备内存的序列格式，并根据设备的数据请求发送到设备的内存中；根据设备返回的参数以及操作员的控制操作对设备进行指令发送；喷墨主控板可以正确地处理系统发送的数据并返回设备信息；喷头控制系统可以正确地打印计算机传输过来的点阵数据。打印控制模块主要包括数据处理部分、内存中数据的存储格式、通信接口部分等几个部分。

（3）运动控制。

运动控制的目的就是控制电动机的转速和转角，对于直线电动机来说就是控制速度和位移。一个典型的运动控制系统主要由电动机、传动机构、拖动对象、功率驱动器、传感器和运动控制器组成，运动控制系统的组成如图 2.55 所示。运动控制器是智能元件，整个系统的运动指令由运动控制器给出，其中运动控制软件是运动控制系统与操作人员之间的交互枢纽，起着承上启下的重要作用。

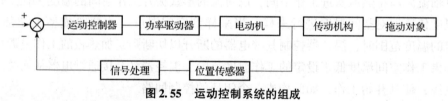

图 2.55　运动控制系统的组成

三、三维印刷成型质量控制

为了提高三维印刷成型系统的成型精度和速度，保证成型的可靠性，需要对系统的工艺参数进行整体优化。这些参数包括：喷头到粉末层的距离、每层粉末的厚度、喷射和扫描速度、辊轮运动参数、每层喷射间隔时间等。

1. 喷头到粉末层的距离

喷头到粉末层的距离太远会导致液滴的发散，影响成型精度；反之，则容易导致粉末溅到喷头上，造成堵塞，影响喷头的寿命。一般情况下，该距离在 $1 \sim 2$ mm 效果较好。

2. 每层粉末的厚度

每层粉末的厚度即工作平面下降一层的高度。在成型过程中，水膏比（即喷墨量与石膏粉的质量比值）对成型件的硬度和强度影响最大。水膏比的增加可以提高成型件的强度，但是会导致变形的增加。层厚与水膏比成反比，层厚越小，水膏比越大，层与层黏接强度越高，但是会导致成型的总时间成倍增加。在系统中，根据所开发的材料特点，层厚在 $0.08 \sim 0.2$ mm 效果较好，一般小型模型层厚取 0.1 mm，大型取 0.16 mm。此外，由于是在工作平

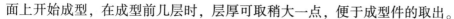

面上开始成型，在成型前几层时，层厚可取稍大一点，便于成型件的取出。

3. 喷射和扫描速度

喷头的喷射和扫描速度直接影响到制件的精度和强度，低的喷射速度和扫描速度对成型精度的提高是以成型时间增加为代价的，在三维印刷成型的参数选择中需要综合考虑。

4. 辊轮运动参数

铺覆均匀的粉末在辊轮作用下流动。粉末在受到辊轮的推动时，粉末层受到剪切力作用而相对滑动，一部分粉末在辊轮推动下继续向前运动，另一部分在辊轮底部受到压力变为密度较高、平整的粉末层。粉末层的密度和平整效果除了与粉末本身的性能有关，还与辊轮表面质量、辊轮转动方向，以及辊轮半径、转动角速度、平动速度有关。

四、三维印刷成型特点

（1）易于操作，可用于办公环境，作为计算机的外围设备之一。

（2）可使用多种粉末材料及色彩黏接剂，制作彩色原型，这是该技术最具竞争力的特点之一。

（3）不需要支撑，成型过程不需要单独设计与制作支撑，多余粉末的支撑去除方便，因此尤其适合于做内腔复杂的原型制件。

（4）成型速度快，完成一个原型制件的成型时间有时只需 30 min。

（5）不需要激光器，设备价格比较低廉。

（6）精度和表面光洁度不太理想，可用于制作人偶和产品概念模型，不适合制作结构复杂和细节较多的薄型制件。

（7）由于黏接剂从喷嘴中喷出，黏接剂的黏接能力有限，原型的强度较低，比较适合制作概念模型。

（8）原材料（粉末、黏接剂）价格昂贵。

三维印刷作为一项新技术被引进入中国。随着经济国际化需求的不断提高，国际化人才越来越抢手。越来越多的企业清醒地认识到，在新时代背景下企业技术人员即将面临的是越来越激烈的国际竞争。那么，培养学生的国际化视野必不可少。读万卷书，行万里路，国际性跨文化体验式技术交流教育模式给学生带来的绝不是享受，而是一种感受，是人生的体验，最终使我们具有国际化思维。

第五节　叠层实体制造

1. 了解叠层实体制造成型工艺原理和特点；

2. 了解叠层实体制造控制系统的组成；

3. 了解叠层实体制造成型质量的影响因素及控制措施。

能力目标

1. 能正确理解成型工艺原理；
2. 能正确理解控制系统组成并能对软硬件进行控制；
3. 能根据问题现象正确分析影响成型质量的因素。

素质目标

1. 培养学生崇尚真知的精神，能理解和掌握基本的科学原理和方法；
2. 培养学生具有实证意识和严谨的求知态度，能尊重事实和证据；
3. 培养学生具有不畏困难和挫折的勇气，有坚持不懈的探索精神，能大胆尝试，敢于创新；
4. 培养学生独立思考的能力，能多角度、辩证地分析问题，能适应不断变化的环境；
5. 培养学生采用新方法解决新问题的意识。

叠层实体制造（LOM）技术通过对原料（纸、金属箔等）进行层合与切割形成零件。LOM 技术自 1991 年问世以来，得到迅速发展。LOM 技术在出现初期广泛使用激光作为切割手段，后期又出现了使用机械刻刀切割片材的新技术。

Paul LDimatteo 在其 1976 年的专利中提出：先利用轮廓跟踪器，将三维物体转换成许多的二维轮廓薄片，然后利用激光切割这些薄片，再利用螺钉、销钉等将这一系列的薄片连接成三维物体，该设想与 LOM 的原理很相似。Michael Feygin 于 1984 年提出了 LOM 设想，并于 1985 年组建了 Helisys 公司（后为 Cubic Technologies 公司），于 1990 年开发出了世界上第一台商用 LOM 设备——LOM – 1015。

LOM 常用的材料是纸、金属箔、陶瓷膜、塑料膜等，除了制造模具、模型外，还可以直接用于制造结构件。这种工艺具有成型速度快、效率高、成本低等优点。但是制件的黏接强度与所选的基材和黏结剂密切相关，废料的分离较费时间，边角废料多。

LOM 技术将很多生活中广泛存在的低价值材料，有些甚至是废料，用来制作结构件，这本身就是一种资源节约型技术，非常符合我国节能环保、绿色健康发展的理念。

一、成型工艺原理

1. 成型工艺

LOM 的成型过程如图 2.56 所示：原料供应与回收系统将存于其中的原料逐步送至工作台的上方，加热系统将一层层材料黏接在一起，计算机根据 CAD 模型各层切片的平面几何信息驱动激光头或刻刀，对底部涂覆有热敏胶的纤维纸或 PVC 塑料薄膜（厚度一般为 0.1 ~ 0.2 mm）进行分层实体切割，即切割出轮廓线，并将无轮廓区切割成小方网格，以便在成型之后能剔除废料。随后工作台下降一层高度，送进机构又将新的一层材料铺上并用热压辊碾压使其紧粘在已经成型的基体上，激光头再次进行切割运动切出第二层平面轮廓，如此重复直至整个三维零件制作完成。

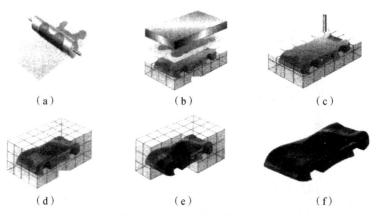

图 2.56　LOM 的成型过程

（a）铺纸；（b）压紧黏合；（c）切割轮廓线；（d）切割完成；（e）剥离；（f）完成

2. 后处理

1）去除废料

原型件加工完成后，需用人工方法将原型件从工作台上取下。去掉边框后，仔细将废料剥离就得到所需的原型。然后抛光、涂漆，以防零件吸湿变形，同时也得到了一个美观的外表。LOM 工艺多余材料的剥落是一项较为复杂而细致的工作。

2）表面涂覆

LOM 原型经过余料去除后，为了提高原型的性能和便于表面打磨，经常需要对原型进行表面涂覆处理。表面涂覆的好处有：提高强度、提高耐热性、改进抗湿性、延长原型的寿命、易于表面打磨等处理；经表面涂覆处理后，原型可更好地用于装配和功能检验。

纸材的最显著缺点是对湿度极其敏感，LOM 原型吸湿后叠层方向尺寸增长，严重时叠层会相互之间脱离。为避免吸湿引起的这些后果，在原型剥离后短期内应迅速进行密封处理。表面涂覆可以实现良好的密封，而且可以提高原型的强度和耐热、防湿性能。LOM 原型表面涂覆示意图如图 2.57 所示。

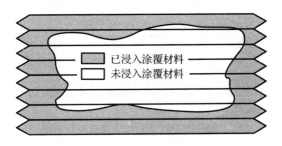

已浸入涂覆材料
未浸入涂覆材料

图 2.57　LOM 原型表面涂覆示意图

表面涂覆使用的材料一般为双组分环氧树脂等。原型经过表面涂覆处理后，尺寸稳定而且寿命也得到了提高。表面涂覆的具体工艺过程如下：

（1）将剥离后的原型表面用砂布轻轻打磨，如图 2.58 所示。

（2）按规定比例配备环氧树脂，并混合均匀。

（3）在原型上涂刷一薄层混合后的材料，因材料的黏度较低，材料会很容易浸入纸基

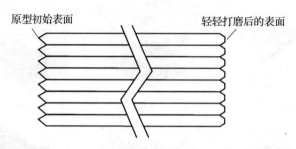

图 2.58 剥离后的原型经过砂布打磨前后表面形态示意图

的原型中，浸入的深度可以达到 1.2~1.5 mm。

（4）再次涂覆同样的混合后的环氧树脂材料，以填充表面的沟痕并长时间固化，如图 2.59 所示。

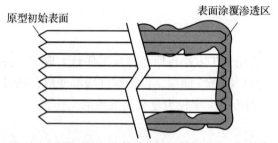

图 2.59 涂覆环氧树脂前后的原型表面形态示意图

（5）对表面已经涂覆了坚硬的环氧树脂材料的原型再次用砂布进行打磨，打磨之前和打磨过程中应注意测量原型的尺寸，以确保原型尺寸在要求的公差范围之内。

（6）对原型表面进行抛光，得到无划痕的表面质量之后进行透明涂层的喷涂，以增加表面的外观效果，如图 2.60 所示。

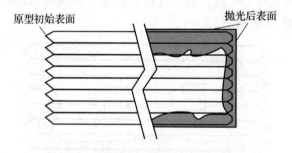

图 2.60 抛光前后原型表面效果示意图

经过上述表面涂覆处理后，原型的强度和耐热、防湿性能得到了显著提高，将处理完毕的原型浸入水中，进行尺寸稳定性的检测，实验曲线如图 2.61 所示。

二、叠层实体制造控制系统

1. 系统组成

LOM 系统结构组成如图 2.62 所示，主要由切割系统、升降系统、加热系统以及原料供应与回收系统等组成。其中，切割系统采用大功率激光器。设 LOM 系统工作时，首先在工

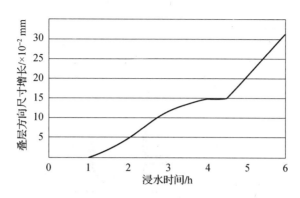

图 2.61　浸水时间与叠层方向尺寸增长实验曲线

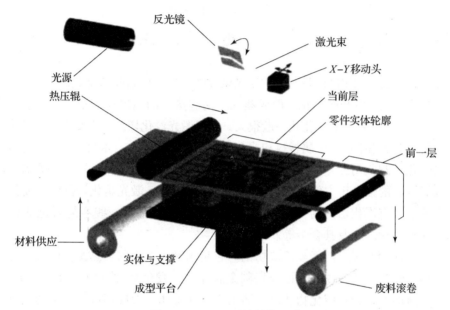

图 2.62　LOM 系统结构组成

作台上制作基底，工作台下降，送纸辊筒送进纸材，工作台回升，热压辊筒滚压背面涂有热熔胶的纸材，将当前叠层与原来制作好的叠层或基底粘贴在一起，切片软件根据模型当前层面的轮廓控制激光器进行层面切割，逐层制作；当全部叠层制作完毕后，再将多余废料去除。

1）切割系统

轮廓切割可采用二氧化碳激光或刻刀。刻刀切割轮廓的特点是没有污染、安全，系统适合在办公室环境工作。激光切割的特点是能量集中，切割速度快；但有烟，有污染，光路调整要求高。

（1）激光切割。

图 2.63 所示为激光切割原理，LOM 采用激光切割，即利用经聚焦的高功率密度激光束照射工件，使被照射的材料迅速熔化、汽化、烧蚀或达到燃点，同时借助与光束同轴的高速气流吹走熔融物质，将工件割开。

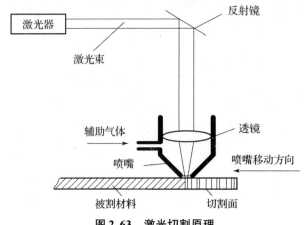

图 2.63　激光切割原理

激光切割可分为激光汽化切割、激光熔化切割、激光氧气切割和激光划片与控制断裂四类。

①激光汽化切割：利用高能量密度的激光束加热工件，使温度迅速上升，在非常短的时间内达到材料的沸点，材料开始汽化，形成蒸气。这些蒸气的喷出速度很大，在蒸气喷出的同时，材料上形成切口。材料的汽化热一般很大，所以激光汽化切割时需要很大的功率和功率密度。激光汽化切割多用于极薄金属材料和非金属材料（如纸、布、木材、塑料和橡胶等）。

②激光熔化切割：用激光加热使金属材料熔化，然后通过与光束同轴的喷嘴喷吹非氧化性气体，依靠气体的强大压力使液态金属排出，形成切口。激光熔化切割不需要使金属完全汽化，所需能量只有汽化切割的 1/10。激光熔化切割主要用于一些不易氧化的材料或活性金属，如不锈钢、钛、铝及其合金等。

③激光氧气切割原理类似于氧乙炔切割。它是用激光作为预热热源，用氧气等活性气体作为切割气体。喷吹出的气体一方面与切割金属作用，发生氧化反应，放出大量的氧化热；另一方面把熔融的氧化物和熔化物从反应区吹出，在金属中形成切口。由于切割过程中的氧化反应产生了大量的热，所以激光氧气切割所需要的能量只是熔化切割的 1/2，而切割速度远远大于激光汽化切割和熔化切割。激光氧气切割主要用于碳钢、钛钢以及热处理钢等易氧化的金属材料。

④激光划片是利用高能量密度的激光在脆性材料的表面进行扫描，使材料受热蒸发出一条小槽，然后施加一定的压力，脆性材料就会沿小槽处裂开。激光划片用的激光器一般为 CO_2 激光器。控制断裂是利用激光刻槽时所产生的巨大的能量和剧烈的温差，在脆性材料中产生局部热应力，使材料沿小槽断开。

采用激光切割的 LOM 系统，存在以下不足：

①激光切割子系统成本高。激光切割子系统包括激光器、冷却器、电源和光路系统等，直接导致整套设备成本过高。

②因激光焦点光斑直径以及切割处材料燃烧汽化产生的切缝对制件精度有影响，切割深度合适与否又会影响边料分离。当前的激光切割系统除需要考虑光斑补偿问题，还要根据加工工艺动态调整激光功率和切割速度的匹配关系。此外，加工质量也与镜头的聚焦性能和激光器本身有关。

③系统控制复杂。为了提高加工质量，必须根据工艺动态调整激光功率与切割速度匹配（主要是解决能量的控制问题，控制能量与速度的匹配）。

④激光切割材料（特别是材料背面胶质）时的燃烧汽化过程产生异味气体，对环境和操作人员有影响。

（2）刻刀切割。

轮廓刻刀切割方法就是采用机械刻刀。采用刻刀切割的切割系统由惯性旋转刻刀及其刀套、刀架和 $X-Y$ 运动定位系统组成。刻刀的材料、角度参数、偏心距、刻刀能否灵活旋转等对切割性能和制件质量产生影响。惯性旋转刻刀结构如图2.64所示。刻刀径向为轴承固定，上端是具有轴向定位功能的微型精密三珠轴承，下端是微型滚动轴承。刻刀的轴向通过三珠轴承和磁铁的引力来固定。

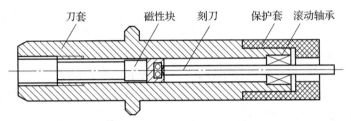

图2.64　惯性旋转刻刀结构

LOM系统采用惯性旋转刻刀代替激光切割的直接好处是：①降低了设备成本。如果采用皮带定位传动，价格可进一步降低。②无须考虑光斑补偿问题。刻刀只是将材料分离，材料并没有任何损失，切缝可以很窄。这样提高了制件的成型精度。③刻刀的切割控制简单。激光切割要控制能量与速度的匹配，特别是在加、减速阶段，以提高切割质量。切刀子系统由于不存在能量控制问题，因而无须这种匹配控制，简化了控制系统，提高了系统的可靠性。④取消了激光器，也就消除了激光切割燃烧汽化产生异味气体对环境和操作人员造成的影响。

2）升降系统

图2.65所示为悬臂式升降系统，用于实现工作台的上下运动，以便调整工作台的位置以及实现模型的按层堆积。较早的设计采用了双层平台的结构，将 XY 扫描定位机构和热压机构分别安装在两个不同高度的平台上。这种设计避免 XY 定位机构和热压装置的运动干涉，同时使设备总体尺寸不至过大。目前大多数叠层实体制造成型机都采用双层平台结构。双层平台中的上层平台称扫描平台，在上面安装 XY 扫描定位机构以及 CO_2 激光器和光束反射镜等，可使从激光光源到最后聚焦镜的整个光学系统都在一个平台上，提高了

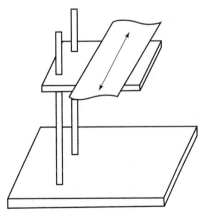

图2.65　悬臂式升降系统

光路的稳定性和抗振性。下层平台称为基准平台，在上面安装热压机构和导纸辊，同时它还连接扫描平台和升降台 Z 轴导轨，是整个设备的平面基准。它上面有较大的平面面积，可以作为装配时的测量基准。

工作台一般以悬臂形式通过位于一侧的两个导向柱导向，有利于装纸、卸原型以及进行

各种调整等操作。用于导向的两根导向柱由直线滚动导轨副实现。工作台与直线导轨副的滑块相连接。为实现工作台的垂直运动，由伺服电动机驱动滚珠丝杠转动，再由安装在工作台上的滚珠螺母使工作台升降。

3）加热系统

加热系统的作用主要是：将当前层的涂有热熔胶的纸与前一层被切割后的纸加热，并通过热压辊的碾压作用使它们黏接在一起，即每当送纸机构送入新的一层纸后，热压辊就应往返碾压一次。

LOM 工艺的加热系统按照其结构来划分，通常有辊筒式和平板式两种。

（1）辊筒式加热系统。

该种系统由空心辊筒和置于其中的电阻式红外加热管组成，用非接触式远红外测温计测量辊筒表面的温度，由温控器进行闭环温度控制。这种加热系统的优点在于：辊筒在工作过程中对原材料只施加很小的侧向力，不易使原材料发生错位或滑移，不易将熔化的黏结剂挤压至网格块的切割侧面而影响剥离。其缺点在于：辊筒与原材料之间为线接触，接触面过小导致传热效率低，因此所需的加热功率较大。一般来说，辊筒的设定温度应大大高于原材料上的黏结剂的熔点。为实现加热功能，压辊采用钢质空心管，在管内部装有加热棒，使辊加热。图 2.66 所示为热压辊工作原理。

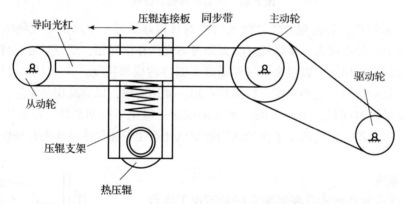

图 2.66　热压辊工作原理

热压辊实现往复行走的原理是：伺服电动机通过驱动轮驱动主动轮旋转，主动轮和从动轮又驱动同步带行走，同步带与压辊连接板固连在一起，因此会驱动压辊支架行走，从而实现热压辊的往复行走。为保证对纸的碾压平整，压辊支架采用了浮动结构。当热压辊行走时，通过导向光杠进行导向。位于压辊连接板上的传感器用于测量热压辊的温度。

（2）平板式加热系统。

该种加热系统由加压板和电阻式加热板组成，用热电偶测量加压板的温度，由温控器进行闭环温度控制。这种加热系统的优点在于：结果简单，加压板与原材料之间为面接触，传热效率高，因此所需加热功率较小，加压板相对成型材料的移动速度可以比较高。其缺点在于：加压板在工作过程中对原材料施加的侧向力比筒式大，可能使原材料发生错位或滑移，并将熔化的黏结剂挤压至网格块的切割侧面而影响剥离。

几种热压方式的比较如下：

浮动辊热压方式如图 2.67 所示，是应用较广泛的一种热压方式。

热压平板整体热压方式所用热压平板具有较大的加热面积，一次性对整个工作台进行热压。

气囊式热压方式是美国的 Helisys 公司提出了一种利用 LOM 工艺制造大型曲面壳体的制造方式，它主要是针对非平面黏接面设计的。它采用一组与零件的轮廓面平行的空间曲面对零件的 CAD 模型进行离散，在一个曲面基底上层层堆积。这种制造方式只加工零件轮廓，可以提高制造效率，减小台阶效应，提高零件的表面质量。

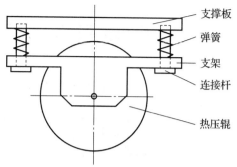

图 2.67　浮动辊热压方式

板式热压方式是清华大学激光快速成型中心的一项专利。由内部的发热元件产生热量，并通过底部的平板结构将热量传递给成型材料，如涂覆纸，完成加热和施压黏接工艺。

几种典型的热压方式的比较如表 2.1 所示。

表 2.1　几种典型的热压方式的比较

热压方式	加热部件	接触形式	成型面精度	热传递方式	黏接效率	适用面积
浮动辊热压方式	热压辊	线接触	低	接触传导	低	小
热压平板整体热压方式	平板	面接触	高	接触传导	高	小
气囊式热压方式	气囊	面接触	高	接触传导	高	小
板式热压方式	热压板	面接触	高	接触传导	较高	较小

（3）热压系统的组成。

热压系统是一个高度集成化的机械电子学单元，包括以下几部分：

①热压机械结构。

②发热体、温度传感器及相应的温度控制系统。

③运动机构及相应的传动、驱动、控制系统。

④测高系统。借助于测高系统，在造型过程中自动调整工作台的位置，以保证零件加工平面、热压平面和扫描加工的聚焦平面始终在一个平面上。热压系统的组成及控制原理框图如图 2.68 所示。

（4）热压 – 扫描集成机构。

随着对叠层实体制造工艺理解的深入，近年来出现了将热压和 XY 扫描机构集成在一起的单层平台结构。这种结构使得成型机结构大大简化，并节省了一个驱动轴，降低了设备成本。在双层平面结构中，XY 激光扫描和热压牵引是由两套独立的机构完成的。由于这两套机构的运行平面重叠，为了避免机构干涉，因此必须采用两层平面，将两套运动机构在垂直方向上分开。但在叠层实体制造工艺中，XY 扫描与热压运动从不同时进行，而且热压运动的方向都是平行于某一个扫描轴（如 Y 轴）的。因此可以将热压牵引机构与 XY 扫描机构合并，成为一个既可以进行平面切割运动又可以完成热压运动的"一体化"装置，达到简化成型机构、降低成本的目的。热压 – 扫描集成机构如图 2.69 所示。它由热压装置、X 轴运动机构（包括驱动电动机、导轨、丝杠或同步齿形带、钢丝等），Y 轴运动机构（包括驱动

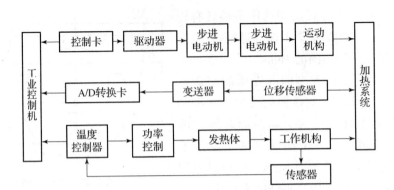

图 2.68 热压系统的组成及控制原理框图

电动机、导轨、丝杠或同步齿形带、钢丝等），聚焦镜和挂接机构组成。其中热压装置和 X 轴运动机构都通过滑块在 Y 导轨上运动。而 Y 的驱动部件（如丝杠、滑块等）只与 X 轴运动机构连接。挂接机构利用机械挂接或电磁铁吸附完成 X 轴运动机构与热压装置的连接、分离。

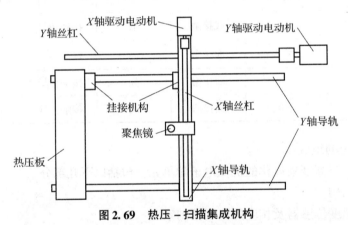

图 2.69 热压 – 扫描集成机构

热压 – 扫描集成机构有两种工作状态。一种是扫描状态，当进行零件轮廓、边框和网格切割时，XY 运动机构共同组成一个二维扫描运动机构，完成二维图形的切割。当切割完后，需要进行热压运动，黏接新层时，X 轴运动机构沿 Y 轴移动到热压装置近处，通过挂接机构挂接上热压装置，如图 2.70（a）所示，此时为热压状态。在 Y 轴驱动的带动下，X 轴运动机构和热压装置一起运动，完成限压运动，实现新层的黏接，如图 2.70（b）所示。热压完后，X 轴运动机构和热压装置又一起回到原始位置，挂接机构分离，回到扫描状态。X 轴运动机构又可独立运动，热压装置则停留在原位，等待下一个工作循环，再次热压。

4）原料供应与回收系统

送纸装置的作用是：当激光束对当前层的纸完成扫描切割，且工作台向下移动一定的距离后，将新一层的纸送入工作台，以便进行新的黏接和切割。送纸装置的工作原理如图 2.71 所示。送纸辊在电动机的驱动下顺时针转动，带动纸行走，达到送纸的目的。当热压辊对纸进行碾压或激光束对纸进行切割时，收纸辊停止旋转。当完成对当前层纸的切割，且工作台向下移动一定的距离后，收纸辊转动，实现送纸。

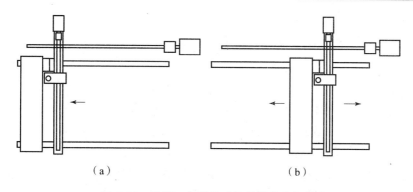

（a）　　　　　　　　　　　　　（b）

图 2.70　热压－扫描集成机构的状态切换

（a）热压状态；（b）扫描状态

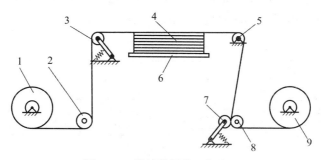

图 2.71　送纸装置的工作原理

1—收纸辊；2—调偏机构；3—张紧辊；4—切割后的原型；

5，8—支撑辊；6—工作台；7—压紧辊；9—送纸辊

（1）收纸辊部件。

收纸辊的工作原理是电动机通过锥齿轮副驱动收纸辊轴旋转，使收纸辊旋转而实现收纸。由于收纸辊部件要安放在成型机内，为便于取纸，操作者应能够方便地将收纸辊部分从成型机内拉出，故将收纸辊部分安装在了导轨上，而且部分导轨可以折叠，以便使整个收纸辊部件位于设备的机壳内部。在收纸辊机构的每一个支撑立板上安装有两个轴承，收纸辊轴直接放在轴承上，以便于卸纸。

（2）调偏机构。

调偏机构的作用是通过改变作用于纸上的力来调整纸的行走方向，防止其发生偏斜。调偏机构的工作原理是调偏辊安装在调偏辊支座上，利用两个调整螺钉可使调偏辊支座以及调偏辊绕转轴螺钉旋转，以改变纸的受力状况，实现调偏。调偏后，通过固定用螺钉和转轴螺钉将调偏辊支座固定在成型机机架上。

（3）压紧辊组件。

压紧辊的作用是保证将纸平整地送到工作台。因此，要保证压紧辊与支撑辊有良好的接触。送纸装置的工作原理是支撑辊用于支撑纸的行走，结构较为简单。张紧辊用于使纸始终保持张紧状态。

2. 系统控制

1）LOM 控制系统硬件

LOM 系统控制框图如图 2.72 所示。X 轴定位和 Y 定位完成零件截面切割，扫描出各种

复杂的轮廓图形，有较强的联动要求。它们之间是联动关系，需要至少有直线插补功能的数控系统控制；激光功率控制则需要与激光切割相配合，即 XY 的运动速度呈一定的比例关系，它与 XY 轴的运动也有联动关系；Z 轴定位、热压定位和复卷定位之间以及与前面三个控制对象（X 轴定位、Y 轴定位和激光功率控制）之间没有明显的联动关系，它们在时序上是分开的，不同时运动；快门控制的状态只有两个（通、断），是开关量，用一位二进制数就可以控制，它与 XY 的扫描运动也有协调的关系，即在一定位置准确、快速地通断。刻刀系统与其相比就显得相对简单，只需要配合运动的轨迹适时地对刀头进行抬升下降即可。热压温度控制是一个较独立的控制量，与其他对象没有明显的协同要求；工件高度测量是输入信号。为简化机构，采用间接测量的办法。将差动变压器安装在热压装置上，测量加工平面的高度。为了求得加工零件的高度，则需要知道 Z 轴的定位位置，由 Z 轴下降的相对距离来测量工件高度；走纸距离测量也是输入信号。将光电旋转编码器安装在放纸轴上，测量放纸轴的转动角度，计算出纸带移动的具体距离。

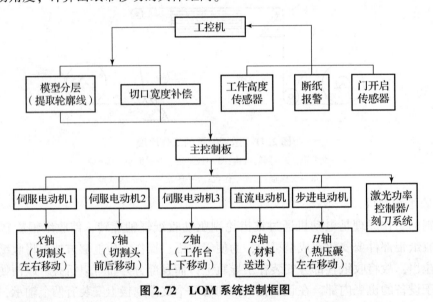

图 2.72　LOM 系统控制框图

2）工艺参数匹配控制

采用激光切割成型纸获取原型，要求 LOM 的扫描速度与激光功率相匹配。如果激光器输出功率不随扫描速度的变化而变化，当扫描速度减小时，激光头在特定距离内的停留时间延长，激光器输出能量将增加，从而成型纸吸收能量增加。尽管成型纸的热导率较低，但氧助燃烧作用仍会扩大激光的热影响区而使切口宽度变宽，从而降低原型尺寸精度，同时通过切口泄漏的激光束会切割已经成型的下层，降低原型的表面质量，也浪费了能源；当扫描速度变大时，激光头在特定距离内的停留时间缩短，激光器输出能量不足以将非零件部分与零件部分切割开，并且也不易切碎非零件部分，不利于切割完毕后废料的去除。激光功率与扫描速度的正确匹配包含两层含义：激光功率与扫描速度成正比；激光功率与扫描速度同步输出。最好的控制方案是通过上位机对位移单元和激光单元进行并行控制，且在激光单元与位移单元之间建立双向的信息通道。并行控制可以让两单元的输出基本同步，其延迟仅仅取决于两单元的硬件延迟；双向的信息通道可以让两单元相互之间知道对方的信息，从而可以对自己进行相应的调整，并达到最佳配合。

一种较为简便的控制方案是：上位机只直接控制位移单元扫描速度输出，让激光单元对位移单元进行跟踪，实时检测扫描速度的信号，以其作为匹配控制系统的输入物理量，以其变化直接驱动参数匹配控制系统的输出物理量（激光功率）的变化，即激光功率根据扫描速度的变化实时调整。由此，在二者之间建立一种主从式跟踪耦合关系。只要输出能对输入瞬间做出响应，在工程上就可认为二者输出基本是同步的，从而达到激光功率与扫描速度的良好匹配，由此可获得良好的切割质量。

三、叠层实体制造成型质量控制

影响 LOM 成型精度的主要因素有：LOM 系统本身的标称精度、系统操作参数的设置、由 CAD 模型输出 STL 数据文件时的精度、分层厚度及切片时造成的误差以及环境参数等。

1. 分层制造引起的台阶效应

由 LOM 成型工艺的流程可知，原型在高度方向上不可避免地产生台阶效应，在厚度一定的情况下，倾斜角越小，原型表面越粗糙。在成型机上取下成型件后，进行打磨和抛光，可去掉因分层制造引起的小台阶，使其表面光洁。

2. CAD 模型 STL 格式拟合精度对成型精度的影响

在 LOM 成型前，将 CAD 模型进行 STL 格式化，用一系列小三角形平面的组合逼近 CAD 模型，与设计的 CAD 模型之间存在以下差异：

（1）小三角形平面的组合是 CAD 模型表面的一阶近似。

（2）STL 模型的边界上有时有凹凸现象。

（3）在表面曲率变化较大的分界处，可能出现锯齿状的小凹坑。

（4）微小特征结构（如很窄的缝隙、筋条或很小的台阶等）遗漏。为了克服经 STL 格式化后再切片的弊端，国内外已有不少厂家进行了直接切片（即用原始 CAD 模型进行直接切片）的研究，并已推出多种直接切片软件。

3. 分层方法对成型精度的影响

理想的分层应沿某一方向将三维 CAD 模型分解为多个精确的层片模型，而每一个层片模型的侧面与三维模型相应位置的几何特征完全一致。然而在实际工作中，不能采用理想分层方法，其主要原因是：理想分层后每个层片模型仍具有三维几何特征，不能用二维数据进行精确描述，因而无法提供准确的控制信息。具体的工艺难以保证层片厚度方向的轮廓形状。因此，每一层片只能用直壁层片近似，用二维特征截面近似代替整个层片的几何轮廓信息。LOM 成型工艺中，有以下两种分层方法。

（1）根据所选定的层厚（纸的名义厚度）进行分层。根据所选定的层厚一次性对模型进行切片分层，将各层的数据存储在相应的数据文件中，计算机顺序调用各层的数据，控制成型机完成产品模型的制作。这种分层方法虽然比较简单，但纸厚的累积误差造成成型件 Z 向尺寸精度无法控制，而且不能保证成型件每一高度处的截面轮廓完全符合 STL 模型相应高度处的截面轮廓。

（2）实时测厚、实时分层。

对升降工作台采用闭环控制，根据正在成型的工件的每层实测高度，对 STL 模型进行实时分层，以获取相应截面的数据。这样不仅能较真实地反映 STL 模型相应高度处的截面轮廓，而且可以消除纸厚的累积误差对产品 Z 向尺寸精度的影响。实践证明，实时测厚、

实时分层能很好地控制成型件的精度。

4. 成型机对成型精度的影响

激光头的运动定位精度，X、Y 轴系导轨的垂直度，Z 轴与工作台面的垂直度等都会对成型精度产生影响。但以现代数控技术和精密传动技术，可以将激光头的运动定位精度控制在 ±0.02 mm 以内，激光头的重复定位精度控制在 0.01 mm 以内，相对于现阶段成型件的精度 ±0.2 mm 而言，其影响甚微。

5. 成型材料的热湿变形对成型精度的影响

热湿变形表现为成型件的翘曲、扭曲、开裂等，热湿变形是影响 LOM 成型精度最关键也是最难控制的因素之一。

1）热变形

目前，LOM 成型材料普遍采用表面涂有热熔胶的纸。在成型过程中通过热压装置将一层层的纸黏合在一起。由于纸和胶的热膨胀系数相差较大，加热后，胶迅速熔化膨胀，而纸的变形相对较小；在冷却过程中，纸和胶的不均匀收缩，使成型件产生热翘曲、扭曲变形。剥离废料后的成型件，由于内部有热残余应力而产生残余变形。在成型件刚度较小的部分（薄壁、薄筋），严重时引起开裂。

2）吸湿变形

LOM 成型件是由复合材料叠加而成的，其湿变形遵守复合材料的膨胀规律。实验研究表明，当水分在叠层复合材料的侧向开放表面聚集之后，将立即以较大的扩散速度通过胶层界面，由较疏松的纤维组织进入胶层，使成型件产生湿胀，损害连接层的结合强度，导致成型件变形甚至开裂。

3）减少热湿变形的措施

（1）改进黏胶的涂覆方法。涂覆在纸上的黏胶为颗粒状时，由于其降温收缩时相互影响较小，热应力也小，所以成型件翘曲变形较小，不易开裂。

（2）改进后处理方法。在成型件完全冷却后进行剥离和在成型件剥离后立即进行表面涂覆处理，可提高成型件的强度。

（3）根据成型件的热变形规律，预先对 CAD 模型进行反变形修正。

四、叠层实体制造成型特点

（1）原型制件精度高。薄膜材料在切割成型时，原材料中只有薄薄的一层胶发生着固态变为熔融状态的变化，而薄膜材料仍保持固态不变。因此形成的 LOM 制件翘曲变形较小，且无内应力。制件在 Z 方向的精度可达 ±(0.2~0.3) mm，X 和 Y 方向的精度可达 0.1~0.2 mm。

（2）原型制件具有较高的硬度和良好的力学性能。原型制件能承受 200 ℃左右的高温，可进行各种切削加工。

（3）成型速度较快。加工时激光束是沿着物体的轮廓进行切割，无须扫描整个断面，所以 LOM 成型速度很快，常用于加工内部结构较简单的大型零件。

（4）无须另外设计和制作支撑结构。

（5）废料和余料容易剥离，且无须后固化处理。

（6）不能直接制作塑料原型。

（7）原型的弹性、抗拉强度差。

（8）模型制件需进行防潮后处理。因为原材料选用的是纸材，所以原型易吸湿后膨胀，因此成型制件一旦加工好后，应立即进行必要的表面后处理，如防潮处理，可采用树脂进行防潮漆涂覆。

（9）模型制件需进行必要的后处理。原型表面有台阶纹理，仅限于制作结构简单的零件，若要加工制作复杂曲面造型，则成型后需进行表面打磨、抛光等后处理。

（10）材料利用率低，且成型过程中会产生烟雾。

叠层实体制造技术作为一种增材制造技术，最大化地利用了工业原材料，这也非常符合我国提出的绿色生活方式和可持续发展的理念。

随着时代的进步，国人的努力，中国用30年的时间走完别人100年走过的工业化道路，在带来产业利润和经济发展的同时也造成了生态环境的破坏，以及各种环境污染问题，比如"三废"。我国已成为世界制造业大国，废水、废渣和废气与日俱增。工业污染如果不加治理，就会危害动物、植物和人类的生命健康。

经济的发展受制于资源，因此在不影响环境的前提下，经济的发展是受环境的资源约束的，所以经济的自然增长并不一定导致环境的恶化，但过快的经济发展是一种透支未来的增长，则会导致环境的恶化。

思考与练习

1. 光固化成型工艺原理是什么？
2. 光固化成型工艺采用哪种类型的激光器？
3. 光固化成型控制系统的组成有哪些？
4. 选择性激光烧结的成型原理是什么？
5. 影响选择性激光烧结成型质量的因素有哪些？
6. 熔融沉积制造的成型原理是什么？
7. 三维印刷成型的特点有哪些？
8. 叠层实体制造的成型特点有哪些？

第三章　3D 打印成型材料

圆珠笔笔尖钢的故事

　　3 000 多家制笔企业、20 余万从业人口、年产圆珠笔 400 多亿支的数据足以证明我国是一个制笔大国，但一连串值得骄傲的数字背后，却是核心技术和材料高度依赖进口、劣质假冒产品泛滥的尴尬局面，大量的圆珠笔笔头的球珠仍需进口。"圆珠笔之问"更是"制造业之问"。笔头分为笔尖上的球珠和球座体。球座体无论是生产设备还是原材料，长期以来都掌握在瑞士、日本等国家手中。瑞士公司设备生产的笔头里面有不同高度的台阶和多条引导墨水的沟槽，具有极高的加工精度，对不锈钢原材料提出了极高的性能要求，既要容易切削，加工时还不能开裂。小小"笔尖"考验着中国制造，国家早在 2011 年就开启了这一重点项目的攻关。2016 年，太钢集团经过多年数不清的失败终于啃下了自主生产笔尖钢这块硬骨头，生产出了首批不锈钢钢丝，骄傲地写上了"中国制造"的标志。突破的灵感来自家常的"和面"，面要想和得软硬适中，就要加入新"料"，相对应的钢水里就要加入工业"添加剂"。普通的添加剂都是块状，如果能把块状儿变细变薄，钢水和添加剂就会融合得更加均匀，这样就可以增强切削性。"闻新则喜、闻新则动、以新制胜"。小小"笔尖"拷问，给中国制造带来巨大启示。一支司空见惯的中国笔，书写出的是创新驱动的中国力量。

第一节　光敏树脂材料

知识目标

　　1. 了解光敏树脂材料的特点与用途；

　　2. 了解光敏树脂材料的结构；

　　3. 了解光敏树脂材料在 3D 打印技术中的应用。

能力目标

　　1. 能区分光敏树脂材料；

　　2. 能选择合适的光敏树脂材料进行加工。

素质目标

1. 培养学生崇尚真知和真理，能理解和掌握基本的科学原理和方法；

2. 培养学生具备理性思维与逻辑，能运用科学的思维方式认识事物、解决问题、指导行为等；

3. 培养学生具有艺术知识、技能与方法的积累，能理解和尊重文化艺术的多样性，具有发现和评价美的意识和基本能力。

　　光敏树脂是一种具有诸多优点的特殊树脂，其由光敏预聚体、活性稀释剂和光敏剂组成。在一定波长的紫外光的照射下能引发聚合反应立即完成固化。它具有节约能源、污染小、固化速度快、生产效率高等优点。

　　光敏树脂的常态为液态，用途广泛，常用于制作高强度、耐高温和防水材料。在涂料、印刷、塑料、电子和黏合剂等领域应用广泛。

　　光敏树脂在3D打印技术中常作为主体成型材料使用，不仅如此，也可作为黏结剂与其他材料配合使用。由于光固化技术对使用的光源和固化速度等有一定要求，所以在选择光敏树脂时应考虑以下几个方面的影响：

　　（1）固化速度。光敏树脂必须要有适合的光固化速度，过低或过高都难以保证相邻两层树脂之间的契合度。光敏树脂如果作为主要成型材料使用，需要尽可能避免在喷嘴附近固化导致设备损坏。如果作为黏合剂使用，需要尽可能保证固化速度低于树脂渗透速度，否则就会出现树脂尚未渗透到位就被固化的现象，进而使树脂无法继续流动导致黏合性能降低。

　　（2）黏度。光敏树脂要有较低的黏度。在光固化技术中，当加工堆积完成一层时，由于液态树脂表面张力大于已固化的固态树脂的表面张力导致液态树脂很难自动覆盖已固化的固态树脂的表面，所以此时就必须使用刮板将树脂液面涂覆并刮平，否则不能进行下一层的加工。根据上述情况就要求树脂有较好的流动性、较低的黏度以便完成加工，保证质量。

　　（3）光敏特性。光敏树脂对特定波长的光源要具备高敏感性。在3D打印技术中，光源的波长一般都是特定的，需要选择合适的光引发剂，并保证光敏树脂的最大吸收波长尽可能匹配光源的波长。同时光敏树脂的吸收波长的范围值应尽可能小，这样有利于提升制件的精度，使得光源照射区域外的光敏树脂不受影响或影响很小，只固化光源照射的狭小区域内的光敏树脂材料。

　　（4）收缩率。液态树脂发生固化后，分子结构发生了变化，分子间的距离减小了，体积也减小了，这种形体的收缩变形并不规律，产生的内应力容易让制件产生翘曲、开裂等现象，进而影响制件的精度，因此需要光敏树脂的固化收缩率较小。使用低收缩率的光敏树脂材料有利于回避上述问题，提高成型零件的质量。

　　在光敏树脂相关的数据指标中，固化速度和黏度的影响最大，直接影响了树脂的性能和加工效率。在光敏树脂的制备过程中可加入稀释剂降低其黏度，加入阻聚剂防止其产生凝胶。

　　光敏树脂材料一般由光敏预聚体、活性稀释剂和光引发剂等组成。

光敏预聚体是指可以进行光固化的低分子量的预聚体，它是影响材料性能的重要因素。光敏树脂材料预聚体主要有丙烯酸酯化环氧树脂、不饱和聚酯和聚氨酯等。

活性稀释剂是指含有环氧基团的低分子量环氧化合物，可参与固化反应成为环氧树脂固化物的交联网络结构中的一部分。活性稀释剂对人体具有一定的毒性。其光能度越高、分子量越小，反应速度越快，黏度越低，材料收缩率越高，脆性越大，对人体的刺激性越大。

光引发剂和光敏剂的作用都是引发聚合的作用，加快聚合过程。光引发剂在反应过程中起引发作用，参与反应并有消耗。光敏剂起能量转移作用，类似于催化剂，反应过程中并无消耗。光引发剂是通过吸收光能后形成一些活性物质如自由基或阳离子从而引发反应，主要的光引发剂包括安息香及其衍生物和苯乙酮衍生物等。

一、环氧树脂

环氧树脂是一种高分子聚合物，化学式为 $(C_{11}H_{12}O_3)_n$，它是指分子中含有两个以上环氧基团的一类聚合物的总称，外观呈黄色或透明固体或液体。它是环氧氯丙烷与双酚 A 或多元醇的缩聚产物。由于环氧基的化学活性，可用多种含有活泼氢的化合物使其开环，固化交联生成网状结构，因此它是一种热固性树脂。环氧树脂是 3D 打印技术中一种常见的黏结剂，同时也是一种常见的光敏树脂。

环氧树脂具有优良的物理力学性能、电绝缘性能和黏接性能等，其使用工艺的灵活性也是其他热固性塑料不具备的。因此它能制成涂料、复合材料、浇铸料、胶黏剂、模压材料和注射成型材料等。

环氧树脂具有仲羟基和环氧基，仲羟基可以与异氰酸酯反应。环氧树脂作为多元醇直接加入聚氨酯胶黏剂含羟基的组分中，使用此方法只有羟基参加反应，环氧基未能反应。用环氧树脂作多羟基组分结合了聚氨酯与环氧树脂的优点，具有较好的黏接强度和耐化学性能。其改性方法通常有选择固化剂、添加反应性稀释剂、添加填充剂、添加特种热固性或热塑性树脂和改良环氧树脂本身等几种。

环氧树脂根据分子结构大致可分为缩水甘油醚类环氧树脂、缩水甘油酯类环氧树脂、缩水甘油胺类环氧树脂、线型脂肪族类环氧树脂和脂环族类环氧树脂等五类。

在工业生产中使用最广泛、用量最大的是缩水甘油醚类环氧树脂，而其中又以二酚基丙烷型环氧树脂（简称双酚 A 型环氧树脂）为主。二酚基丙烷型环氧树脂是由二酚基丙烷与环氧氯丙烷缩聚而成，是在碱性条件下缩合，经水洗、脱溶精制而成的高分子化合物。树脂相对分子质量越大，环氧当量越大，在采用固化处理后，才具有使用价值。其化学分子结构式为缩水甘油酯类环氧树脂和二酚基丙烷环氧化树脂比较，其黏度低，使用工艺性好；反应活性高；黏合力比通用环氧树脂高，固化物力学性能好；电绝缘性好；耐气候性好，并且具有良好的耐超低温性，在超低温条件下，仍具有比其他类型环氧树脂高的黏结强度。有较好的表面光泽度，透光性、耐气候性好。

缩水甘油胺类环氧树脂具备优良的黏接性和耐热性，已用来制造碳纤维增强的复合材料并用于飞机二次结构材料。

脂环族环氧树脂是由脂环族烯烃的双键经环氧化而制得的，前者环氧基都直接连接在脂环上，而后者的环氧基都是以环氧丙基醚连接在苯核或脂肪烃上。脂环族环氧树脂的固化物具有较高的压缩与拉伸强度，能长期暴置在高温条件下仍能保持良好的力学性能，具有较好的耐电弧性、耐紫外光老化性能及耐气候性。

我国自1958年开始对环氧树脂进行了研究，并以很快的速度投入了工业生产，至今已在全国各地蓬勃发展，除生产普通的双酚A型环氧树脂外，也生产各种类型的新型环氧树脂，以满足国防建设及国家经济各部门的急需。

环氧树脂在涂料领域的应用十分广泛，其具备良好的耐化学性、耐热性和电绝缘性。对金属漆膜时附着力强，漆膜保色性较好。但是双酚A型环氧树脂涂料的耐候性差，漆膜在户外易粉化失光，不宜作户外用涂料及高装饰性涂料。因此环氧树脂涂料主要用作防腐蚀漆、金属底漆、绝缘漆，但杂环及脂环族环氧树脂制成的涂料可以用于户外。

环氧树脂在黏接领域的应用也十分广泛，除了对聚烯烃等非极性塑料黏结性较差外，对铝、铁、铜等金属材料，玻璃、木材、混凝土等非金属材料和酚醛、氨基、不饱和聚酯等热固性塑料都有优良的黏接性能，因此有万能胶之称。环氧胶黏剂是结构胶粘剂的重要组成部分。

环氧树脂因具备绝缘性能高、结构强度大和密封性能好等优点，已在高低压电器和电子元器件的绝缘及封装上得到广泛应用。其主要用于电器、电机绝缘封装件的浇注，如电磁铁、接触器线圈、互感器、干式变压器等高低压电器的整体全密封绝缘封装件的制造。

环氧树脂被用作3D打印成型材料时可通过改变碳纤维等填充物的方向等形式控制材料强度以满足不同的要求。除了充当成型材料外，它还可以作为无机或金属粉末材料的黏结剂使用，与其界面相容性优于大多数树脂。它流动性强，与极性粉末材料的浸润性好，能够迅速浸润无机或金属粉末表面。它在光敏树脂材料中的黏结强度高，容易进行改性，适用性强，成本适中。

二、丙烯酸酯

丙烯酸树脂是丙烯酸、甲基丙烯酸及其衍生物聚合物的总称，化学式为$(C_3H_4O_2)_n$，外观呈无色或淡黄色黏性液体。其涂膜性能优异，耐光性、耐候性、耐热性和耐腐蚀性较好，常用于涂料工业。丙烯酸树脂涂料就是以甲基丙烯酸酯、苯乙烯为主体，同其他丙烯酸酯共聚所得丙烯酸树脂制得的热塑性或热固性树脂涂料或丙烯酸辐射涂料。

丙烯酸树脂一般分为热塑性丙烯酸树脂和热固性丙烯酸树脂等。

热塑性丙烯酸树脂由丙烯酸、甲基丙烯酸及其衍生物（如酯类、腈类、酰胺类）聚合制成的一类热塑性树脂。可反复受热软化和冷却凝固。一般为线型高分子化合物，可以是均聚物，也可以是共聚物，具有较好的物理力学性能、耐候性、耐化学品性和耐水性，保光保

色性高，主要在汽车、电器、机械、建筑等领域应用广泛。

热固性丙烯酸树脂以丙烯酸系单体（丙烯酸甲酯、丙烯酸乙酯、丙烯酸正丁酯和甲基丙烯酸甲酯等）为基本成分，经交联成网络结构的不溶、不熔丙烯酸系聚合物。除具有丙烯酸树脂的一般性能以外，还具备耐热性、耐水性和耐磨性等特点。有本体浇铸造材料、溶液型、乳液型、水基型等多种形态。本体浇铸材料由甲基丙烯酸酯与多官能丙烯酸系单体或其他多官能烯类单体共聚制浆，经铸型聚合制得，主要用于航空工业。

在使用光固化技术时，丙烯酸酯单体可与光引发剂混合，光引发剂在可见光区吸收一定波长的能量引发单体聚合交联固化反应。在使用金属粉进行 3D 打印时，可以按照一定比例将丙烯酸树脂与金属粉混合，加入金属粉的树脂固化后其硬度刚好能够保持实物的形状，再通过熔炉对上述半成品进行烧制，去除其中的聚合物并将金属材料黏合到一起以提高成品工件中的金属含量。

第二节　金属材料

1. 了解各类金属材料的特点与用途；
2. 了解各类金属材料在 3D 打印技术中的应用。

1. 能区分各类金属材料；
2. 能选择合适的金属材料进行加工。

素质目标

1. 培养学生尊重事实和证据，有实证意识和严谨的求知态度；
2. 培养学生具有思辨意识，能正确地独立思考与判断；
3. 培养学生善于思考的能力，能多角度、辩证地分析问题，做出理性选择和决定等；
4. 培养学生具有良好的学习习惯，能够根据不同情境和自身实际，选择或调整学习策略和方法。

由于 3D 打印技术的快速发展，其成型材料的品种也在不断增加。像光敏树脂和高分子材料等已经不能满足用户的需求，金属材料由于其自身的优异特性也在 3D 打印技术领域中占据一席之地。

常用的金属材料一般用于金属粉末颗粒的制备，常见的有钛合金粉末颗粒、不锈钢粉末颗粒、铝粉颗粒和合金粉末颗粒等。3D 打印所使用的金属粉末颗粒一般要求纯净度高、球形度好和粒径分布窄，这对材料的制备工艺提出了高要求。能真正用于金属零件成型加工的

3D 打印成型工艺方法不是很多，主要有选择性激光烧结技术和选择性激光熔化技术。这类技术工艺难度较大，设备售价较高，运行维护成本较高。以上这些因素都限制了金属材料在 3D 打印技术中的应用。

一、钛合金

钛合金指的是多种用钛与其他金属制成的合金金属，如图 3.1 所示。钛是 20 世纪 50 年代发展起来的一种重要的结构金属。钛合金强度高、耐蚀性好、耐热性高。20 世纪五六十年代开发出航空发动机用的高温钛合金和机体用的结构钛合金；70 年代开发出耐蚀钛合金；80 年代以来耐蚀钛合金和高强度钛合金得到进一步发展。钛合金主要用于制作飞机发动机压气机部件，其次为火箭、导弹和高速飞机的结构件。在 3D

图 3.1　钛合金

打印技术中，钛合金相比其他金属材料而言，其制件具有质量轻、强度高、精度高等优点。

钛是同素异构体，熔点为 1 668 ℃，在低于 882 ℃时呈密排六方晶格结构，称为 α 钛；在 882 ℃以上呈体心立方晶格结构，称为 β 钛。利用钛的上述两种结构的不同特点，添加适当的合金元素，使其相变温度及相分含量逐渐改变而得到不同组织的钛合金。钛合金一般有三种基体组织，可将其分为 α 钛合金、β 钛合金和（α + β）钛合金等三类。

α 钛合金是 α 相固溶体组成的单相合金，组织结构稳定，耐磨性高于纯钛，抗氧化能力强。在 500 ~ 600 ℃的条件下仍能保持其强度和抗蠕变性能，但不能进行热处理强化，室温强度不高。

β 钛合金是 β 相固溶体组成的单相合金，淬火、时效处理后合金进一步强化，强度可达 1 372 ~ 1 666 MPa，但热稳定性较差，不宜在高温下使用。

（α + β）钛合金是双相合金，具有良好的综合性能，组织稳定性好，有良好的韧性、塑性和高温变形性能。高温强度高，其热稳定性次于 α 钛合金，可在 400 ~ 500 ℃的条件下长时间工作。

三类钛合金中最常用的是 α 钛合金和（α + β）钛合金。

钛合金按用途可分为耐热合金、高强合金、耐蚀合金（钛 – 钼、钛 – 钯合金等）、低温合金以及特殊功能合金（钛 – 铁储氢材料和钛 – 镍记忆合金）等。

钛合金具有比强度高、热强度高、低温性能好和抗蚀性好等性能特点。

（1）比强度高。钛合金的密度一般约为 4. 51 g/cm³，为钢的 60%，一些高强度钛合金超过了许多合金结构钢的强度，所以钛合金的比强度（强度/密度）远大于其他金属材料，可制出强度高、刚性好、质量轻的制件。目前飞机的发动机构件、骨架、蒙皮、紧固件及起落架等大多都采用钛合金材料。几种合金材料的性能比较见表 3.1。

表 3.1　几种合金材料的性能比较

序号	材料类型	抗弯强度 σ_b/MPa	弹性模量 $E \times 10^4$ MPa	密度 ρ/(g·cm⁻³)	$\dfrac{\sigma_b}{\rho}$
1	超硬铝合金	588	7. 154	2. 8	210

序号	材料类型	抗弯强度 σ_b/MPa	弹性模量 $E \times 10^4$ MPa	密度 ρ/(g·cm^{-3})	$\dfrac{\sigma_b}{\rho}$
2	耐热铝合金	461	7.154	2.8	165
3	高强度镁合金	343	4.41	1.8	191
4	高强度钛合金	1 646	11.76	4.5	366
5	高强度结构钢	1 421	20.58	8	178

（2）热强度高。钛合金和常用的铝合金相比具有热强度高的特点。钛合金在 150~500 ℃范围内有很高的比强度，铝合金在 150 ℃左右时比强度有明显的下降。钛合金的工作温度可达 500 ℃，铝合金的工作温度不到 200 ℃，使用温度比铝合金高几百度。钛合金在中等温度下仍能保持所要求的强度，可在 450~500 ℃的温度下长期工作。

（3）低温性能好。钛合金是一种重要的低温结构材料。其在低温和超低温条件下依旧能保持其力学性能，低温性能好，如 TA7 这样间隙元素极低的钛合金，在 -253 ℃下还能保持一定的塑性。

（4）抗蚀性好。钛合金在潮湿空气和海水等介质中的抗蚀性远好于不锈钢，对点蚀和酸蚀有优良的抵抗力。对碱化物、氯化物、硝酸和硫酸等有优良的抗腐蚀能力，但钛对具有还原性氧及铬盐介质的抗腐蚀能力较差。

钛合金在 3D 打印领域的应用十分广泛，其具有优异的力学性能和良好的生物相容性，主要用于航空航天、汽车制造、精密仪器和医学等领域。

钛合金在航空航天领域的应用广泛，发展迅速。它是当代飞机及发动机的主要材料之一。航空航天飞行器的有些零部件结构比较复杂，要求质量轻，强度高，具有良好的疲劳强度，使用钛合金材料比较合适。飞行器的喷气式发动机在工作时会产生大量的热量，钛合金因其具备优异的高温抗拉强度和高温稳定性，所以常用于飞机发动机的制造。飞机起落架的支架所受载荷较大，钛合金因其优异的综合力学性能和良好的耐蚀性常被用于起落架的制造。此外，飞机机翼、飞行员座舱和通风道等部件也可以用 3D 打印技术进行制造。这些飞行器的零部件产量较低，传统生产成本较高，使用钛合金进行 3D 打印比较适合这类零件的生产，不仅可以减轻飞机质量、提高结构强度，而且可以加工形状结构比较复杂的零部件。

钛合金在汽车制造领域的应用也十分广泛。常用于制造发动机、连杆、轴和排气系统元件等。在汽车发动机的制造中应用钛合金，能降低噪声、减少振动、减少油耗和延长使用寿命等。国外个别公司使用钛金属粉末颗粒材料用于 3D 打印技术，成功制造了叶轮等汽车零部件。

对于有些精密仪器而言，使用传统的铸造方法已经很难达到要求。而 3D 打印技术在精密仪器的设计和制造环节具有明显的优势，既能降低成本及制造难度也能提高质量。

钛合金在医学领域具有独特的优势，已经越来越受到重视，市场需求广泛，应用前景良好。钛合金不仅具有强度高、耐蚀性强的特点，而且具有良好的生物相容性、无毒性。钛合金的 3D 打印制件主要用于人工关节、骨创伤、假牙和医用器械等。由于每位患者的情况不尽相同，需要对其量身定制，使用传统模具技术成本较高且制造难度较大，而使用 3D 打印技术可以根据个人不同的需要进行个性化的设计与制造，保证植入物完全符合病人身体情况，能缩短手术时间，减少医疗费用，有效解决上述问题。人造假肢利用 3D 打印技术后，不仅扩展了材料的选择，而且在假肢设计制造时能完全贴合患处生理曲线，不会由于批量化的工业生产引发个体的不适性。

二、铝

铝元素在地壳中的含量居金属首位，占地壳总量的 8.3%，仅次于氧和硅，主要以铝硅酸盐矿石的形式存在，还有铝土矿和冰晶石。铝是一种银白色轻金属，有延展性，如图 3.2 所示。在潮湿空气中能形成一层防止金属腐蚀的氧化膜。铝粉在空气中加热能猛烈燃烧，并发出炫目的白色火焰。其制品呈棒状、片状、箔状和粉状等。铝合金是以铝为基添加一定量其他合金化元素的合金，是轻金属材料之一。铝合金除具有铝的一般特性外，由于添加合金化元素的种类和数量的不同又具有一些合金的具体特性。具有良好的强度、刚度、导电导热性能、耐蚀性和可焊性，可作结构材料使用，在航空、交通、建筑、机电等领域有着广泛的应用。铝合金按其成分和加工方法分为变形铝合

图 3.2　铝

金和铸造铝合金。变形铝合金是先将合金配料熔铸成坯锭，再进行塑性变形加工，通过轧制、挤压、拉伸、锻造等方法制成各种塑性加工制品。铸造铝合金是将配料熔炼后用砂模、铁模、熔模和压铸法等直接铸成各种零部件的毛坯。

铝的熔点低，熔点与纯度有关，其粉末颗粒直径越小熔点越低，在用于 3D 打印技术时，激光烧结的温度低于其他金属材料。铝的密度小，在用于 3D 打印技术时，所需的支撑要求低于其他金属材料。纯铝强度不高，可通过添加各种元素合金化使其提高强度。铝的塑性好，易加工成型。铝的化学活性高，粉末颗粒易燃易爆，安全性较差。易氧化生成致密的氧化铝，抗腐蚀性好，但会导致烧结困难。

铝合金相比铝而言，优势明显。其具有密度小、弹性好、刚度和强度好、耐磨耐腐蚀性好、抗冲击性好、导电导热性好等优点。随着工业化进程的加快，对铝合金零部件的结构和铸件性能的要求也日益提高。在航空、汽车等领域使用的零部件中，铝合金结构件的形状趋于复杂，尺寸日益精密，传统的铸造成型工艺对于一些复杂程度较高的小型零部件的制造已显得力不从心，局限性日益明显。而 3D 打印技术的使用能较好地解决上述问题，因其材料的熔点低，成型设备无须使用要求较高的激光器，既节约了成本又降低了能耗，还能保护激光头，延长设备使用寿命，在航空航天、汽车制造等领域已被广泛采用且具有良好的发展前景。

三、不锈钢

不锈钢是以铁为主要成分的合金，有不易生锈、不易腐蚀的特点。个别品种不锈钢的不锈性和耐蚀性是由于其表面上富铬氧化膜的形成。这种特性是相对的，随着铬含量的增加，耐蚀性提高，当铬含量达到一定比例时，即从易生锈变成为不易生锈，从不耐蚀变成耐腐

蚀。不锈钢如图 3.3 所示。

不锈钢的耐腐蚀性能良好，和普通钢相比较而言抗蚀耐用，耐高温氧化及强度高，常温加工时容易进行塑性加工，表面光洁。但是切削时切向应力大、塑性变形大，因而导致切削力大。导热性差，切削时在刀具刃口附近温度较高，容易造成刀具的磨损。一些高温合金不锈钢在切削时加工硬化倾向大，刀具在加工硬化区域内切削，寿命会缩短。切削时容易产生黏刀现象，进而影响零件的表面粗糙度。

图 3.3　不锈钢

不锈钢在用于 3D 打印技术时，通常会被用于选择性激光烧结技术，因为它可避免在切削加工时的弊端。可制造不受几何形状限制的零部件，缩短了产品的开发制造周期，可快速高效地进行小批量复杂零部件的生产制造等。不锈钢品种繁多，颜色各异，也常被用于制造模型、艺术品等。

在选择性激光熔化成型过程中，高能激光将金属粉末快速熔化形成小熔池，能促进合金元素的分布，快速冷却抑制了晶粒的长大及合金元素的偏析，导致金属基体中固溶的合金元素无法析出而均匀分布在基体中，进而获得了晶粒细小、组织均匀的微观结构，有利于合金元素的自由移动和重新分布，可得到力学性能优异的金属零部件。

不锈钢在 3D 打印领域的应用比较广泛。其价格适中，品种繁多，合金成分不同，材料特性也不尽相同，应用前景好。3D 打印的不锈钢制件的强度高，但制品表面略显粗糙。表面具有各种不同的光泽与颜色，在珠宝、雕塑艺术品和功能构件制造等领域有着较好的应用前景。

四、镍基合金

镍基合金是指在 650~1 000 ℃高温下有较高的强度与一定的抗氧化腐蚀能力等综合性能的一类合金。按照主要性能分为镍基耐热合金、镍基耐蚀合金、镍基耐磨合金、镍基精密合金与镍基形状记忆合金等。高温合金按照基体的不同分为铁基高温合金、镍基高温合金与钴基高温合金。其中镍基高温合金简称镍基合金。与铁基高温合金和钴基高温合金相比较而言，镍基高温合金不易析出有害相，可应用于高温和高应力环境，且有良好的高温力学性能、抗氧化性能、耐热腐蚀性能等优点。

镍基耐蚀合金主要合金元素是铜、铬、钼。具有良好的综合性能，可耐各种酸腐蚀和应力腐蚀，主要用于石油、化工、电力等耐腐蚀环境。

镍基耐磨合金主要合金元素是铬、钼、钨，还含有少量的铌、钽和钢。除具有耐磨性能外，其抗氧化、耐腐蚀、焊接性能良好。可制造耐磨零部件，也可通过堆焊和喷涂工艺将其包覆在其他基体材料表面。

镍基精密合金包括镍基软磁合金、镍基精密电阻合金和镍基电热合金等。最常用的软磁合金是含镍 80% 左右的玻莫合金，其最大磁导率和起始磁导率高，矫顽力低，是电子工业中重要的铁芯材料。镍基精密电阻合金的主要合金元素是铬、铝、铜，这种合金具有较高的电阻率、较低的电阻率温度系数和良好的耐蚀性，用于制作电阻器。镍基电热合金是含铬

20%的镍合金，具有良好的抗氧化、抗腐蚀性能，可在1 000~1 100 ℃温度下长期使用。

镍基记忆合金是含钛50%的镍合金，其形状记忆效果好，多用于制造航天器上使用的自动张开结构件、宇航工业用的自激励紧固件、生物医学上使用的人造心脏马达等。

将镍基合金用于3D打印技术，在航空航天、舰船、发电机组和石油化工等领域有着广泛的应用。凭借其优良的性能可用于制造航空发动机中的涡轮盘、涡轮叶片等部件，不仅提高了发动机的稳定性，也提高了热效率。在发电等能源领域，可利用其耐蚀性和耐热性制造形状复杂的叶片，提升发电效率。在石油化工领域，可利用其耐蚀性制造化学化工设备等。

五、钴铬合金

钴铬合金的主要成分是钴和铬，其制件具有耐高温和高强度的特点。钴铬合金具备良好的力学性能、抗腐蚀性能和生物相容性。其因具有杰出的生物相容性，最早用于人工关节的制作，现已广泛用于口腔医学领域。它不含对人体有害的镍元素与铍元素，安全可靠且价格合理，钴铬合金烤瓷牙已成为非贵金属烤瓷的首选，适合大多数牙齿的修复，尤其适合后牙固定桥等固定修复。钴铬烤瓷牙质量轻，在和牙齿的适应性、金属的稳定性和牙齿的密合性等方面有较好的表现。如使用3D打印技术制造烤瓷牙不需要模板，可避免制造牙齿模型过程中在口腔中的反复调整，缩短时间，降低成本，减少了对患者的不便。钴铬合金在铸造时收缩较大，而采用3D打印技术可明显减少误差，使得制件的强度和精度都有所提升。

第三节 非金属材料

1. 了解各类无机非金属材料的特点与用途；
2. 了解各类无机非金属材料的结构；
3. 了解无机非金属材料在3D打印技术中的应用。

1. 能区分各类无机非金属材料；
2. 能选择合适的无机非金属材料进行加工。

1. 培养学生具有好奇心和想象力，有不畏困难和挫折的勇气，有坚持不懈的探索精神；
2. 培养学生具有创新意识与勇于尝试的勇敢品质，能大胆尝试、积极寻求有效的问题解决方法等；
3. 培养学生具有采用新方法解决新问题的意识。

无机非金属材料是以某些元素的氧化物、碳化物、氮化物、卤素化合物、硼化物以及硅酸盐、铝酸盐、磷酸盐、硼酸盐等物质组成的材料，是除有机高分子材料和金属材料以外的所有材料的统称，与有机高分子材料和金属材料并列的三大材料之一。硅酸盐材料是无机非金属材料的主要分支之一，是陶瓷的主要组成物质。

在晶体结构上，无机非金属的晶体结构远比金属复杂，并且没有自由的电子，具有比金属键和纯共价键更强的离子键和混合键。这种化学键所特有的高键能、高键强赋予这一大类材料以高熔点、高硬度、耐腐蚀、耐磨损、高强度和良好的抗氧化性等基本属性，以及宽广的导电性、隔热性、透光性及良好的铁电性、铁磁性和压电性。

无机非金属材料是3D打印成型材料中的重要组成部分，主要用于三维印刷成型技术。无机非金属材料的熔点远高于金属或高分子材料，无法直接用激光烧结或热烧结的成型方法进行加工，3D打印时必须加入黏结剂。三维印刷成型工艺是通过喷头用黏结剂将粉末颗粒材料黏结成这层的截面形状。未被喷射黏结剂的地方为干粉，在成型过程中起支撑作用，在成型结束后需要去除。除了上述方法外，还可以使用无机非金属粉末颗粒和黏结剂粉末相混合，通过激光加热熔融黏结剂粉末，进而达到加工成型的目的，此方法也是一种利用无机非金属材料进行3D打印制造的常见方式。

无机非金属材料在用于3D打印技术时应符合一定的要求，其主要用于构建骨架的无机非金属粉末和用于塑性的黏结剂。无机非金属材料对于外观具有一定的要求，粉末颗粒的形状应尽量接近圆球形或圆柱形，粒径大小需适中，圆球形或圆柱形颗粒的移动能力较强，便于粉末的铺展与平整，同时圆球或圆柱形状有利于黏结剂在粉末间隙流动，提高黏结剂的渗透速度。一般无机非金属材料多为晶体结构，分子沿晶面生长，从微观尺度看，无机非金属粉末为多面体结构。无机粉末粒度对3D打印效果的影响较明显，无机粉末粒径太大，除了会影响产品的外观还会降低粉末的比表面积，从而使可施胶面积下降，影响黏接强度；粉末粒径太小，黏结剂渗透难度变大，渗透时间变长，打印效率下降。在用于黏结剂时，要与无机非金属粉末具有很好的界面相容性和渗透性。3D打印中大多使用聚合物树脂作为黏结剂，其与强极性的无机非金属材料的极性差别较大，因此两者界面相容性较差，黏结效果差。因此无机非金属材料在使用前常会以偶联剂或表面活性剂进行表面处理，降低表面极性，同时也会尽量选择环氧等性能较强且与无机材料界面相容性和渗透性较好的树脂作为黏结剂。此外，为了实现黏结剂的快速渗透和润湿，黏结剂的流动性能也非常重要，可以选择一些可以通过光照、加热或溶剂挥发实现固化反应的预聚体或分子量较小的树脂作为黏结剂，以减小其黏度，提高其流动性。然后通过光、热或溶剂挥发的方式实现树脂的交联，提高黏结剂的效果。

一、陶瓷材料

陶瓷材料是用天然或合成化合物经过成型和高温烧结制成的一类无机非金属材料，具有高熔点、高硬度、高耐磨性、耐氧化等优点，可用作结构材料、刀具材料和模具材料。由于陶瓷还具有某些特殊的性能，又可作为功能材料使用。

陶瓷用途广泛，它是以天然黏土以及各种天然矿物为主要原料，经过粉碎混炼、成型和煅烧等多道工艺制得的。陶瓷材料一般按照用途可粗略分为普通陶瓷材料和特种陶瓷材料。普通陶瓷也称为传统陶瓷，它的主要原料是黏土、石英和长石，通过一定比例将其混合后烧结成型。普通陶瓷来源丰富、成本低、工艺成熟，具备一定的抗电性能、耐热性能和力学性能。其质地坚硬但脆性大，绝缘性和耐蚀性极好。特种陶瓷较多用于 3D 打印技术，按应用不同分为特种结构陶瓷和功能陶瓷，按性能特征和用途又可分为日用陶瓷、建筑陶瓷、电绝缘陶瓷、化工陶瓷等。特种陶瓷材料采用高纯度人工合成的原料，使用精密工艺成型烧结制成，一般具有某些特殊性能以便适应于各类需要。特种陶瓷具有特殊的力学、光学、电磁学和热性能等。

陶瓷材料的强度由其化学键所决定，在室温下几乎不能滑动或错位移动，所以很难产生塑性变形，其破坏方式多为脆性断裂。陶瓷材料的室温强度是弹性变形抗力即当弹性变形达到极限程度而发生断裂时的应力。强度与弹性模量和硬度一样，是材料本身的物理参数，它取决于材料的成分组织结构，同时也随温度、应力等外界条件发生变化。陶瓷材料在常温下基本不出现或极少出现塑性变形，它的脆性比较大，主要原因在于陶瓷材料具有非常少的滑移系统。陶瓷材料中只有少数具有简单晶体结构的材料在室温下具有塑性。

陶瓷材料具有化学稳定性好、高强度、高硬度、低密度、耐高温、耐腐蚀等很多优点，可用于航空航天、汽车制造和生物等领域。陶瓷材料的优势明显。首先，陶瓷材料是工程材料中刚度最好、硬度最高的材料。其抗压强度较高，但抗拉强度较低，塑性和韧性很差。其次，陶瓷材料一般具有很高的熔点且能够在高温下呈现出极好的稳定性，其是良好的隔热材料，导热性低于金属材料，同时陶瓷的线膨胀系数比金属低，当温度发生变化时，陶瓷具有良好的尺寸稳定性。在高温下不容易氧化，并对酸、碱、盐具有良好的抗腐蚀能力。最后，陶瓷材料还有独特的光学性能，可用作光导纤维材料、固体激光器材料、光存储器等。透明陶瓷可用于高压钠灯管等。磁性陶瓷在录音磁带、唱片和大型计算机记忆元件等方面有着广泛的应用。

在 3D 打印技术中，制造陶瓷制品具有所需工艺路线简单、加工成型步骤少、自动化程度高、材料损耗低、能源消耗小、环境污染小等优点。有些优点正好能弥补陶瓷在传统制造体系中的不足之处。目前，在 3D 打印技术领域中精细陶瓷备受关注，精细陶瓷也称为先进陶瓷或新型陶瓷，是特种陶瓷中的一种。它是指以精制的高纯度人工合成的无机化合物为原料，采用精密控制工艺得到的高性能陶瓷。它具有抗高温、强度高、多功能等优良性能，有着广阔的发展前景。精细陶瓷具备良好的耐高温性能和高强度特性，可以用于飞机发动机在内的各种热机材料和燃料电池发电部件材料等。精细陶瓷和高分子合成材料相结合，可以使交通运输工具轻量化、小型化和高效化。精细陶瓷与高性能分子材料、新金属材料、复合材料并列为四大新材料。

有些 3D 打印成型技术主要针对精细陶瓷进行成型加工，很多相关制品大多属于精细陶瓷的范畴。3D 打印所用的陶瓷材料通常是陶瓷粉末和某种黏合剂粉末所组成的混合物，通过激光烧结的办法，熔融黏结剂粉末实现无机非金属粉末颗粒的成型，然后通过热烧结的方法进一步提高制品的机械强度。在实际生产中黏结剂分量对 3D 打印制品的质量影响较大。黏结剂分量越多越容易进行烧结，但在后处理时，对零件的收缩率影响较大，零件的尺寸精度较差；黏结剂分量越少则不易进行烧结成型。陶瓷颗粒的表面形貌及原始尺寸对陶瓷材料的烧结性能影响较大，陶瓷颗粒越小且表面越接近球形，烧结效果和质量越好，但黏结剂熔融后渗透难度加大，打印效率降低。陶瓷粉末在激光直接快速烧结时由于液相表面张力的影响，在快速凝固过程中会产生较大的热应力，从而形成较多微裂纹，对质量有一定的影响。

二、石膏材料

石膏是单斜晶系矿物，是主要化学成分为硫酸钙的水合物。其外形呈长块状或不规则形纤维状的结晶集合体，大小不一，全体白色至灰白色。大块的石膏上下两面平坦，无光泽及纹理，体重质松，易分成小块。石膏的纵断面具有纤维状的纹理，并有绢丝样光泽，无臭，味淡。石膏以块大色白、质松、纤维状、无杂石者为佳。石膏及其制品的微孔结构和加热脱水性，使之具优良的隔音、隔热和防火性能。它是一种用途广泛的工业材料和建筑材料，可用于水泥缓凝剂、石膏建筑制品、模型制作、医用食品添加剂、硫酸生产、纸张填料、油漆填料等方面。

一般所称石膏可泛指生石膏和硬石膏。这两种石膏常伴生产出，在一定的地质作用下又可互相转化。生石膏也称为二水石膏、水石膏或软石膏，其主要成分是二水硫酸钙，单斜晶系，晶体为板状，通常呈致密块状或纤维状，颜色呈白色、灰色或褐色，具有玻璃或丝绢光泽。经过煅烧、磨细可制得 β 型半水石膏，即建筑石膏，也称为熟石膏或灰泥。若煅烧温度为 190 ℃可得模型石膏，其细度和白度均比建筑石膏高。若将生石膏在 400～500 ℃或高于 800 ℃下煅烧，可制得地板石膏，其凝结、硬化较慢，但硬化后强度、耐磨性和耐水性均优于普通建筑石膏。硬石膏主要成分是无水硫酸钙，斜方晶系，晶体为板状，通常呈致密块状或粒状，颜色呈白色或灰白色，具有玻璃光泽。

石膏在工业领域的用途十分广泛。石膏属单斜晶系，解理度很高，容易裂开成薄片。将石膏加热至 100～200 ℃，失去部分结晶水，可得到半水石膏。它是一种气硬性胶凝材料，具有 α 和 β 两种形态，都呈菱形结晶，但物理性能不同。α 型半水石膏结晶良好、坚实；β 型半水石膏是片状并有裂纹的晶体，结晶很细，比表面积较大。生产石膏制品时，α 型半水石膏比 β 型需水量少，制品有较高的密实度和强度。通常用蒸压釜在饱和蒸汽介质中蒸炼而成的是 α 型半水石膏，也称高强石膏；用炒锅或回转窑敞开装置煅炼而成的是 β 型半水石膏，即建筑石膏。工业副产品化学石膏具有天然石膏同样的性能，不需要过多的加工。半水石膏与水拌和的浆体重新生成二水石膏、在干燥过程中迅速凝结硬化而获得强度，但遇水则软化。

利用建筑石膏生产的建筑制品主要以石膏板居多。石膏板可分为纸面石膏板、纤维石膏板和装饰石膏板等。纸面石膏板的制造过程是在建筑石膏中加入少量胶黏剂、纤维、泡沫剂等与水拌和后连续浇注在两层护面纸之间，再经辊压、凝固、切割、干燥等工序制成的。其韧性好，不燃，尺寸稳定，表面平整，可以锯割，便于施工，主要用于内隔墙、内墙贴面、天花板、吸声板等，但耐水性差，不宜用于潮湿环境中。纤维石膏板是将掺有纤维和其他外加剂的建筑石膏料浆用缠绕、压滤或辊压等方法成型后，经切割、凝固、干燥制成的。与纸面石膏板相比，其抗弯强度较高，不用护面纸和胶黏剂，但容重较大，用途与纸面石膏板相同。装饰石膏板是将配制的建筑石膏料浆浇注在底模带有花纹的模框中，经抹平、凝固、脱模、干燥制成。为了提高其吸声效果，还可制成带穿孔和盲孔的板材用于天花板和装饰墙面。除了制成各种石膏板材，还可以制成石膏空心条板和石膏砌块。它是将建筑石膏料浆浇注入模，经振动成型和凝固后脱模、干燥而成。空心条板和砌块均用专用的石膏砌筑，施工方便，常用作非承重内隔墙。

除了用于工业领域，石膏也可用于医学领域。石膏性凉，有清热解毒等作用，可用于温热病、肺胃大热、高热不退、口渴、烦躁等症，还可以用于湿疹、水火烫伤、疮疡溃后不敛及创伤久不收口。石膏研末外用，治疗以上诸外科病，有清热、收敛、生肌的作用。这些特点使得石膏在 3D 打印中具有很好的用途，可以用来打印骨骼、牙齿等制品。

石膏具有六方晶系，相比于立方晶系的材料，接近圆柱体的石膏更易于树脂的快速渗透。石膏的微膨胀性使得石膏制品表面光滑饱满，颜色洁白，质地细腻，具有良好的装饰性和加工性，常用来制作雕塑等。按照我国食品添加剂使用卫生标准，石膏可作为凝固剂用于罐头和豆制品生产，用量按正常生产需要添加，它可用于制造豆腐等食品，这又扩展了其应用与发展。

石膏材料的性能指标有硬度、相对密度、单斜晶体摩氏硬度和斜方晶体摩氏硬度等，其性能指标对其应用具有一定的影响。石膏的优点很多，能在 3D 打印技术领域中得以广泛运用。石膏及其制成品的造价相对低廉，无毒无害，安全环保。它质地柔软，具有精细的粉末颗粒，直径易于调整。颜色多呈现白色，通过一些 3D 打印技术最终的打印制品可呈现丰富的色彩，其支持彩色打印，色彩表现效果好，可用做建筑模型的展示。

在 3D 打印技术粉末颗粒状的成型材料中，石膏是最常用的一种。随着技术的发展，制造出了一些专门用于 3D 打印的石膏粉末颗粒，这类粉末颗粒是一种优质的复合材料，其颗粒细小且均匀，颜色呈白色，打印的制品色彩丰富，可广泛应用于制造全彩色模型、大型建筑物模型、沙盘模型等，在建筑领域、艺术领域和装饰领域应用前景良好。3D 照相馆在制作人体模型时多会采用这种价格便宜、色彩表现力好的材料。高纯度半水硫酸钙具有良好的生物相容性、生物可吸收性、骨传导性、快速吸收特性、易加工性和高力学性能等优点，其最早应用于整形外科或牙科。再加之石膏价廉宜得、性价比高、毒副作用小等优点，在医用 3D 打印方面也有着良好的发展前景。我国的天然石膏矿产资源储量虽然丰富，位居世界前列，但是有些 3D 打印石膏材料还主要依赖进口，进口产品价格高昂，间接影响了其应用，与此同时，也为我国在这方面的发展提供了机遇。

三、淀粉材料

淀粉是高分子碳水化合物，是由葡萄糖分子聚合而成的。其基本构成单位为 $\alpha-D-$ 吡喃葡萄糖，分子式为 $(C_6H_{10}O_5)_n$。淀粉有直链淀粉和支链淀粉两类。前者为无分支的螺旋结构，后者以 24~30 个葡萄糖残基以 $\alpha-1,4-$ 糖苷键首尾相连而成，在支链处为 $\alpha-1,6-$ 糖苷键。

淀粉是由单一类型的糖单元组成的多糖。淀粉的基本构成单位为 $\alpha-D-$ 吡喃葡萄糖，葡萄糖脱去水分子后经由糖苷键连接在一起所形成的共价聚合物就是淀粉分子。其分为直链分子和支链分子，直链分子是 D-六环葡萄糖经 $\alpha-1,4-$ 糖苷键组成，支链分子的分支位置为 $\alpha-1,6-$ 糖苷键，其余为 $\alpha-1,4$ 糖苷键。直链淀粉含几百个葡萄糖单元，支链淀粉含几千个葡萄糖单元。在天然淀粉中，可溶性的直链淀粉占 20%~26%，其余的为支链淀粉。直链淀粉分子的一端为非还原末端基，另一端为还原末端基，而支链淀粉分子具有一个还原末端基和许多非还原末端基。当用碘溶液进行检测时，直链淀粉液呈现深蓝色，支链淀粉液呈现紫红色。

淀粉是植物体中储存的养分，储存在种子和块茎中，各类植物中的淀粉含量都较高，如玉米、甘薯、野生橡子和葛根等。它是一种白色、无臭、无味粉末，且具有吸湿性。淀粉的物理性质一般有吸附性、溶解度、糊化、回生和膨胀能力等。淀粉可以吸附许多有机化合物和无机化合物，直链淀粉和支链淀粉因分子形态不同具有不同的吸附性。直链淀粉分子在溶液中分子伸展性好，很容易与一些极性有机化合物如正丁醇、脂肪酸等通过氢键相互缔合，形成结晶性复合体而沉淀。淀粉的溶解度是指在一定温度下，在水中加热 30 min 后淀粉样品分子的溶解质量分数。淀粉颗粒不溶于冷水，受损伤的淀粉或经过化学改性的淀粉可溶于冷水。随着温度的上升，淀粉的膨胀度增加，溶解度加大。淀粉的糊化现象是指将淀粉悬浮液进行加热，淀粉颗粒开始吸水膨胀，达到一定温度后，淀粉颗粒突然迅速膨胀，继续升温，体积可达原来的几十倍甚至数百倍，悬浮液变成半透明的黏稠状胶体溶液。淀粉发生糊化现象的温度称为糊化温度。即使同一品种的淀粉，因为存在颗粒大小的差异，因此糊化难易程度也各不相同，所需糊化温度也不是一个固定值。糊化的淀粉在稀糊状态下放置一定时间后会逐渐变浑浊，最终产生不溶性的白色沉淀。而在浓糊状态下，可形成有弹性的胶体，这种现象称为淀粉的回生，也称为淀粉的老化或凝沉。加热淀粉乳，淀粉颗粒会膨胀。对于不同种类淀粉其颗粒膨胀能力不同。将淀粉乳样品在一定温度水浴中加热 30 min，然后离心，倾出上清液，将沉淀的颗粒称重，淀粉膨胀后沉淀颗粒的质量与原来干淀粉质量之比称为膨胀能力。

淀粉材料在人们的日常生活中应用广泛，主要在造纸业、纺织业、食品加工、胶黏剂制造中使用。对淀粉稍做加工即可用于 3D 打印中。淀粉原料经由糖化得到葡萄糖，由葡萄糖及一定的菌种发酵制成高纯度的乳酸，再通过化学合成方法合成一定分子量的聚乳酸。聚乳酸是一种新型的生物降解材料，使用可再生的植物资源（如玉米）提炼出的淀粉原料制成。其具有良好的生物可降解性，使用后能被自然界中微生物完全降解，不污染环境。其力学性能及物理性能良好，适用于吹塑、热塑等各种加工方法，加工方便，应用十分广泛。可用于加工从工业到民用的各种塑料制品、包装食品、快餐饭盒和无纺布等。它的相容性与可降解性良好，在医药领域应用广泛，可生产一次性输液用具、免拆型手术缝合线等。聚乳酸还具有最良好的抗拉强度及延展度，也可以用于熔化挤出成型、吹膜成型、发泡成型和真空成型等加工方式。聚乳酸薄膜具有良好的透气性和隔离气味的特性。病毒及霉菌易依附在生物可降解塑料的表面，故有安全和卫生的顾虑，而聚乳酸具备优良的抑菌特性、抗霉特性和生物可降解性。正是由于聚乳酸有诸多的优点，在 3D 打印技术中常作为一种成型材料使用，但是温度高于 50 ℃时会发生变形，限制了它在餐饮和食品方面的应用。如果通过无毒的成核剂加快聚乳酸的结晶化速度就可使聚乳酸的耐热温度提高，利用这种聚乳酸材料可以打印食品级的餐具、容器和杯子等。除了食品领域的应用，这种材料还能制作电子设备的元件等。聚乳酸材料的主要成分为淀粉提取物，在 3D 打印的过程中无毒无味，打印后的最终制品可以在自然条件下降解，绿色环保。其 3D 打印制品也能呈现多种颜色，色彩表现力丰富。

第四节　高分子材料

1. 了解各类高分子材料的特点与用途；

2. 了解各类高分子材料的结构；

3. 了解高分子材料在 3D 打印技术中的应用。

1. 能区分各类高分子材料；

2. 能选择合适的高分子材料进行加工。

1. 培养学生具有诚实守信、踏实细致、实事求是的优秀品质，能努力出色完成每一件日常事务；

2. 培养学生具有动手操作能力，掌握一定的劳动技能；

3. 培养学生具有创新思维，能不断适应环境的变化，创造性提出问题解决方案；

4. 培养学生能正确认识和理解学习的价值，具有积极的学习态度和浓厚的学习兴趣。

高分子化合物也称高分子或高聚物，一般指相对分子质量高达几千到几百万的化合物，绝大多数高分子化合物是许多相对分子质量不同的同系物的混合物。高分子化合物是由千百个原子以共价键相互连接而成的，虽然它们的相对分子质量很大，但都是以简单的结构单元和重复的方式连接的。

高分子化合物按来源可分为天然高分子和合成高分子。按性能可分为塑料、橡胶和纤维。塑料具有较好的机械强度（尤其是体型结构的高分子），一般作为结构材料使用。塑料按其热熔性能分为热塑性塑料和热固性塑料。前者为线型结构的高分子，受热时可以软化和流动，可以反复多次塑化成型，可以回收利用。后者为体型结构的高分子，一经成型便发生固化，不能再加热软化，不能反复使用。纤维能抽丝成型，有较好的强度和挠曲性能，常作为纺织材料使用。其可分为天然纤维和化学纤维。后者又可分为人造纤维和合成纤维。人造纤维是用天然高分子经化学加工处理、抽丝而成的。合成纤维是用低分子原料合成的。橡胶具有良好的弹性，作弹性材料使用，可分为天然胶橡和合成橡胶。

高分子材料是指以高分子化合物为基础的材料，在用于 3D 打印技术时，主要应用于熔融沉积制造技术。在加工时，要求材料通过喷嘴具有良好的流动性，而涂覆到指定位置后有较高的黏度而无法随意流动。这就要求高分子材料在高剪切速率时具有较好的流动性，而在低剪切速率时具有较好的黏度，即要求高分子材料具备良好的触变性。ABS 等高分子材料正是由于具备良好的触变性才能广泛应用于熔融沉积制造技术。高分子材料不仅具备良好的触变性，也具备合适的固化速度、较小的热收缩率，能保证在加工时零件的成型效果与质量。

高分子材料的应用十分广泛。在 3D 打印技术领域中，高分子材料具备其他材料无可比拟的优势。首先，高分子材料种类繁多、性质各异、可塑性强。通过对不同的聚合物单元结构、单元种类的选择和调节，可轻松获得不同物理性能和化学性能的新型高分子材料，满足客户的个性化需求和制造的柔性化需求。其次，高分子材料具有强度高、质量轻的特点，一些工程塑料的机械强度可与金属材料相比较，其较小的自重也可以在加工镂空结构的制品时用以充当支撑，在汽车零部件的制造与运动器械的制造领域应用广泛。最后，高分子材料易于加工，价格不贵，具备良好的性价比。高分子材料应用广泛，市场前景良好。

一、ABS 材料

ABS 是 Acrylonitrile Butadiene Styrene 的首字母缩写，是指丙烯腈（Acrylonitrile）、1,3－丁二烯（Butadiene）、苯乙烯（Styrene）三种单体的接枝共聚物。它是一种强度高、韧性好、易于加工成型的热塑性高分子结构材料，又称 ABS 树脂。它实际上是含丁二烯的接枝共聚物与丙烯腈－苯乙烯共聚物的混合物。一般情况下，丙烯腈占 15%～35%，丁二烯占 5%～30%，苯乙烯占 40%～60%。乳液法 ABS 中最常见的比例是丙烯腈占 22%，丁二烯占 17%，苯乙烯占 61%。本体法 ABS 中丁二烯的比例较低，约占 13%。三种成分比例不同，其物理性能会有一定的变化。丙烯腈为 ABS 材料提供硬度、耐热性、耐酸碱等化学腐蚀的性质。丁二烯为 ABS 材料提供低温延展性和抗冲击性，但是过多的丁二烯会降低树脂的硬度、光泽及流动性。苯乙烯为 ABS 材料提供硬度、加工的流动性及产品表面的光洁度。ABS 材料的成型温度为 180～250 ℃，超过 240 ℃时会分解。其化学分子结构式如下：

$$\left[CH_2-CH-CH_2-CH=CH-CH_2-CH_2-CH \right]_n$$
$$| $$
$$CN$$

ABS 材料外观为不透明的象牙色粒料，无毒无味，光泽度高。其颜色的种类很多，有象牙白、蓝色和黑色等。ABS 各色材料如图 3.4 所示。ABS 相对密度为 1.05 左右，吸水率低，同其他材料的结合性好，易于表面印刷、涂层和镀层处理。在较广的温度范围内具有较高的冲击强度和表面硬度，尺寸稳定性好。ABS 的流动特性属非牛顿流体，其熔体黏度与加工温度和剪切速率有关，对剪切速率更为敏感。ABS 的触变性优越，在 3D 打印技术中，适合用于熔融沉积制造技术。

图 3.4　ABS 各色材料

（a）ABS 粒料；（b）ABS 板材

ABS 材料的力学性能优良。其耐磨性能好、耐油性好并具良好的尺寸稳定性，可用于制造中等转速和载荷的轴承。其冲击强度好，可以在低温环境中使用，被破坏时不是冲击破坏，而是拉伸破坏。但 ABS 材料的弯曲强度和压缩强度较差，并且其力学性能受温度的影响较大。

ABS 材料没有明显的熔点，熔体黏度较高，流动性差。其热变形温度为 93～118 ℃，制品经退火处理后热变形温度还可提高 10 ℃左右。ABS 在 −40 ℃时仍能表现出一定的韧性，可在 −40 ~100 ℃的温度范围内使用。

ABS 材料的电绝缘性较好，几乎不受温度、湿度和频率的影响，可在大多数环境下使用。

ABS 材料的环境性能较好，不受水、无机盐、酸和碱的影响，但可溶于酮类、醛类和氯代烃。受冰醋酸、植物油等侵蚀会产生应力开裂。耐候性较差，在紫外光的作用下易降解，长时间置于户外环境其冲击强度会明显下降。

ABS 是一种用途极广的热塑性工程塑料，其具有良好的冲击强度，较好的尺寸稳定性、耐热性、耐低温性以及优异的电性能、耐磨性，此外它的抗化学药品性也较好，比较适用于机械加工和成型加工，同时也是一款重要的 3D 打印成型材料。ABS 同其他材料的结合性好，易于进行喷镀、焊接、热压和黏接等表面印刷与涂覆处理。ABS 材料的应用十分广泛，主要应用于汽车制造、电子电器、建筑等领域。因其具备良好的抗冲击性、流动性、耐蚀性，同时兼具气味小、易喷涂着色和易加工成型的特点，在汽车制造领域中常用于制造车身外板、仪表板、内饰板、保险杠和方向盘等零部件，在建筑领域主要用于管材、洁具和装饰等建材。在 3D 打印技术中，ABS 材料作为一款优良的热塑性工程塑料被广泛应用于熔融沉积制造技术之中。

二、橡胶类材料

橡胶是指具有可逆形变的高弹性聚合物材料，是一类链骨架上含有多个未饱和双键的聚合物。这些双键通常在硫、氧存在的情况下可以打开，在相邻键之间形成交联，因而具备较高的弹性。橡胶在室温下富有弹性，在很小的外力作用下能产生较大变形，除去外力后能恢复原状。橡胶类材料如图 3.5 所示。

图 3.5 橡胶类材料

橡胶按原材料来源不同可分为天然橡胶和合成橡胶两大类。天然橡胶是从橡胶树等植物中提取胶质后加工制成，合成橡胶则由各种单体经聚合反应制成。橡胶和塑料、纤维一起被称为三大高分子材料。同时，天然橡胶和煤炭、钢铁、石油一起被称为四大工业基础原料，天然橡胶在其中是唯一的可再生资源。橡胶的用途十分广泛，其中合成橡胶的消耗量占多数。橡胶类材料的颜色多为无色或浅黄色，加炭黑后呈现黑色。橡胶的玻璃化温度低于室温。在通常温度下，橡胶除了具备高弹性特点外，还具有耐疲劳、耐磨、耐腐蚀、耐溶剂、不透气、不透水和电绝缘等性能。人们在选择与评价橡胶时通常最关心其力学指标，主要包括硬度、弹性模量、抗拉强度和撕裂强度等。不同的橡胶制品具备不同的特性，其弹性、硬度、抗撕裂强度和拉伸强度等特性使其适合于要求防滑或柔软表面的情况。橡胶的材料性能优异，应用广泛，在工业、农业、建筑、交通运输、电子信息、医药卫生等众多领域都得到了广泛的使用并具备良好的发展前景，是国民经济和科学技术领域中不可缺少的战略性资源之一。

橡胶的结构有线型结构、支链结构和交联结构等几种。线型结构是未硫化橡胶的普遍结构。其分子量很大，无外力作用下呈细团状。当外力撤销时，细团的纠缠度发生变化，其中的分子链会发生反弹作用，使橡胶产生强烈的复原倾向进而呈现高弹性。支链结构是橡胶大分子链的支链发生聚集从而形成凝胶，而凝胶对橡胶的性能和加工方面都有不利影响。交联结构是线型分子通过一些原子或原子团彼此连接起来形成三维网状结构。随着硫化作用此结构会逐渐加强，链段的可塑性、自由活动能力和伸长率、压缩永久变形和溶胀度就会下降，但是它的强度、弹性和硬度会增强。

橡胶的性能指标通常有硬度、抗拉强度、撕裂强度、定伸强度、回弹性、耐老化性、压缩永久变形、低温特性等。硬度是抵抗变形的一种能力。抗拉强度是指在被拉伸破坏时，横截面上单位面积所受的力。撕裂强度是指在单位厚度上所承受的负荷，用来表示橡胶耐撕裂性的好坏。定伸强度是指被拉伸规定伸长率时，拉力与拉伸前的截面积之比。

橡胶的分类方式有多种。橡胶按照形态可分为块状生胶、粉末橡胶、液体橡胶和乳胶。液体橡胶为橡胶的低聚物，未硫化前一般为黏稠的液体。乳胶为橡胶的胶体状水分散体。粉末橡胶是将乳胶加工成粉末状，以利配料和加工制作。

橡胶按照来源不同又分为天然橡胶和合成橡胶。合成橡胶分为通用合成橡胶和特种合成橡胶。天然橡胶主要来源是三叶橡胶树，当橡胶树被割开时，就会流出乳白色的胶乳，胶乳经凝聚、洗涤、成型、干燥可得天然橡胶。在资源、能源日益紧张的今天，天然橡胶的可再生特点将赋予其巨大的竞争优势和发展前景，在某些领域它仍然是不可代替的具有广泛应用前景的重要资源。合成橡胶是由人工合成方法而制得的，采用不同的单体原料可以合成出不同种类的橡胶。通用合成橡胶的产量很大，以丁苯橡胶为主。丁苯橡胶是由丁二烯和苯乙烯聚合反应形成的，其包含乳聚丁苯橡胶和溶聚丁苯橡胶等。除了丁苯橡胶，通用合成橡胶还包含顺丁橡胶、丁腈橡胶、氯丁橡胶、乙丙橡胶和异戊橡胶等。顺丁橡胶是丁二烯经溶液聚合制得的，其具有优异的耐寒性、耐磨性、耐老化性和弹性。顺丁橡胶绝大部分用于生产轮胎，少部分用于制造耐寒制品、缓冲材料以及胶带、胶鞋等。顺丁橡胶的缺点是抗撕裂性能较差，抗湿滑性能不好。丁腈橡胶是由丁二烯和丙烯腈经乳液共聚而成的聚合物，其具有良好的耐油性、耐磨性、耐老化性和气密性，但耐臭氧性、电绝缘性和耐寒性较差，主要应用于各种密封制品等。氯丁橡胶的主要原料氯丁二烯，通过均聚反应或与少量其他单体共聚而成。其具备优良的耐热、耐光、耐燃和耐老化性能，其化学稳定性较高，耐水性良好；但是电绝缘性和耐寒性较差，生胶在储存时不稳定。氯丁橡胶用途广泛，主要用于制作运输带、传动带、电线包皮、耐油胶管、垫圈和耐化学腐蚀的设备衬里。乙丙橡胶的主要原料是乙烯和丙烯，具有良好的耐老化、电绝缘性和耐臭氧性，主要用于制作轮胎内胎、胶条、电线包皮及高压、超高压绝缘材料等，也可用于制造胶鞋、卫生用品等浅色制品。异戊橡胶是聚异戊二烯橡胶的简称，采用溶液聚合法生产。异戊橡胶与天然橡胶一样，具有良好的弹性和耐磨性、优良的耐热性和较好的化学稳定性，其可以代替天然橡胶，用于制造载重轮胎和越野轮胎等各种制品。

橡胶按照外观形态可分为乳状橡胶（简称乳胶）、固态橡胶（简称干胶）、液体橡胶和粉末橡胶。天然胶乳制品强度好，伸长率大，广泛用于医用手套、奶嘴、输血胶管、听诊器管、防毒面具和呼吸罩等。固体橡胶广泛应用于轮胎、胶管、胶鞋和胶布等的制造，其中用于轮胎制造的用量最大。液体橡胶硬度高，适用于蓄电池盒、封装料、填缝料、密封胶及对低温曲挠性有要求的产品，如低温下可扭曲的管子等。粉末橡胶是以粉末形态为最终成品形态的合成橡胶，特别适用于制作注射用品，也可用作树脂改性剂等。

在3D打印制造领域中，橡胶类材料中的有机硅橡胶应用广泛。有机硅橡胶又称有机硅氧烷或硅酮橡胶，分子主链为 – Si – O – 键、以单价有机基团为侧基的线型高分子聚合物。有机硅橡胶外观透明，质感柔软，与人体接触舒适，具有良好的透气性且生物相容性好，使人体不受感染，保持干净清洁。它的稳定性也比较好，能反复进行消毒处理而不老化，因此在医疗领域有着很好的应用前景。有机硅橡胶有很好的抗油、抗有机溶剂和化学试剂的性能，基本不受极性有机溶剂的影响，但对酸的抵抗性能较差。其低温性能和高温性能较好。有机硅橡胶具有良好的耐气候性，对臭氧的老化作用不敏感，即使长时间在风雨、紫外线等条件下暴露，其物理性能也不会受到实质性的损伤。

三、耐用性尼龙材料

尼龙又叫聚酰胺，英文简称 PA，密度 1.15 g/cm^3，是分子主链上含有重复酰胺基团（ – NHCO – ）的热塑性树脂总称。尼龙外观为白色至淡黄色颗粒，制品表面有光泽且坚硬。尼龙包括脂肪族 PA、脂肪 – 芳香族 PA 和芳香族 PA。其中，脂肪族 PA 品种多，产量大，应用最广泛，其命名由合成单体具体的碳原子数而定。其主要结构单元如下：

$$\begin{array}{cc} H & O \\ | & \| \\ -N & -C- \end{array}$$

尼龙的品种众多，其主要品种有尼龙 – 66、尼龙 – 610、尼龙 – 1010 等。尼龙塑料有很好的耐磨性、韧性和抗冲击强度，可用作具有自润滑作用的齿轮和轴承的制备。尼龙耐油性好，阻透性优良，无臭、无毒，也是性能优良的包装材料，可长期存放油类产品，制作油管等。尼龙 – 6 和尼龙 – 66 主要用作合成纤维。含芳香基团的尼龙纺丝得到的纤维称为芳纶，其强度可同碳纤维媲美，是重要的增强材料，在航天工业中被大量使用。尼龙的不足之处是在强酸或强碱条件下不稳定，吸湿性强，吸湿后的强度虽比干时强度大，但变形性也大。常见的尼龙制品如图 3.6 所示。

3D打印尼龙材料属于一种特殊的耐用性工程尼龙，是一种工程塑料尼龙。分子量较大的工程塑料尼龙由于其优越的力学性能、良好的润滑性和稳定性，近年来得到了迅猛的发展。耐用性尼龙材料是一种非常精细的白色粉粒，制成的样品强度高，同时具有一定的柔性，使其可以承受较小的冲击力，并在弯曲状态下抵抗压力，它的表面是一种粉末质感，略微有些疏松。耐用性尼龙的热变形温度为 110 ℃，主要应用于汽车、家电、电子消费品、医疗等领域。

在3D打印制造领域，尼龙的主要性能包含力学性能、电性能、热性能、耐化学药品性能等。尼龙具有优良的力学性能，其拉伸强度、压缩强度、冲击强度、刚性及耐磨性都比较好，适合制造一些高强度、高韧性的制品。但是其力学性能受温度及湿度的影响较大。其拉伸强度随温度和湿度的增加而减小。尼龙的冲击性能很好，其随温度和吸水率的增大

图 3.6 常见的尼龙制品
(a) 尼龙棉；(b) 尼龙线；(c) 尼龙布；(d) 尼龙网

而上升，硬度随含水率的增大而下降。尼龙具有良好的电绝缘性，但是在潮湿的条件下，其体积电阻率和介电强度均会降低，介电常数和介电损耗也会明显增大。在选择性激光烧结技术和熔融沉积制造技术中均需避免尼龙粉末因摩擦生成静电对打印的干扰。同其他高分子材料相比，尼龙材料的分子量通常较小，因此热变形温度较低，一般在 80 ℃ 以下。尼龙属于极性较强的一类高分子材料，分子间可以形成氢键，因此熔融温度比较高，且熔融温度范围比较窄，有明显的熔点。尼龙的熔体黏度较小，无法满足熔融沉积制造打印的要求，因此尼龙材料多数采用选择性激光烧结技术进行 3D 打印。尼龙具有良好的化学稳定性、结晶性和高的内聚能，不溶于普通的溶剂。由于它能耐很多化学药品，所以不受酸、碱、醇、酯、润滑油、汽油、盐水和清洁剂的影响。常温下，尼龙溶解于某些盐的饱和溶液和一些强极性溶剂。它还对某些细菌表现出很好的稳定性，因此可以用于一些生物医用器械的 3D 打印。尼龙耐候性一般，长时间暴露于大气中会变脆，力学性能明显下降，加入炭黑和稳定剂后可以改善其耐候性。聚酰胺无臭、无味、无毒，多数具有自熄性，即使燃烧也很缓慢，且火焰传播速度很慢，离火后会慢慢熄灭。因此 3D 打印尼龙材料往往无须额外添加阻燃剂。

目前通过改性有助于提高 3D 打印尼龙材料的综合性能、降低吸水性、提高尺寸稳定性、提高阻燃性、提高力学性能、改善低温脆性、提高耐磨性和降低成本。耐用性尼龙材料在 3D 打印中的应用主要包括制造结构复杂的、薄壁的航天航空设备管道、叶轮和连接器、汽车仪表盘和医疗设备等，适用于中小体积的快速制造。

四、聚碳酸酯材料

聚碳酸酯的英文简称是 PC，它是分子链中含有碳酸酯基的高分子聚合物，根据酯基的结构可分为脂肪族、芳香族、脂肪族－芳香族等多种类型。其中由于脂肪族和脂肪族－芳香族聚碳酸酯的力学性能较低，从而限制了其在工程塑料方面的应用，仅有芳香族聚碳酸酯获得了工业化生产。由于聚碳酸酯结构上的特殊性，已成为五大工程塑料中增长速度最快的通用工程塑料。它是无色高透明度的热塑性工程塑料。密度为 $1.20 \sim 1.22 \text{ g/cm}^3$，热变形温度为 135 ℃。聚碳酸酯的化学结构式如下：

$$\left[\text{O} - \text{C}_6\text{H}_4 - \overset{\overset{\textstyle CH_3}{|}}{\underset{\underset{\textstyle CH_3}{|}}{C}} - \text{C}_6\text{H}_4 - \text{O} - \overset{\overset{\textstyle O}{||}}{C} \right]_n$$

聚碳酸酯是一种具有耐冲击、韧性高、耐热性高、耐化学腐蚀、耐候性好且透光性好的热塑性聚合物，被广泛应用于眼镜片、饮料瓶等各种领域。PC 材料的颜色比较单一，只有白色，但其强度比 ABS 材料高出 60% 左右，具备超强的工程材料属性，广泛应用于电子消费品、家电、汽车制造、航空航天、医疗器械等领域。PC 具有极高的应力承载能力，适用于需要经受高强度冲击的产品，因此也常常用于电动工具，汽车零件等产品的制造。聚碳酸酯粒料如图 3.7 所示，聚碳酸酯制品如图 3.8 所示。

图 3.7　聚碳酸酯粒料　　　　　　图 3.8　聚碳酸酯制品

在 3D 打印技术领域，聚碳酸酯与其相关的特性包括力学性能、热性能和电性能等。聚碳酸酯的分子结构使其具有良好的综合力学性能，如良好的刚性和稳定性，其分子链在外力作用下不易移动、抗变形好，但它又限制了分子链的取向和结晶，一旦取向，又不易松弛，只是耐应力不易消除，容易产生耐应力冻结现象。所以聚碳酸酯易产生应力开裂、缺口敏感性高、不耐磨等，因此用其制备一些抗应力材料时需进行改性处理。

聚碳酸酯分子主链上的苯环是刚性的，碳酸酯基是极性吸水基，虽然具有柔性，但它与两个苯环构成的共轭体系，增加了主链的刚性和稳定性，因此，聚碳酸酯具有很好的耐高、低温性质。聚碳酸酯在 120 ℃下具有良好的耐热性，其热变形温度达 135 ℃，热分解温度为 340 ℃，热变形温度和最高连续使用温度均高于绝大多数脂肪族 PA。聚碳酸酯具有良好的耐寒性，脆化温度为 −100 ℃，一般使用温度为 −70 ~ 120 ℃。PC 的热导率及比热容都不高，在塑料中属中等水平，但与其他非金属材料相比，仍然是良好的热绝缘材料。聚碳酸酯的加工温度较高，但熔体触变性好，热膨胀系数不大，因此主要用于熔融沉积制造技术。聚碳酸酯分子链上的苯撑基和异丙撑基的存在，使得 PC 为弱极性聚合物，可在较宽的温度范围保持良好的电性。此耐高温绝缘材料有利于 3D 打印制造技术。由于聚碳酸酯分子链上的刚性和苯环的体位效应，它的结晶能力比较差。聚碳酸酯聚合物成型时熔融温度和玻璃化转变温度都高于制品成型的模温，所以它很快就从熔融温度降低到玻璃化温度之下，完全来不及结晶，只能得到无定形制品，这就使得聚碳酸酯具有优良的透明性。聚碳酸酯常被用于制造眼镜片和灯罩这类高透光性的产品。

在 3D 打印技术领域，聚碳酸酯成为熔融沉积制造技术的材料首选，其应用十分广泛，在航空航天领域和汽车制造领域发展迅猛。聚碳酸酯具有良好的抗冲击性能，硬度高、耐热畸变性能和耐候性好，因此用于生产各种零部件。在 3D 打印技术领域其可以制造各类个性化灯罩和其他透明产品。在建筑领域聚碳酸酯材料因为具有良好的透光性、较好的抗冲击性能、耐紫外线辐射、尺寸稳定性和易于加工成型的特性，所以它比无机玻璃更有优势。聚碳酸酯在较宽的温度范围内有良好的电绝缘性，是一种优良的绝缘材料。再加之其优良的难燃性和较好的尺寸稳定性，使其在电子领域有着广泛的应用。聚碳酸酯树脂主要用于生产各种食品加工机械、电动工具外壳、冰箱冷冻室抽屉和真空吸尘器零件等。在医学领域，聚碳酸酯制品可经受蒸汽、清洗剂和消毒剂的腐蚀且不发生物理性能的下降，因而被广泛应用于血液透析设备和需反复消毒的医疗设备中，因其制品透明也可以用于外科手术面罩、牙科用具和血液分离器等。随着医学发展的需要，很多患者都需要个性化的医疗用品，这就为 3D 打印技术在医疗领域的快速发展提供了很好的契机，聚碳酸酯作为重要的 3D 打印成型材料进入该领域。

五、聚醚酰亚胺材料

聚醚酰亚胺英文简称为 PEI，它是无定形聚醚酰亚胺所制造的超级工程塑料，具有很好的耐高温性、尺寸稳定性、抗化学性、阻燃性和高强度等特点，其可广泛应用于照明设备、液体输送设备、飞机内部零件、医疗设备和家用电器等领域。聚醚酰亚胺一般为琥珀色的透明固体，在不添加任何添加剂的情况下就具有较好的阻燃性和低烟度。PEI 具有优良的机械强度、电绝缘性能、耐辐射性、耐疲劳性能和易成型加工的特性，在高温下仍具有高强度、高刚性、耐磨性和尺寸稳定性。加入玻璃纤维、碳纤维或其他填充材料时可达到增强改性的目的。

在 3D 打印技术领域，聚醚酰亚胺材料主要应用于熔融沉积制造技术，它是航空航天、汽车制造领域产品的理想材料之一，应用于制造一些飞机内部组件和管道系统，如舷窗、机头部件和内壁板等。这种材料可以用加压成型法制造多种多样的复杂零件。在运输机械制造和航空工业中，聚醚酰亚胺泡沫塑料用作绝热材料和隔音材料。在电子领域，聚醚酰亚胺材料制造的零部件获得了广泛的应用，包括强度高和尺寸稳定的连接件、普通和微型继电器外壳、电子制造设备配件、电路板、线圈、软性电路和高精密光纤元件。它还可以取代金属制造光纤连接器，可使该元件结构最佳化，简化其制造和装配，保持更精确的尺寸，进而降低成本。

第五节　生物材料

1. 了解生物材料的特点与用途；

2. 了解生物材料的结构;

3. 了解生物材料在 3D 打印技术中的应用。

1. 能区分各类生物材料;

2. 能选择合适的生物材料进行加工。

1. 培养学生具有敏锐的观察力,善于发现和提出问题,有解决问题的兴趣和热情;

2. 培养学生具有尊重劳动的意识,具有积极的劳动态度和良好的劳动习惯;

3. 培养学生具有坚韧不拔的毅力,能坚持不懈,不达目标不轻易放弃。

生物材料也称为生物医用材料,它是指用于与生命系统接触和发生相互作用的,并能对其细胞、组织和器官进行诊断治疗、替换修复或诱导再生的一类天然或人工合成的特殊功能材料。生物材料本身不是药物,其治疗途径是以与生物机体直接结合和相互作用为基本特征。

生物材料种类繁多,应用十分广泛。生物材料包含金属材料、无机材料和有机材料等几类。有机材料中主要是高分子聚合物材料,高分子材料通常按材料属性分为合成高分子材料(如聚氨酯、聚酯、聚乳酸以及其他医用合成塑料和橡胶等)和天然高分子材料(如胶原、丝蛋白、纤维素、壳聚糖等)。根据材料的用途,可分为生物惰性、生物活性或生物降解材料。高分子聚合物中,根据降解产物能否被机体代谢和吸收,降解型高分子又可分为生物可吸收性和生物不可吸收性。根据材料与血液接触后对血液成分、性能的影响状态则分为血液相容性聚合物和血液不相容性聚合物。根据材料对机体细胞的亲和性和反应情况,可分为生物相容性和生物不相容性聚合物等。

生物材料主要作用于人体,故而对其有严格的要求,主要体现在生物功能性、生物相容性、化学稳定性和可加工性等方面。生物功能性因生物材料的用途而异,如作为缓释药物时,药物的缓释性能就是其生物功能性。生物相容性可概括为材料和活体之间的相互关系,主要包括血液相容性和组织相容性,如有无毒性、致癌性、热原反应、免疫排斥反应等。化学稳定性是指耐生物老化性(特别稳定)或可生物降解性(可控降解)。可加工性是指能够成型,并能进行紫外灭菌、高压煮沸和酒精消毒等。

生物材料的性能包括生物相容性、力学性能、耐生物老化性能以及成型加工技能。生物相容性主要包括血液相容性、组织相容性。生物材料在人体内要求无不良反应,不引起凝血、溶血现象,活体组织不发生炎症、排拒、致痛等。并且要求生物材料要有合适的强度、硬度、韧性、塑性等力学性,能满足耐磨、耐压、抗冲击、抗疲劳弯曲等医用要求。生物材料要在活体内有较好的化学稳定性,能够长期使用,即在发挥其医疗功能的同时要耐生物腐蚀、耐生物老化,并且生物材料也必须具备一定的加工成型性能和适当的价格。

生物材料可以根据不同情况进行分类。按照材料来源不同可分为自体材料、同种异体器官及组织、异体器官及组织、天然材料和人工合成材料等。按照材料功能进行分类可划分为血液相容性材料、软组织相容性材料、硬组织相容性材料和生物降解材料等。血液相容性材料用于人工瓣膜、人工气管、人工心脏、血浆分离膜、血液灌流用吸附剂、细胞培养基材等。软组织相容性材料通常有隐形镜片的高分子材料、人工晶状体和聚氨基酸等，主要用于人工皮肤、人工气管、人工食道、人工输尿管和软组织修补等领域。硬组织相容性材料通常有医用金属、聚乙烯、生物陶瓷等，用于关节、牙齿及其他骨骼等。生物降解材料通常有甲壳素、聚乳酸等，用于缝合线、药物载体和黏合剂等。高分子药物多肽、胰岛素、人工合成疫苗等，用于糖尿病、心血管、癌症以及炎症等。按照组成和性质不同可分为生物医用金属材料、医用高分子材料和医用无机非金属材料等。生物医用金属材料通常有医用不锈钢、钴基合金、钛及钛合金、镍钛形状记忆合金、金银等贵重金属等。医用不锈钢具有一定的耐腐蚀性和良好的综合力学性能，易于加工成型，在骨外科和齿科中应用较多。在使用前进行消毒、电解抛光和钝化处理，可提高其耐蚀性等。钴基合金在人体内一般保持钝化状态，与不锈钢相比，其钝化膜更稳定，耐蚀性更好。因其耐磨性较好，适合于具有承载要求的长期植入件。在整形外科中，用于制造人工髋关节、膝关节以及接骨板、骨针和骨钉等。医用钛合金不仅具有良好的力学性能，而且在生理环境下具有良好的生物相容性。其比重小，弹性模量相较其他金属更接近天然骨，广泛应用于制造各种膝、肘、肩等人造关节，也可用于心血管系统。但是其耐磨性能不够理想，限制了其应用。生物医用高分子按照应用对象和材料物理性能可分为软组织材料、硬组织材料和生物降解材料，可满足人体组织器官的部分要求，在医学上广受重视。如聚乙烯膜和聚四氟乙烯膜可用于制造人工肺、肾、气管和胆管等。聚酯纤维可用于制造血管和腹膜等。丙烯酸高分子（即骨水泥）和尼龙、硅橡胶等可用于制造人工骨和人工关节等。生物医用无机非金属材料主要包括生物陶瓷、生物玻璃和医用碳素材料等。

一、硅胶材料

硅胶也称为硅酸凝胶，是一种高活性吸附材料，属非晶态物质。硅胶主要成分是二氧化硅，化学性质稳定，不燃烧。其质地透明或呈乳白色粒状固体，具有开放的多孔结构，吸附性强，能吸附多种物质。在水玻璃的水溶液中加入稀硫酸或盐酸，静置后便成为含水硅酸凝胶而固态化。用水洗清除溶解在其中的电解质离子，干燥后就可得硅胶。如吸收水分，部分硅胶吸湿量约达 40%，用于气体干燥、气体吸收、液体脱水、色层分析等，也可用作催化剂。如加入氯化钴，干燥时呈蓝色，吸水后呈红色，可再生反复使用。

硅胶按照性质及组分可分为有机硅胶和无机硅胶。

有机硅胶是一种有机硅化合物，习惯上也常把那些通过氧、硫、氮等使有机基与硅原子相连接的化合物当作有机硅化合物。有机硅主要分为硅橡胶、硅树脂、硅油、硅烷偶联剂四大类。硅胶制品根据成型工艺的不同可分为模压硅胶制品、挤出硅胶制品、液态硅胶制品和特种硅胶制品等。模压硅胶制品通常是通过高温模具再放入添加硫化剂的固体硅胶原料后通过硫化机台施加压力固体化后成型的，主要用于制作硅胶工业配件、礼品、手环、手表、钥匙包、手机套和硅胶垫等。挤出硅胶制品通常是通过挤出机器挤压硅胶成型的，一般挤出硅胶形状是长条的、管状的，可随意裁剪，但是挤出硅胶的形状有局限性，在医疗器械和食品机械中广泛使用。液态硅胶制品是通过硅胶注塑喷射成型的，质地柔软，在仿真人体器官、医疗硅胶胸垫等广泛运用。

有机硅胶产品的基本结构单元是由硅－氧链节构成的，侧链则通过硅原子与其他各种有机基团相连。这种特殊的组成和分子结构使它集有机物的特性与无机物的功能于一身。与其他的高分子材料相比有机硅胶具有众多优点：有机硅产品具有很好的热稳定性，高温或辐射照射下分子的化学键不断裂、不分解；有机硅胶不仅耐高温，也耐低温，可在一个很宽的温度范围内使用，无论是化学性能还是物理力学性能，随温度的变化都很小；有机硅产品具有较好的耐辐照能力和耐候能力，不易被紫外光和臭氧所分解，使用寿命长；有机硅产品具有良好的电绝缘性能，耐电压、耐电弧、耐电晕，体积电阻系数和表面电阻系数等较好，并且其电气性能受温度的影响小，是一种稳定的电绝缘材料，被广泛应用于电子电气工业；有机硅产品具有优异的拒水性，这是电气设备在潮湿条件下使用具有高可靠性的保障。聚硅氧烷类化合物是已知的最无活性的化合物中的一种。它们十分耐生物老化，与动物体无排异反应，并具有较好的抗凝血性能。有机硅的主链十分柔顺，其分子间的作用力比碳氢化合物要弱得多，因此比同分子量的碳氢化合物黏度低，表面张力弱，表面能小，成膜能力强。这种低表面张力和低表面能的特性使得其在疏水、泡沫稳定、防黏、润滑和上光等方面应用广泛。

正是因为有机硅胶具有上述优异的性能，所以其应用范围广，应用前景好。它不仅可在航空、军事等尖端技术领域作为特种材料使用，而且在建筑、电子、纺织、机械、汽车、轻工和医药医疗等领域也有广泛的应用。

无机硅胶是一种高活性吸附材料，通常是用硅酸钠和硫酸反应，并经老化、酸泡等一系列后处理过程而制得。硅胶属非晶态物质，不溶于水和任何溶剂，无毒无味，化学性质稳定，除强碱、氢氟酸外不与任何物质发生反应。其结构类似海绵体，由互相连通的小孔构成一个有巨大的表面积的毛细孔吸附系统，能吸附和保存水气。无机硅胶具有开放的多孔结构，比表面很大，能吸附许多物质，是一种很好的干燥剂、吸附剂和催化剂载体。其吸附作用主要是物理吸附，可以再生和反复使用。无机硅胶根据其用途不同还可分为医用硅胶、变色硅胶、硅胶干燥剂、硅胶开口剂、牙膏用硅胶等。

硅胶根据其孔径的大小分为大孔硅胶、粗孔硅胶和细孔硅胶等。由于孔隙结构的不同，因此它们的吸附性能各有特点。粗孔硅胶在相对湿度高的情况下有较高的吸附量；细孔硅胶则在相对湿度较低的情况下，吸附量高于粗孔硅胶。细孔硅胶为无色或微黄色透明状玻璃体，适用于干燥、防潮、防锈，可防止仪器、仪表、武器弹药、电气设备、药品、食品、纺织品及其他各种包装物品受潮，也可用作催化剂载体以及有机化合物的脱水精制。因其具有堆积密度高和低湿度下吸湿效果明显的特点，可以用作空气净化剂以控制空气湿度。在海运方面也有广泛的应用，因为货物在运输过程中常因湿度大而受潮变质，用该产品可有效去湿防潮，使货物的质量得到保障。细孔硅胶还常用于两层平行密封窗板之间的除湿，可保持两层玻璃的通明度。粗孔硅胶是一种高活性吸附材料，属非晶态物质，外观呈白色，有块状、球状和微球形等。粗孔球形硅胶主要用于气体净化剂和干燥剂等，粗孔块状硅胶主要用于催化剂载体和气体或液体净化剂等。

在 3D 打印技术领域，硅胶由于其性能好和成本低的特点，已被应用于 3D 打印成型材料。硅胶材料的黏度很大，用于 3D 打印比较困难。国外某研究团队研发出了一种硅胶 3D 打印机。这种 3D 打印机可以使用硅胶材料打印出较软的零部件，这意味着 3D 打印制品可以达到很柔软的水平，反复拉伸也不至于断裂。有机硅材料手感柔软，弹性好，外观透明，且强度较天然乳胶高，稳定性比较好，能反复进行消毒处理而不老化，可以满足各种形状的设计。硅胶材料的医用价值很高，与人体接触舒适，具有良好的透气性和生物相容性，使人体不受感染，保持干净清洁。这些优点使得其在医疗领域广泛使用。目前 3D 打印中使用硅胶材料还处在初级阶段，有研究的空间和发展的潜力。

二、人工骨粉材料

人工骨粉材料具有良好的生物活性和生物相容性。当人工骨粉材料的尺寸达到纳米级时将表现出一系列的独特性能，如具有较高的降解性和可吸收性。经研究发现，超细人工骨粉颗粒对多种癌细胞的生长具有抑制作用，而对正常细胞无影响，因此纳米级人工骨粉材料的制备方法及应用研究已成为生物医学领域中一个非常重要的课题，引起了广泛关注。人工骨粉的合成，解决了困扰骨质瓷生产时骨源缺乏的问题。

人工骨粉相对于传统骨粉在性能上有诸多优势。首先，人工骨粉是一种标准化的原料，其纯度高，质量稳定，可完全实现骨质瓷原料生产的标准化系列化供应，从而克服了动物骨灰成分波动大、供应渠道窄和质量控制难等缺点，其性能指标也优于以动物骨灰为原料的传统骨质瓷。人工骨粉的出现极大地简化了骨质瓷的生产工艺，省掉了传统骨质瓷繁杂的原料再处理工艺，克服了传统骨质瓷生产中泥料流变性能差、烧成温度范围窄和制品热稳定性低等问题。这主要是因为人工合成骨粉颗粒细、表面活性大、自身不存在析出游离碱性氧化物的可能性，这有利于提高泥料的工艺性能。又因为合成的骨粉全部为成瓷的有效成分，相对于传统骨质瓷而言，瓷胎中主晶相磷酸三钙的含量明显提高，利于扩大烧成温度范围和提高热稳定性。

由于人工骨粉的稳定性好，安全无毒，具有可塑性，其在隆鼻和义齿手术中有所应用。现在将人工骨粉材料应用于 3D 打印骨骼已成为研究的重点。国外有些研究团队打算利用 3D 打印技术，将人工骨粉转变成精密的骨骼组织。这种骨骼打印所用的材料是一种类似水泥的人造粉末薄膜，属于人工骨粉的一种。打印机将骨粉平铺在平台上，然后在骨粉制作的薄膜上喷洒一种酸性药剂，使薄膜变得坚硬。这个过程循环往复，最终形成多层粉质薄膜并得到一种精密的制件。

三、生物细胞材料

生物细胞是指构成生物体的基本单元。生物细胞根据组成生物体的细胞有无核膜包被的细胞核而分为原核生物的原核细胞和真核生物的真核细胞。原核生物是指没有成型的细胞核或线粒体的一类单细胞生物。原核生物拥有细胞的基本构造并含有细胞质、细胞壁、细胞膜以及鞭毛。原核生物极小，用肉眼看不到，须在显微镜下观察。多数原核生物为水生，它们能在水下进行有氧呼吸，是地球上最初产生的单细胞动物。真核生物是所有单细胞或多细胞具有细胞核的生物的总称，包括所有动物、植物、真菌和其他具有由膜包裹着的复杂亚细胞结构的生物。真核生物与原核生物的根本性区别是前者的细胞内含有成型的细胞核，因此以真核来命名这一类细胞。许多真核细胞中还含有其他细胞器，如线粒体、叶绿体、高尔基体等。原核细胞功能上与线粒体相当的结构是质膜和由质膜内褶形成的结构，但后者既没有自己特有的基因组，也没有自己特有的合成系统。

生物细胞来源于生物体，因此在生物体内的生物兼容性十分优异，在器官克隆方面有着其他材料无法替代的优势，生物细胞打印出的生物器官可直接应用于生物体，因此在医学领域应用十分广泛。但是由于生物细胞培养环境比较严苛，作为实际打印材料仍存在一定难度，还需要进一步的处理，以适应打印过程中一些环境因素的影响。细胞的体外鉴别、分离、纯化、扩增、分化和培养等每个方面对最终打印效果均有一定影响。

干细胞是一类具有无限的或者永生的自我更新能力的细胞、能够产生至少一种类型的、高度分化的子代细胞。它被称为"万用细胞"，是一种具有再生各种组织器官和人体的潜在功能的细胞。干细胞通常为圆形或椭圆形，细胞体积小，细胞核相对较大，细胞核多为常染色质，并具有较高的端粒酶活性，因此具备较强的复制和分化能力。干细胞是自我复制还是分化功能细胞，主要由细胞本身的状态和微环境因素决定。自身因素包括调节细胞周期的各种周期素、基因转录因子、影响细胞不对称分裂的细胞质因子等。微环境因素包括干细胞与周围细胞、干细胞与外基质以及干细胞与各种可溶性因子的相互作用。干细胞的用途非常广泛，涉及医学的多个领域。干细胞及其衍生组织器官的广泛临床应用，可再造人体正常的组织。

在3D打印技术领域应用生物细胞是一项全新的领域，有很大的发展空间和前景。通过3D打印进行人体器官再造是人们梦寐以求的事情，而如今这个梦想有可能通过人体干细胞的3D打印技术得到实现。科学家预言，用神经干细胞替代已被破坏的神经细胞，有望使因脊髓损伤而瘫痪的病人重新站立起来。国外的研究团队采用基于瓣膜的细胞打印过程，使用人体胚胎干细胞按特定的模式进行打印，成功应用3D打印技术获得了人造组织。

第六节 食用材料

1. 了解食用材料的特点与用途；
2. 了解食用材料在3D打印技术中的应用。

1. 能区分各类食用材料；
2. 能选择合适的食用材料进行加工。

1. 培养学生具有劳动意识，具有改进和创新劳动方式、提高劳动效率的意识；
2. 培养学生具有劳动意识，能积极参与生产劳动和社会实践；
3. 培养学生具有良好的学习习惯，掌握适合自身的学习方法。

食用材料是一种新型的 3D 打印成型材料。新型材料是指新出现的或正在发展中的，具有传统材料所不具备的优异性能和特殊功能的材料；或采用新技术、新工艺和新装备等，使传统材料性能有明显提高或产生新功能的材料。食用材料虽然使用历史久远，但用于 3D 打印技术的时间并不长。食品原料是指烹饪食物前所需要的一些东西，主要包含巧克力汁、面糊、奶酪、糖、水、酒精等。3D 打印技术用于制作食物的方法非常简单，其成型原理和工艺与熔融沉积制造技术类似，也是通过逐层打印、按层叠加完成加工的。食用原料绿色天然，安全可靠。专家对制作食物的 3D 打印机的未来设想是从藻类、昆虫和植物等中提取人类所需的蛋白质等，用 3D 食物打印机制作出营养健康的食物。3D 打印的食品如图 3.9 所示。

（a） （b） （c）

图 3.9 3D 打印的食品

传统的烹饪工艺需要对原材料经过多道工序的加工，费时费力。使用 3D 食物打印机制作食物可以大幅缩减从原材料到成品的环节，从而避免食物加工、运输、包装等环节的不利影响。厨师还可借助 3D 食物打印机进行菜品的创新，发挥创造力，研制个性菜品，满足挑剔食客的口味需求。3D 食物打印机也可以满足顾客不同的个性化需求，比如利用 3D 食物打印机制作薄饼时，可根据不同客户的要求在薄饼表面制作出各类不同的图案或者花纹，以满足其要求。食用材料用于 3D 打印技术时通常被制成液态或糊状，液态或糊状的原材料能很好地保存，可以提升厨房空间的利用率。还可以设计自己喜欢的糕点的模具样式与形状，再用 3D 打印机把模具制造出来，方便人们发挥想象力，随时加工出自己喜欢的糕点样式，既激发了兴趣与想象力，同时也丰富了生活。

第七节 石墨烯材料

1. 了解石墨烯材料的结构特点与用途；
2. 了解石墨烯材料在 3D 打印技术中的应用。

能使用石墨烯材料进行加工。

素质目标

1. 培养学生具有通过诚实合法劳动创造成功生活的意识和行动等；
2. 培养学生具有自学能力，具备自主学习和终身学习的意识和能力；
3. 培养学生善于总结经验教训，具有对自己的学习状态进行审视的意识和习惯。

　　石墨烯是一种以 sp^2 杂化连接的碳原子紧密堆积成单层二维蜂窝状晶格结构的新材料。它是一种二维碳材料，具有优异的光学、电学、力学特性，在材料学、微加工、能源、生物医学等方面具有很好的应用前景，可用以制造高速晶体管、高灵敏传感器、激光器、柔性显示屏以及生物医药器材等。如果能够使用石墨烯作 3D 打印成型材料，3D 打印机将能够制造强度高、质量轻以及柔韧性、导电性俱佳的零部件。石墨烯结构如图 3.10 所示。

　　石墨烯按照结构可分为单层石墨烯、双层石墨烯、少层石墨烯和多层石墨烯等。单层石墨烯是由一层以苯环结构（即六角形蜂巢结构）周期性紧密堆积的碳原子构成的一种二维碳材料。双层石墨烯是由两层以苯环结构周期性紧密堆积的碳原子以不同堆垛方式（包括 AB 堆垛、AA 堆垛等）堆垛构成的一种二维碳材料。少层石墨烯是由 3~10 层以苯环结构周期性紧密堆积的碳原子以不同堆垛方式（包括 ABC 堆垛、ABA 堆垛等）堆垛构成的一种二维碳材料。多层石墨烯也称为厚层石墨烯，是指厚度在 10 层以上 10 nm 以下苯环结构周期性紧密堆积的碳原子以不同堆垛方式堆垛构成的一种二维碳材料。

图 3.10　石墨烯结构

　　石墨烯的力学性能优异，是已知强度最高的材料之一，同时还具有很好的韧性，且可以弯曲。石墨烯薄片组成的石墨纸有很多孔，显得较脆，经氧化得到功能化石墨烯做成的石墨纸则会异常坚固强韧。石墨烯的结构非常稳定，石墨烯内部的碳原子之间的连接很柔韧，当施加外力于石墨烯时，碳原子表面会弯曲变形，使得碳原子不必重新排列来适应外力，从而保持结构稳定。这种稳定的晶格结构使石墨烯具有优秀的导热性。石墨烯的光学性能良好，在较宽波长范围内吸收率约为 2.3%，看上去几乎是透明的。大面积的石墨烯薄膜同样具有优异的光学特性，且其光学特性随石墨烯厚度的改变而发生变化。当入射光的强度超过某一临界值时，石墨烯对其的吸收会达到饱和。这些特性使石墨烯可以用来做被动锁模激光器。石墨烯的化学性质与石墨类似，石墨烯可以吸附并脱附各种原子和分子。当这些原子或分子作为给体或受体时可以改变石墨烯载流子的浓度，而石墨烯本身却可以保持很好的导电性。羧基离子的植入可使石墨烯材料表面具有活性功能团，从而大幅提高材料的细胞和生物反应活性。石墨烯呈薄纱状，与碳纳米管的管状相比，更适合于生物材料方面的研究。

　　目前，市场上出现了石墨烯增强型的 3D 打印复合线材，但它们并不理想。在复合材料中加入石墨烯的确会提升塑料属性，但是塑料材料同时会劣化石墨烯的固有性质。韩国的一个研究团队使用石墨烯 3D 打印出了一个纳米结构，证明了将纯石墨烯材料用于 3D 打印的可能性。研究人员通过使用一种特殊的方法用拉伸的油墨弯液面制作出 3D 结构的还原氧化石墨烯纳米线，其能够实现比喷嘴孔径更精细的打印结构，从而实现纳米结构的制造。

1. 常见的光敏树脂材料有哪几种？

2. 常见金属材料有哪几种？主要应用于哪些方面？

3. 非金属材料在 3D 打印领域的应用有哪些？

4. ABS 材料用于 3D 打印技术有哪些优势？

5. 食用材料的应用有哪些？

6. 生物材料有哪几种分类？

第四章　3D打印设备及维护

大国工匠——陶安

　　陶安，中国航发贵州红林航空动力控制科技有限公司车工，首席专家。他把自己的青春年华献给了平凡的车工岗位。经过多年的钻研与磨砺，他练就了一身本领，获得了"贵州最美军工人""贵州省劳动模范"等荣誉，成就了"车工大王"的称号。一路走来，他一直坚守岗位，扎根生产一线，从未挪位。到车间的这条路，见证着他的成长，见证着他的成绩。陶安在实践中勤于思考，敢于创新，通过技术改进解决了多项技术难题，为行业做出了重大贡献。他在工作的同时初心不改，坚持梦想，能把技艺传授给更多的人。陶安授徒，没有丝毫保留。徒弟周作云和万光庭在各类比赛中荣获优异的名次。在他身上可以看到，是热爱和坚持成就了大国工匠。

第一节　熔融沉积制造设备及维护

　　1. 了解熔融沉积制造设备的结构；
　　2. 了解熔融沉积制造设备的操作流程；
　　3. 了解熔融沉积制造设备的维护保养及注意事项。

　　1. 能正确操作熔融沉积制造设备；
　　2. 能维护保养熔融沉积制造设备；
　　3. 能对故障现象进行分析；
　　4. 能对常见故障进行诊断与排除。

　　1. 培养学生具有社会实践与劳动意识；
　　2. 培养学生遵纪守法的意识，能按照生产操作规程进行安全文明生产；

3. 培养学生具有安全意识与自我保护能力，能理解生命意义和人生价值，尊重和关爱生命；

4. 培养学生具有积极的心理品质，自信自爱，坚韧乐观；

5. 培养学生具有抗挫折能力，能调节和管理自己的情绪，有自制力；

6. 培养学生养成健康文明的行为习惯和生活方式，创造有意义有价值的人生。

熔融沉积制造（Fused Deposition Modeling, FDM）也称熔融挤出成型。FDM 是将各种丝材加热融化使其堆积成型的一种加工工艺。所使用的材料一般是热塑性材料，如 PLA、ABS、尼龙等，以丝状供料。图 4.1 所示为 FDM 工艺制作的模型。

（a）   （b）

图 4.1　FDM 工艺制作的模型

（a）花篮；（b）齿轮

采用熔融沉积工艺制造模型时按照产品零件的截面轮廓信息，加热喷头在计算机的控制下在 X–Y 平面运动。丝状热塑性材料由供丝机构送进喷头，在喷头中加热至熔融态，然后被挤喷出来，选择性地涂覆在工作台上，并快速冷却固化形成一层薄片轮廓。一层轮廓完成后工作平台下降一定高度，再进行下一层的涂覆，如此循环，最终形成三维产品。这种 3D 打印方法被称为熔融沉积成型制造技术（FDM）。

熔融沉积制造工艺具有与传统制作工艺不同的特点：

（1）可以制造出采用传统方法制造不出来的、非常复杂的制件，并且不需要传统的刀具、夹具、机床或任何模具，就能直接把计算机的任何形状的三维 CAD 图形生成实物产品。

（2）它可以自动、快速、直接和比较精确地将计算机中的三维设计转化为实物模型，甚至直接制造零件或模具，从而有效地缩短了产品研发周期。

（3）成本高、工时长。由于用于增材制造的材料研发难度大、而使用量不大等原因，导致 FDM 制造成本较高，而制造效率不高。

（4）需要设计和制作支撑结构。

（5）打印材料受到限制。目前，打印材料主要是塑料、树脂、石膏、陶瓷、砂和金属等，可使用的材料非常有限。

（6）精度和质量问题。FDM 成型零件的精度（包括尺寸精度、形状精度和表面粗糙度）、物理性能（如强度、刚度、耐疲劳性等）及化学性能等大多不能满足工程实际的使用要求，不能作为功能性零件，只能作原型件使用，从而其应用将大打折扣。由于 FDM 成型采用"分层制造，层层叠加"的增材制造工艺，成型件的表面有较明显的条纹，并且沿成型轴垂直方向的强度较弱。

一、FDM 设备结构

本节以 F3CL 型打印机为例介绍桌面 3D 打印机的关键结构。

1. 打印平台

打印平台是模型的成型空间，打印过程中丝状材料将在打印平台上逐层堆积成型，如图 4.2 所示。本型号打印机所使用的丝材为 PLA 材料，其适合的平台温度为 50~60 ℃。

打印机工作过程中，打印平台会加热至较高温度，应避免碰触平台。

2. SD 卡接口

SD 卡接口用于传递打印数据，打印机通过读取 SD 卡中的模型数据文件进行打印。SD 卡与 USB 接口位于打印机的侧面，如图 4.3 所示。

图 4.2　打印平台

图 4.3　SD 卡、USB 接口

3. USB 接口

打印机通过 USB 数据线与计算机连接，用于升级打印机固件。

4. 丝料盘轴架

丝料盘轴架位于打印机的后侧面，用于挂住 PLA 丝盘。

5. 打印托盘

打印托盘是打印平台的支撑，托盘上安装有水平调节螺丝，如图 4.4 所示。

6. 进料导管

进料导管是一段引导打印丝材从送丝机进入打印机头喷嘴的塑料管。

7. 送丝机

送丝机是材料的进给机构，用于将熔融的丝状材料经过喷头挤出，如图 4.5 所示。

图 4.4　打印托盘

图 4.5　送丝机

8. 打印喷头

打印喷头是材料的输出机构，用于将丝状材料加热至熔化，在送丝机的作用下挤出熔融状的材料，如图 4.6 所示。打印机工作过程中，喷头会加热到较高温度，应避免触碰。PLA 材料打印温度为 195~200 ℃。打印喷头的温度将影响材料的熔融程度，温度越高材料熔化越充分，但是温度过高容易引起丝材冷却过缓，造成模型塌陷；温度过低材料熔化不充分，又会导致材料挤出不畅，造成模型断层或无法成型。

图 4.6　打印喷头

9. 控制界面

控制界面用于操作打印机的使用，控制界面包括 LCD 液晶面板和控制旋钮，如图 4.7 所示。

图 4.7　控制界面

控制旋钮可以进行两种方式的操作：一种是左右旋转进行选择操作；另一种是按压单击进行确认操作。

二、FDM 设备基本操作

桌面型 3D 打印机结构简单，易于操作，但是在使用过程中应细心认真。

1. 拆箱整理打印机配件

按照打印机的拆箱说明开箱，取出打印机主体框架以及打印机各部分固定件，包括十字轴固定胶带、打印平台玻璃固定胶带、工具包等，做好安装打印机的准备工作。

2. 安装打印耗材

取出工具包内的丝料盘轴架，拧下螺帽；然后将丝料去除外包装，将丝料按顺时针方向安装至打印机左侧的转轴孔上，并将螺帽拧紧，如图 4.8 所示。

（a）　　　　　　　　　　　　（b）

图 4.8　安装耗材

从丝料盘上抽出丝料，为方便丝料通过导料管，用斜口钳将丝料顶端剪为斜口状。松开送丝机调节旋钮，将剪为斜口状丝料的一端从送丝机下部料口送入，直至材料完全穿过送丝机并到达导料管，如图 4.9（a）所示。将丝料送至导料管中大约 5 mm 即可。然后拧紧送丝调节旋钮，并确认送丝机齿轮刚好咬合材料，如图 4.9（b）、（c）所示。

3. 打印机开机

打印机连接 220 V 交流电源，开启设备背面电源开关。开机后打印机 LED 液晶面板显

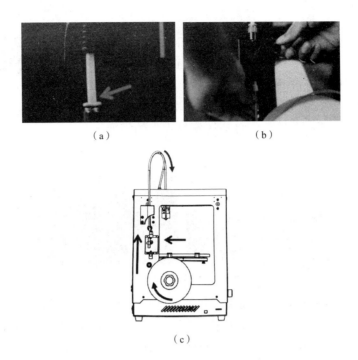

（c）

图 4.9　送丝操作

（a）丝料送至导料管；（b）松开调节旋钮送丝；（c）送丝路径

示待机状态界面，如图 4.10 所示。

4. 安装 SD 卡

取出随机携带的 SD 卡，将其插入打印机左侧的 SD 卡接口中，确保 SD 卡中已经导入完成切片需要打印的模型数据文件，如图 4.11 所示。

图 4.10　LED 液晶面板待机状态

图 4.11　安装 SD 卡

5. 预热打印喷头和平台

按压打印机控制旋钮，打开系统菜单，LCD 液晶显示面板显示如图 4.12 所示。为了避免在低温下进行材料挤出造成喷头和送丝机损坏，自动送丝功能必须在喷头温度高于 180 ℃时才能使用。LED 液晶面板中选择 Temperature 菜单，单击 Preheat PLA 选项，打印机将开始预热打印喷头和打印平台，如图 4.13 所示。

（a）　　　　　　　（b）

图 4.12　预热打印平台和打印喷头

6. 自动送丝

当打印机喷头温度高于 180 ℃时,可进行自动送丝操作。单击控制旋钮,打开系统菜单,选择 Motion→Auto→Auto 选项,打印机将进行自动送丝操作。

图 4.13　送丝前打印机温度显示

送丝过程中在 LCD 液晶面板上将会显示如图 4.14 所示信息,表示自动送丝正在进行,自动送丝过程大约需要 1 min,需要耐心等待。

图 4.14　自动送丝操作

待送丝机自动将丝料送至打印喷头,并且从喷头挤出一小段熔化的材料,说明自动送丝过程结束。送丝完成以后,需要用工具箱中所备镊子将打印喷嘴处多余的丝状材料清理干净。在整个自动送丝过程中禁止用手触碰打印喷头或者熔融未冷却的丝料。

7. 打印模型文件

单击控制旋钮,打开系统菜单,选择 Card Menu→SD_Card_Holder. pcode,启动示例模型打印。打印模型操作如图 4.15 所示。

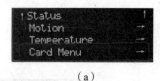 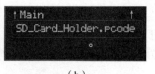

(a)　　　　　　　　　　　(b)

图 4.15　打印模型操作

8. 打印完成

模型打印完成后,将打印平台两侧的四个玻璃锁紧螺丝拧下,取下打印平台玻璃。待模型完全冷却后,用铲刀将模型从平台玻璃上取下即可。

9. 其他操作

1) 自动退丝

(1) 预热打印喷头和平台。

为了避免在低温下进行材料挤出造成喷头和送丝机损坏,自动退丝功能必须在喷头温度高于 180 ℃时才能使用。按压打印机控制旋钮,打开系统菜单,选择 Temperature 菜单,单击 Preheat PLA 选项,打印机将开始预热打印喷头和打印平台。

(2) 启动自动退丝。

打开系统菜单,单击 Motion→Auto E→Auto Retract,打印机将启动自动退丝功能,先以较慢的速度挤出打印喷头内残留的材料,再以较快的速度将材料回抽至送丝机进料口附近,这个过程将持续大约 1 min,如图 4.16 所示。

图 4.16　自动退丝操作

（3）取出耗材。

自动退丝结束以后，将送丝机扳钮向左扳动，并将材料取出，完成自动退丝操作。

2）手动挤丝

自动进丝方便，能够节省打印时间，但是在实际打印过程中却常采用手动挤丝。在实际操作过程中，出现打印喷头自动挤出的材料过少或者带有杂质时；打印机闲置了较长时间，再次开机准备打印时；或者在更换了不同颜色或者材质的材料，准备继续打印时，这时最好采用手动挤丝后再启动打印，可以提高打印效果。手动挤丝操作步骤如下：

（1）预热打印喷头。

手动挤丝功能必须在打印喷头温度高于 180 ℃时才能使用，操作前必须先确认打印喷头温度高于 180 ℃，否则打开系统菜单，选择 Temperature 菜单，单击 Preheat PLA 选项进行预热。

（2）手动控制挤出。

打开系统菜单，单击 Motion→Extruder，打开挤出坐标控制界面，如图 4.17 所示，手动旋转控制旋钮可以改变挤出坐标值，从而控制挤出；顺时针旋转控制旋钮是挤出，逆时针旋转控制旋钮是退回。

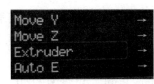

图 4.17　手动挤丝操作

3）调节打印平台

当打印机在打印模型的第一层材料时，如果打印平台处于水平状态，打印平台与喷嘴间的距离为 0.2 mm（因为打印机喷嘴与平台之间的距离为 0.2 mm 左右；所使用的每根丝材宽度为 0.4 mm 左右），喷嘴所挤出的材料能够正好填满喷嘴平台之间的间隙，一方面使材料较好地附着在平台上，另一方面产生一个较为平整的底面平面，使后续材料在平整的底层之上逐层堆积。

应保证打印机系统在归零时打印机的喷嘴垂线与打印平台相垂直，并且打印喷头与平台表面的各个点均正好接触，处于不压紧也不远离的状态，否则就需要对打印机的平台进行调平。打印机平台的调平操作是在打印机安装正常的情况下进行微调，通过旋拧平台调平旋钮的松紧，以带动升降平台的弹簧进行伸缩，从而调整平台和喷头之间的距离。

如果打印机的平台水平发生变化可以通过以下步骤进行调平：

（1）平台归零。

打开系统菜单，单击 Motion，选择 Auto Home 选项，系统即可完成归零操作，如图 4.18 所示。

（2）平台归零后，打印喷头位于图 4.19 所示平台顶角的位置。

图 4.18　打印平台归零操作　　　　图 4.19　平台归零

（3）按照顶视逆时针方向（图 4.20）旋转打印平台调整旋钮 1，直至打印喷头与平台不再接触。

（4）按照顶视顺时针方向微动旋转平台调节旋钮 1，同时观察平台的运动，当平台刚好接触到打印喷头的瞬间，停止调整。

（5）释放电动机，打开系统菜单，单击 Motion，选择 Disable Steppers 选项，释放电动机。

（6）此时可以手动拖动十字轴中心滑块，依次将喷头移动至平台的顶角位置 2，3，4 处。

图 4.20　打印平台调整旋钮操作

（7）在每个顶角位置，重复步骤（3）（4），直至喷头的每个位置都刚好与平台接触但又不压紧。

（8）以上为静态调整过程。如果在打印第一层时，平台距离仍然存在误差，可以根据实际误差情况微调 4 个旋钮，直至使模型第一层达到较理想的成型状态。

4）暂停打印

在打印机正常打印过程中需要暂停打印时，单击"Pause Print"可暂停打印，打印机将在完成缓冲的命令后，快速回抽材料并将喷头移动至零点附近，如图 4.21 所示。

5）恢复打印

在打印机暂停打印的状态下，单击"Resume Print"可恢复打印。当打印机由于温度、机械等故障自动暂停时，在排除相应的故障后再进行恢复打印操作，如图 4.22 所示。

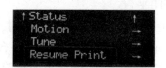

图 4.21　暂停打印　　　　　　　图 4.22　恢复打印

6）停止打印

打印过程中单击"Stop Print"可停止打印，打印机将自动归零，释放电动机。如果手动停止打印是为了在短时间内继续新的打印任务，为了节省时间，通常重新调整设置，单击"Stop Print"后，打印喷头将不会立即停止加热，在结束打印后的 20 min 内没有继续进行新的打印任务，打印机将自动停止对打印喷头的加热板加热，减小功耗。

10. Pango 软件中关键参数的设置

了解在使用 Pango 软件进行切片操作时涉及的关键参数含义机器作用，能够帮助我们根据将要打印的模型的特点调整某些特定的参数，以达到较好的打印效果。采用 FDM 工艺成型制品在打印过程中涉及的关键参数有材料直径、打印速度、喷头温度、填充率、表皮圈

数、打印线宽、层高以及平台温度，如图 4.23 所示

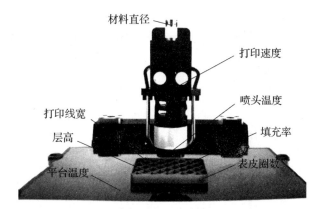

图 4.23　打印参数

打开 Pango 软件操作主界面，单击"参数"，选择"设置"选项（或按快捷键 Ctrl + F），对打印模型过程中涉及的关键参数逐一进行设置操作。

1）层高

层高影响模型产品纵向的细腻程度，层高越小模型表面就越光滑，但是模型的打印时间也会越长。F3CL 打印机支持 0.05 mm/0.1 mm/0.15 mm/0.2 mm 四种分层厚度设置，模型打印时，默认层高为 0.05 mm。

2）打印速度

打印速度影响模型的成型时间，随着打印速度的增加，模型表面质量将随之降低，一般根据实际需要，在成型时间与模型打印质量之间取舍。F3CL 打印机默认的打印速度为 40 mm/s，在实际打印时，可以根据需要在不降低模型表面质量的情况下适当调整，如图 4.24 所示。有时为了达到优质的模型表面质量可以设置打印速度为 20 mm/s。

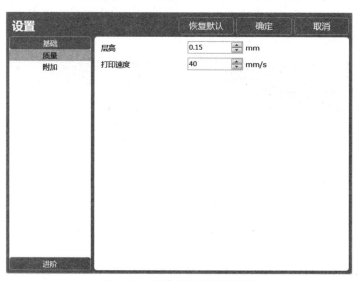

图 4.24　层高与打印速度设置

3）打印线宽

打印线宽由打印机的喷嘴尺寸决定，打印线宽影响模型表面的细腻程度，线宽越小，模

型表面越平滑，但是模型的打印时间就越长。F3CL 打印机的喷嘴尺寸默认为 0.4 mm，如图 4.25 所示。

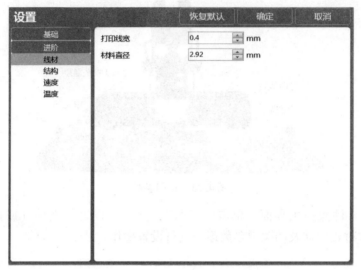

图 4.25　打印线宽与材料直径的设置

4）材料直径

材料的实际直径与切片时的设置参数越接近，模型的成型质量也就越准确，所成型的模型的形状精度和尺寸精度也就越高。如果材料的实际直径偏大，在打印模型时会造成挤出过多；而实际直径如果偏小，打印时会造成挤出偏少。F3CL 打印机默认的材料直径为 2.9 mm。

5）表皮圈数

表皮圈数以及上下表面层数影响模型的外表面坚硬程度。F3CL 打印机默认的表皮圈数是 2，根据喷嘴尺寸可以换算为 $0.4 \times 2 = 0.8$（mm），上下表面层数为 4，根据分层厚度可以换算为 $0.15 \times 4 = 0.6$（mm），如图 4.26 所示。

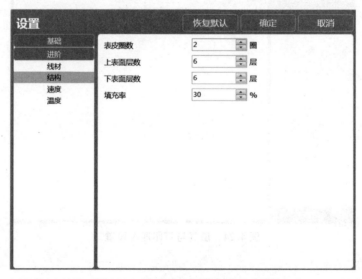

图 4.26　表皮圈数与填充率的设置

6）填充率

填充率影响模型的内部强度，填充率越高，模型的打印时间就越长。F3CL打印机默认的填充率为25%，这是综合考虑了模型的强度和打印时间所得到的一个较为合适的数值。

7）喷头温度

喷头温度，即打印温度，影响材料熔融的程度，喷头温度越高，材料熔化得越充分，但是容易造成冷却过缓，进而造成模型塌陷；温度过低材料熔化不充分，又会导致挤出不畅，造成模型断层或无法成型。一般情况下，PLA材料的打印温度在195～205 ℃，ABS材料的打印温度为230～250 ℃。F3CL打印机支持的打印温度范围在170～260℃，默认为200 ℃，适合采用PLA作为打印材料。通常，为避免喷头损坏，只采用PLA或ABS作为F3CL打印机的打印材料，如图4.27所示。

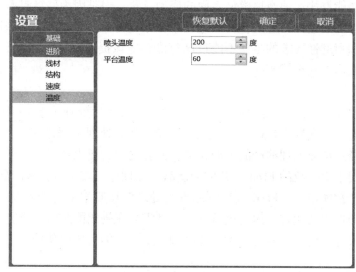

图4.27　喷涂温度与平台温度的设置

8）平台温度

为避免模型在打印的过程中出现翘边、脱离现象，保证模型顺利完成打印，应设置合适的打印平台温度以使打印模型与打印平台良好附着。通常，PLA材料适合的打印平台温度为50～60 ℃，ABS材料适合的打印平台温度为85～110 ℃。F3CL打印机默认的打印平台温度设置为50 ℃，适合PLA材料打印。

11. FDM成型的后处理

采用FDM成型工艺可以制造形状复杂的模型零件，但是因为熔融沉积制造工艺逐层堆积的成型方式使得制品表面留有肉眼可见的堆积成型纹路，这是影响零件表面精度的一个重要因素。因此采用FDM技术打印成型的零件模型的表面细节需要进行后处理。后处理常用的方法有砂纸打磨、珠光处理以及蒸汽平滑等。

1）移除模型

（1）当产品打印完成以后，打印机会发出蜂鸣声，提示打印结束，打印喷嘴和打印平台会自动停止加热。

（2）用铲刀慢慢地滑动到模型下，来回撬松模型。此时打印平台还留有余温，注意不要接触打印平台，以免烫伤。

2）去除支撑

采用 FDM 工艺成型的模型由两部分组成，一部分是模型本体，另一部分是支撑结构。一般情况下，支撑部分材料和模型本体材料的物理性能是一样的，只是在切片分层操作时，将支撑材料的密度设置为小于模型本体材料的密度，因此很容易将支撑材料从模型本体上移除。可以使用多种工具来移除支撑材料，一部分支撑材料可以很容易地用手拆除，接近模型本体的支撑材料可以使用尖嘴钳轻易地拆除。

3）砂纸打磨

砂纸打磨是一种非常有效且廉价的去除支撑材料的方法，是 3D 打印产品后期抛光处理中最常见、使用范围最广的一种方法。砂纸打磨可以是手工打磨，也可以使用砂袋磨光机打磨模型。

采用砂纸打磨能够快速消磨掉模型表面的成型纹路，但是因为砂纸打磨主要是靠手工打磨或机械的往复运动来进行打磨的，在处理比较微小的零部件时容易损坏细小的模型特征。对于有表面精度和耐磨性要求的零件不能过度打磨，应该提前计算好需打磨去除的材料量，否则将造成零件变形，甚至报废。

4）珠光处理

3D 打印产品的珠光处理就是表面喷砂，是常用的表面后处理工艺。工作人员手持喷嘴朝着抛光对象高速喷射介质小珠以达到抛光的效果。珠光处理过程迅速，一般 5～10 min 就可以完成处理，经过珠光处理的产品表面光滑，具有均匀的亚光效果。

珠光处理可用于大多数的 FDM 工艺成型制品，处理也比较灵活，从产品的开发到制造，原型的设计到生产都能使用。FDM 成型制品珠光处理时所喷射的介质小珠一般是经过精细研磨的很小的热塑性塑料颗粒。因为进行珠光处理需要在密闭的腔室内进行，所以对进行珠光处理的零件有尺寸的要求，并且一次只能处理一个，不能大规模使用。

5）蒸汽平滑

蒸汽平滑就是将 3D 打印的产品浸渍在蒸汽罐中，在蒸汽罐的底部存在已经达到沸点的液体，利用上升的蒸汽融化掉打印产品表面（约 2 m 厚），几秒钟内产品表面就变得光滑闪亮。蒸汽平滑不能对 ABS 和 ABS－M30 材料（常见的热塑性塑料）进行处理。

三、FDM 设备的维护

（1）熔融沉积制造技术的桌面式 3D 打印机应在应用说明建议的工作环境下运行。在建议的温度范围以外的环境下工作时，需要根据实际情况调整打印参数，以便保证良好的打印效果。

（2）在干燥环境下使用打印机。

（3）打印时，打印喷头温度可高达 200 ℃以上，操作人员应注意高温，避免烫伤。

（4）打印机在使用过程中应使用设备说明建议的 ABS 或 PLA 专业耗材。其中 PLA 耗材是一种生物可降解塑料，无毒无害，在打印机制作原型时几乎无味，成型产品变形小。ABS 耗材强度较高，但是具有毒性，打印机制作原型时有异味产生，所以必须保持环境空气通畅。

（5）3D 打印机打印较大平面的制件时，专业调平打印机平台的方法是同时调节平台下的 4 颗调平螺钉，并注意观察打印机出丝是否均匀。如果出丝均匀，则说明打印机平台处于水平状态。如果出丝不均匀，则需要对打印平台进行调平操作（顺时针旋转调平螺钉，打印平台将被调高；逆时针旋转调平螺钉，平台将降低）。

（6）3D打印机处于待机状态时，不能手动沿光轴移动打印喷头。如果待机状态下手动移动打印喷头，光轴上的电动机将逆转，并产生一定的电流，电流将会对打印机电路板产生冲击，久而久之对打印机会有一定的损害，所以不能在待机状态下移动打印喷头。

（7）3D打印机经过长时间的工作后，光轴可能会发出比较刺耳的声音，这是因为光轴上的润滑油慢慢减少所致，所以需要定时定量地给光轴添加润滑油。定时维护设备，对打印机的正常工作以及打印件的精度都有很大的帮助。

（8）3D打印机在工作时如果不能正常出丝，首先需要检查打印喷头的加热温度是否正常，如果正常，说明打印喷头堵住，需要将喷头拆下，清理干净喷头内部。因为打印时需要经常换料，打印喷头内可能留有不同颜色的残料，或者退丝时有残料脱落在喷头内，导致再次进料时喷头加热没有熔化，堵塞喷头。所以需要定时将喷头拆下清理干净，以确保打印机可以正常工作。

（9）3D打印机在打印大尺寸的平面工件时，有可能会出现因为打印平台温度过高，打印速度过快，以及风扇的运转问题而导致打印件成型过快，塑件冷却过快引起收缩，成型件的底板不能很好地与打印平台黏结，出现翘边问题，此时应降低打印平台温度，降低打印速度，并且关闭喷头风扇。

（10）假如打印机长时间不工作，应将打印机耗材从打印喷头内取出。可先加热打印喷头，再使用自动退丝功能即可。

第二节　光固化成型设备及维护

知识目标

1. 了解光固化成型设备的结构与组成；
2. 了解光固化成型设备的操作流程；
3. 了解光固化成型设备的维护保养及注意事项。

能力目标

1. 能正确操作光固化成型设备；
2. 能维护保养光固化成型设备；
3. 能对故障现象进行分析；
4. 能对常见故障进行诊断与排除。

素质目标

1. 培养学生具有社会实践与劳动意识；

2. 培养学生具有工程思维，能将方案转化为有形物品等；

3. 培养学生遵纪守法的意识，能按照生产操作规程进行安全文明生产；

4. 培养学生善于发现和提出问题，有解决问题的兴趣和热情。

5. 培养学生能正确认识与评估自我，合理分配时间与精力，具有达成目标的持续行动力。

光固化成型（SLA）也称为立体光刻成型、立体印刷成型。该工艺由 Charles Hull 在 1984 年获得美国专利，是最早出现的一种快速成型技术。图 4.28 所示为 SLA 制作的铁塔原型。

光固化工艺的成型过程如图 4.29 所示。树脂槽中盛满液态光敏树脂（环氧树脂或丙烯酸树脂等），在控制系统的控制下，一定波长和强度的紫外激光按照零件的各分层截面信息，在光敏树脂表面进行逐点扫描。被扫描区域的树脂薄层产生光聚合反应而固化，形成零件的一个薄层。一层固化完毕后，升降工作台下移一个层厚的距离，在已经固化的树脂表面再涂覆上一层新的液态树脂，利用刮平器将黏度较大的树脂液面刮平，激光再进行下一层的扫描加工，新固化的

图 4.28　SLA 制作的铁塔原型

树脂层牢牢黏结在前一层上，如此反复直至整个零件制造完毕，得到一个三维实体原型。当实体原型制作完成后，取出实体排净多余树脂，再进行后续固化处理。

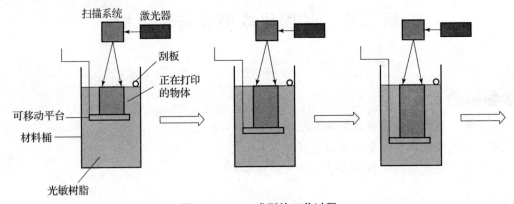

图 4.29　SLA 成型的工艺过程

光固化成型适合制作中小型工件，利用光固化成型技术制作的原型可以达到机磨加工的表面效果，能直接得到树脂或类似工程塑料的产品。

光固化成型有其独特的特点，包括：

（1）尺寸精度高。SLA 制作的原型尺寸精度可以达到 0.1 mm。

（2）表面质量好。SLA 成型工艺在固化每一薄层时，原型的侧面以及曲面可能出现台阶，但是原型表面仍然可以达到玻璃面的效果。

（3）可以成型结构复杂、尺寸比较精细的原型。

（4）可以直接制作面向熔模精密铸造的具有中空结构的消失模。

与其他快速成型技术和传统的减材制造技术相比，光固化成型工艺还存在很多缺点。主要有：

（1）尺寸稳定性差。SLA 成型过程中存在物理化学变化，极易导致原型软薄部分产生翘曲变形，因而极大地影响成型件的整体尺寸精度。

（2）需要对工件设计支撑结构。为避免成型件在成型过程中出现变形，需要对工件进行支撑结构的设计。从设备中取出制件后需要在支撑结构未完全固化时手工去除，否则容易破坏成型件。

（3）设备运转和维护费用较高。液态树脂材料和激光器的价格较高，并且激光器需要定期进行调整，费用较高。

（4）可使用的材料种类较少。目前光固化快速成型工艺可用的材料主要是感光性液态树脂材料。液态树脂因具有刺激性气味和毒性，需要避光保存。

（5）需要二次固化。很多情况下，经光固化成型工艺成型的原型并未完全被激光固化，所以需要二次固化。

一、光固化快速成型设备结构

以 SLA550 型光固化快速成型设备为例介绍光固化快速成型设备的构造以及操作，如图 4.30 和图 4.31 所示。

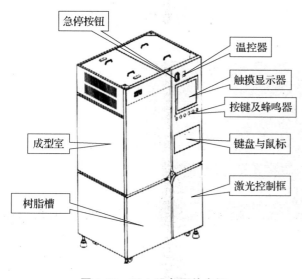

图 4.30　SLA 设备硬件介绍

图 4.31　SLA 设备

1. 成型室

成型室是 SLA 设备的打印工作空间，其中包括工作平台、刮平器以及树脂槽等部分，如图 4.32 所示。工作平台也称为网板，在打印过程中起到承载零件的作用。刮平器在打印过程中进行树脂的涂铺。树脂槽用来盛放光敏树脂，如图 4.33 所示。树脂槽侧面靠近地面的阀用来排放树脂。

2. 急停按钮

设备在打印过程中出现紧急情况时，按压急停按钮可停止运作设备的运动系统，可以避免因紧急故障而损坏设备，如图 4.34 所示。待排除设备故障后，再顺时针旋转急停按钮，设备即可正常工作。

图 4.32　成型室内部

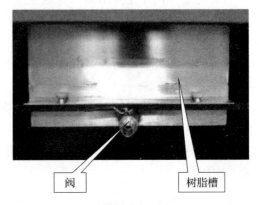

图 4.33　树脂槽

3. 温控器

温控器监控当前工作条件下成型室内的环境温度与所设置的设备温度，如图 4.35 所示。通常情况下，温控器的温度设置为 32 ℃，实际工作时有些光敏材料并不需要加热，这时可关闭加热键。

图 4.34　急停按钮

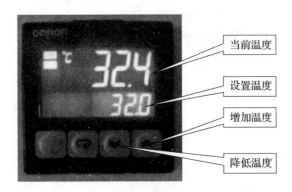

图 4.35　温控器

4. 显示器

SLA550 打印机显示器为电阻触摸显示器。

5. 按键与蜂鸣器（图 4.36）

（1）USB 插口：用来连接 U 盘，可将 SLC 文件导入机器中。

（2）电源指示：显示机器的通电状态。

（3）控制按键：机器控制系统的电源开关。

（4）激光按键：激光系统的电源总开关。

（5）加热按键：温控系统电源开关。

（6）照明按键：成型室内 LED 灯开关。

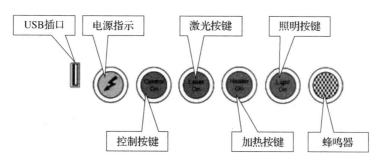

图 4.36 按键与蜂鸣器

（7）蜂鸣器：起提示、报警作用。

（8）激光控制柜。

激光电源控制器安装在设备右下角柜中，如图 4.37 所示。激光系统为机器的重要组成部分，除去开、关激光器外，其他操作应在专业技术人员的指导下进行。

图 4.37 激光电源控制器操作面板

二、SLA 设备基本操作

1. SLA 工艺工作过程

SLA 工艺工作过程中主要经过三个步骤：模型预处理、打印、后处理，如图 4.38 所示。

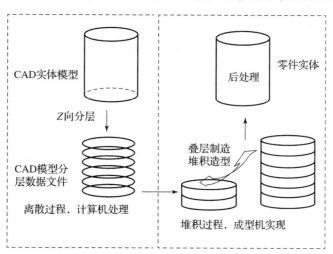

图 4.38 SLA 工艺工作过程

1）模型预处理

模型预处理包括支撑结构的设计和对模型进行分层切片处理。主要是在切层及支撑生成软件中对设计好的三维模型进行分层切片处理,生成 SLA 打印机可识别的 SLC 文件。通常会生成两个文件:part. slc 和 s_part. slc 文件,其中 part. slc 文件为零件实体,s_part. slc 为所生成的支撑文件。

2)打印

按步骤开启 SLA 打印机,将预处理得到的两个 SLC 文件拷贝至设备的控制电脑,加载 part. slc 文件至 Zero 软件中,s_part. slc 文件会随 part. slc 文件自动加载(也可以将 part. slc 和 s_part. slc 文件一起拷贝至 Zero 软件中),在打印平板上编辑待打印零件的位置和数量,编辑完成后开始打印。

3)后处理

零件打印完成后需要进行后处理,包括清洗残留树脂液体、去除支撑以及对零件表面进行紫外光固化处理,还可以进行喷砂、打磨、抛光、喷绘等处理以增加零件的强度与表面精度。

2. SLA 设备的开启和关停

SLA 设备启动、关停步骤:

(1)启动机器。

①顺时针旋转机器背面的电源开关。

②电源指示灯亮后,按下控制按键,机器控制系统通电,显示机器已经工作。

③通常温控器所设置温度为 32 ℃,如果所使用的光敏树脂不需要加热,则关闭加热按键。

④开启激光器。

(2)关停机器。

①依次关闭加热按键、照明按键。

②关闭计算机。

③关闭激光器。

④关闭激光按键,系统断电。

⑤关闭控制按键,机器控制系统断电。

⑥旋转机器背面的电源开关,关闭机器电源。

如果长时间停用设备,还需要排空树脂槽中的树脂。

3. SLA 设备的操作流程

SLA 设备的操作流程如图 4.39 所示。

4. SLA 成型后处理

采用 SLA 工艺制作完成模型后,需稍等约 10 min,待模型上的树脂大部分流到树脂槽内后用铲刀轻轻地从打印平台上取下模型,还需要去除支撑结构和模型表面的残余液态树脂。

1)模型初步处理

用酒精将模型表面的残余液态树脂清洗干净,同时使支撑材料得到软化。

2)去除支撑

支撑经过酒精的软化用手即可剥离,并用毛刷刷洗残余在模型内部的残渣。

3)模型打磨

打磨支撑部位残余的支撑结构。

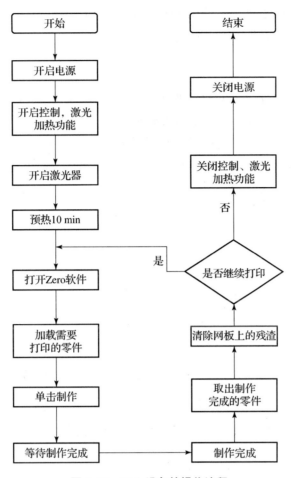

图 4.39　SLA 设备的操作流程

4）二次固化

使用风枪吹干模型，保证模型的干燥性，然后将模型放入紫外光固化箱中进行二次固化。

三、SLA 设备维护

为保证 SLA 设备在日常的生产中能够正常运作，要定期对其进行保养维护。具体的维护工作包括：

（1）取零件时，树脂容易滴到机器上，导致脏污，每日应擦拭一次成型室内的机器表面。

（2）保持设备外观清洁，每日擦拭一次。

（3）每次制作完成零件后清理一次刮板平台上的散碎支撑杂物等。

（4）当刮板平台下粘有东西时，在刮动过程中会撞到零件，需要每周对刮板底面检查一次。

（5）每周检查一次机器的激光功率，保证激光功率在正常工作范围内。

（6）每周检查一次激光光斑，需由专业人员完成。

（7）机器的水平可能会变化，使用水平仪每季度检查一次。

（8）各导轨丝杠需要每季度加一次润滑油。

思考与练习

1. 熔融沉积制造设备主要结构组成是什么？

2. 熔融沉积制造设备的基本操作流程是什么？

3. 熔融沉积制造设备维护时的注意事项有哪些？

4. 光固化成型设备的维护工作有哪些？

第五章　原型制作

[思政学堂]

全国劳动模范——高凤林

高凤林，中国航天科技集团公司第一研究院国营二一一厂特种熔融焊接工、发动机零部件焊接车间班组长，特级技师。焊接技术千变万化，为火箭发动机焊接不是一般人能胜任的，而高凤林就是一个为火箭焊接"心脏"的人。他先后参与北斗导航、嫦娥探月、载人航天等国家重点工程以及长征五号新一代运载火箭的研制工作，一次次攻克发动机喷管焊接技术世界级难关，先后荣获国家科技进步二等奖、全军科技进步二等奖等多个奖项。绝活不是凭空得，功夫还得练出来。他吃饭时拿筷子练送丝，喝水时端着盛满水的缸子练稳定性，休息时举着铁块练耐力，冒着高温观察铁水的流动规律。为了攻克国家某重点攻关项目，他天天趴在冰冷的产品上，关节麻木了、青紫了。2015年他获得全国劳动模范称号，以卓尔不群的技艺和劳模特有的人格魅力、优良品质，成为新时代高技能工人的时代坐标。

第一节　原型的数据处理

知识目标

1. 了解 STL 文件常见的获得来源；
2. 了解零件的分层处理与摆放姿态；
3. 了解零件支撑的设置与处理。

能力目标

1. 能正确获得建模文件；
2. 能合理设置支撑；
3. 能对模型进行分层处理；
4. 能熟练掌握建模软件；
5. 能正确操作3D打印设备。

素质目标

1. 培养学生具有劳动意识与工程思维，能较快适应工作环境；
2. 培养学生具有吃苦耐劳、爱岗敬业、无私奉献等良好的职业道德素质；
3. 培养学生健康意识，养成健康文明的行为习惯和生活方式，创造有价值的人生。

一、数据来源

目前利用 FDM 和 SLA 快速成型工艺成型的制件的三维数据模型主要来源于以下两方面：

1. 正向设计获得的三维 CAD 数据模型

正向设计获得三维 CAD 模型数据是应用最为广泛的数据来源，可以直接利用计算机辅助设计软件获取零件的三维模型。由三维 CAD 软件生成产品的曲面模型或实体模型，将 CAD 模型转化为三角网格模型（STL 模型），然后分层得到加工路径。或者对模型直接分层得到精确的截面轮廓，再生成加工路径。此类软件主要有 UG、Pro/E、Cimatron、CATIA、Solidworks 等。

2. 逆向工程设计获得的三维 CAD 数据模型

传统的产品设计流程是一种正向的顺序模式，即从市场需求抽象出产品的功能描述（规格及预期指标），然后进行概念设计，在此基础上进行总体及详细的零部件设计，制定工艺流程，设计工装夹具，完成加工及装配，通过检验及性能测试。这种模式的前提是已完成了产品的蓝图设计或其 CAD 造型。而逆向设计（Reverse Engineering，RE）则是对实物进行三维数字化处理，数字化手段包括传统测绘及各种先进测量方法。

利用逆向设计软件可以准确、快速、完备地获取实物的三维几何数据，即对物体的三维几何形面进行三维离散数字化处理，以重构出实物的 CAD 模型。物体三维几何形状的测量方法基本可分为接触式和非接触式两大类。常用的获取测量数据的扫描设备有传统的坐标测量机（Coordinate Measurement Machine，CMM）、激光扫描机（Laser Scanner，LS）、零件断层扫描机（Cross Section Scanner，CSS）等。逆向设计软件有 CopyCAD、Surface、Imageware、GeoMagic 等。

二、STL 文件

STL 文件格式是快速成型系统应用最多的一种标准文件类型。STL 格式是利用三角网格来表现 3D CAD 模型。它的文件格式非常简单，应用广泛。三角形的网格化就是用小三角形面片去逼近自由曲面，逼近的精度通常由曲面到三角形面的距离误差或者是曲面到三角形边的弦高差控制。误差越小，曲面越不规则，所需要的三角形面片的数目就越多，STL 文件就越大。三角形面片数量越多，则近似程度越好，精度越高。用同一 CAD 模型生成两个不同的 STL 文件，精度高者可能要包含多达 10 万个三角形面片，文件可达数兆，而精度低者可能只用几百个三角形面片。

STL 文件具有如下优点：

（1）数据格式简单，处理方便，与具体的 CAD 系统无关。

（2）与原 CAD 模型的近似度高。

（3）几乎任何三维几何模型都可以通过表面的三角化生成 STL 文件。

（4）具有简单的分层算法。

STL 文件同样具有数据冗余、缺乏 CAD 设计的拓扑信息，以及易产生裂缝、空洞、悬面、重叠面和交叉面等错误的缺点。

三、零件的分割与摆放

1. 零件分割

当由于零件的结构过于复杂而导致成型支撑无法去除，或者零件的尺寸超出成型机的工作范围时，就需要对零件进行分割。根据零件的结构特征和组合特点，以及成型机工作平台的成型尺寸范围，确定零件分割数目。分别制作完成每个子零件块后，再将各子块黏结或者组合起来还原成整体原型。

图 5.1 所示为组合后的涡轮减速器原型。采用 FDM 成型设备进行原型制作时，涡轮减速器原型的整体结构尺寸远远超出 FDM 成型机打印平台的工作尺寸，并且原型件内部的支撑很难取出，表面也没有办法进行后续的打磨处理，因此在制作原型前进行模型分割，再打印成型，最后组装成型。

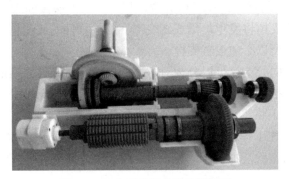

图 5.1　组合后的涡轮减速器原型

2. 成型方向的选择

在分层处理之前，一般都要选择一个优化的分层方向（或称成型方向）。将工件的三维 STL 格式文件输入快速成型机控制系统后，可以用快速成型机中的 STL 格式文件显示软件，使模型旋转，从而选择不同的成型方向。模型的摆放方式决定了原型的成型方向，即成型时每层的叠加方向。成型方向将影响原型的制作精度、制作时间、制作成本、原型强度以及完成原型制作所需支撑的数量。为了缩短制作时间和提高制造效率，应选择模型尺寸最小的方向作为叠加方向；为了提高原型制作质量，以及满足关键尺寸和形状精度的要求，可以将较大尺寸方向作为叠加方向；为了减少支撑数量，节省材料及方便后处理，经常采用倾斜摆放，如图 5.2 所示。

四、支撑的设置

快速成型能够加工任一复杂形状的零件，但是由于层层叠加的成型工艺特点使其在成型

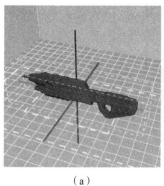  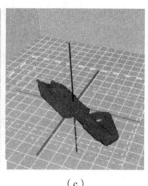

（a） （b） （c）

图 5.2 成型方向（3 个不同的方向）

过程中必须具有支撑。快速成型中所设置的支撑相当于传统减材制造中的夹具，主要起固定零件的作用。支撑对原型的制作起着至关重要的作用，它可以防止零件在制作过程中因收缩变形不能按预定期望固化成型而导致模型坍塌，支撑可以保持原型在制作过程中的稳定性，并保证原型相对于加工系统的精确定位。支撑结构设计的优劣将直接影响制作原型的时间、加工精度甚至制作的成败。光固化成型（SLA）中，虽然液态树脂可以支撑模型，但是不能固定模型的成型位置，故必须设置防止模型在成型过程中漂浮的支撑。熔融沉积成型（FDM）喷头挤出熔融态的材料，在堆积成型过程中，当上层截面大于下层截面时，上层截面多出的部分如果没有支撑将发生坍塌或者变形，影响零件的成型精度和成型形状，严重的甚至不能使零件成型，所以必须设置支撑。

按照支撑的作用不同，支撑可以分为对基底的支撑和对零件原型的支撑。基底支撑加在工作台上，主要作用包括：

（1）方便从工作台上将零件取下。

（2）保证成型原型在工作台上处于水平位置，消除因工作台的水平误差引起的误差。

（3）有助于减少或消除翘曲变形。翘曲变形主要发生在堆积成型的最初几层，如图 5.3 所示。

添加支撑分为两种，即在 CAD 系统中人为添加支撑和利用切片软件自动生成支撑结构。一般快速成型系统的切片软件在分层参数中根据设置的支撑角度可自动生成支撑。零件的成型方向决定了成型零件需要多少支撑以及去除支撑材料的难易程度。一般情况下，模型外部的支撑较模型内部的支撑材料易于去除。

图 5.3 基底支撑翘曲变形

手动添加支撑需要考虑以下因素：

（1）支撑的强度和稳定性。

支撑是保证原型成功制作的支撑部分和准确定位的辅助结构，良好的支撑结构必须保证支撑部分和原型不会变形和发生偏移，因此应有足够的强度和稳定性。

（2）支撑的制作时间。

原型制作过程中，在满足支撑作用的情况下，支撑的制作时间越短越好，并且支撑结构

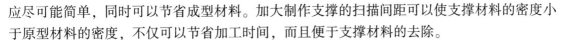

应尽可能简单，同时可以节省成型材料。加大制作支撑的扫描间距可以使支撑材料的密度小于原型材料的密度，不仅可以节省加工时间，而且便于支撑材料的去除。

（3）支撑的可去除性。

原型制作完成后需要将支撑材料去除。如果原型与支撑材料黏结过牢，不但不容易去除，还有可能降低原型的表面质量，甚至在去除支撑时破坏原型。所以在保证应有的支撑作用和强度的情况下，支撑部分应尽可能小且易于去除。因为内部支撑去除不方便，故应尽量减少。

五、三维模型的分层处理

确定了成型方向并设置了支撑后，按照设定的分层高度对数据模型进行切片分层，得到该数据模型在高度上的轮廓。快速成型技术都是一个个的柱形图分层累积成型为三维实体的，其中每一层的加工都是根据 CAD 模型切片后得到的截面轮廓数据形成加工轨迹，每一层的高度就是分层厚度，如图 5.4 所示。这种分层切片将不可避免地在被加工零件表面出现所谓的"台阶效应"。对壳体零件，这种台阶效应将造成零件局部体积缺损，影响零件结构强度。

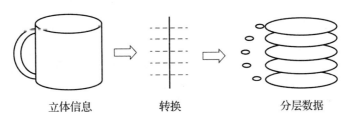

| 立体信息 | 转换 | 分层数据 |

图 5.4 切片示意图

在所有的快速成型工艺中，零件模型无论是在 CAD 造型软件中生成还是由逆向设计软件获得，都必须经过分层处理才能将数据输入到快速成型设备中。对于同一个原型，分层厚度越大，所需成型的层数就越少，成型时间越短，但是这种分层切片所带来的原理误差就会形成较差的表面质量；分层厚度越小，误差越小，表面质量就越好，但是较小的层厚增加了成型时间与数据处理时间。按照分层厚度是否变化可分为等层厚切片和适应性切片。

第二节 基于快速成型工艺的原型实例制作

知识目标

1. 了解玩具模型的 3D 打印过程及注意事项；
2. 了解托架的 3D 打印过程及注意事项；
3. 了解航空发动机叶片的 3D 打印过程及注意事项；
4. 了解铁塔的 3D 打印过程及注意事项。

1. 能进行三维建模和逆向建模；

2. 能操作设备进行 3D 打印加工；

3. 能对 3D 打印制件进行后处理；

4. 能正确查阅资料与信息，能看懂设备说明书和操作手册。

1. 培养学生具有积极的劳动态度和良好的劳动习惯，能尊重劳动；

2. 培养学生具有爱岗敬业、业务精干、无私奉献等良好的职业道德素质；

3. 培养学生具备团结协作的能力；

4. 培养学生具有动手操作能力，掌握一定的劳动技能；

5. 培养学生具有社会实践和生产劳动能力，具有改进和创新劳动方式、提高劳动效率的意识；

6. 培养学生具有正确的价值观，培养能通过诚实合法劳动创造成功生活的意识和行动等；

7. 培养学生具备能依据特定情境和具体条件选择制定合理的解决方案的能力；

8. 培养学生具有学习掌握技术的兴趣和意愿。

实例一　基于熔融沉积成型（FDM）制造工艺制作玩具模型

传统的产品设计，也称为正向设计，通常是从概念设计到图样、再制造出产品。正向设计建立工件的 CAD 模型主要依赖于 CAD/CAM 软件，如 UG、IDES、Pro/E 等。逆向工程（也称为反向工程）与正向设计相反，是根据实物样件（或原型）获取产品数据模型，再制造出新产品，它是"从有到新的过程"。

1. 逆向工程的工作流程

逆向工程一般包括以下工作过程：实物的数据扫描、数据处理与数模重构、模型制造。

1）数据扫描

数据扫描是借助测量设备将实物的表面数据数字化，是逆向工程实现的基础和关键技术之一，要求扫描数据完整、精确。数据的完整、精确不仅与扫描人员的技术水平有关，也与扫描仪的精度和扫描软件有关。

数据扫描方法可以分为接触式和非接触式两大类。非接触光学扫描是逆向数据采集的主要方法。非接触式光学扫描设备很多，不同的扫描设备，虽然扫描的原理不同，扫描软件操作方法不同，但扫描的宗旨是相同的，就是使在不同视觉的扫描数据能够拼合成所需的数据模型。在非接触式光学扫描时，首先要做好被扫描件的前处理。为了达到更好的扫描效果，任何发亮的、黑色的、透明的或反光的（镜子、金属面）表面等都应该喷涂白色粉末。

为了能实现手动注册拼合或扫描过程中自动拼合，应在物体表面合理粘贴标记点。其次要做好扫描规划，以提高扫描效率。扫描时按照一定顺序（朝一个方向）旋转被扫描件或者移动扫描设备，以确保相邻两幅图像有相同的拼合标记点；上下面扫描时，需特别注意过渡区域。

2）数据处理

数据处理的关键技术包括杂点的删除、多视角数据拼合、数据简化、数据填充和数据平滑等，可为曲面重构提供有用的三角面片模型或者特征点、线、面。

（1）杂点的删除。

由于在测量过程中常需要一定的支撑或夹具，在非接触光学测量时，会把支撑或夹具扫描进去，这些都是体外的杂点，需要删除。

（2）多视角数据的拼合。

无论是接触式或非接触式的测量方法，要获得样件表面所有的数据，需要进行多方位扫描，得到不同坐标下的多视角点云。多视角数据拼合就是把不同视角的测量数据对齐到同一坐标下，从而实现多视角数据合并。数据对齐方式一般有扫描过程中自动对齐和扫描后通过手动注册对齐，如果是扫描过程中自动对齐，一般必须在扫描件表面贴上专用的拼合标记点。数据扫描设备自带的扫描软件一般具有多视角数据拼合的功能。

（3）数据简化。

当测量数据的密度很高时，光学扫描设备常会采集到几十万、几百万更多的数据点，存在大量的冗余数据，严重影响后续算法的效率，因此需要按一定要求减少数据量。这种减少数据的过程就是数据简化。

（4）数据填充。

由于被测实物本身的几何拓扑原因或者在扫描过程中受到其他物体的阻挡，会存在部分表面无法测量，所采集的数字化模型存在数据缺损的现象，因而需要对数据进行填充补缺。例如，某些深孔类零件可能无法测全；另外，在测量过程中常需要一定的支撑或夹具，模型与夹具接触的部分无法获得真实的坐标数据。

（5）数据平滑。

由于实物表面粗糙，或扫描过程中发生轻微振动等原因，扫描的数据中包含一些噪声点。这些噪声点将影响曲面重构的质量。通过数据的平滑处理，可提高数据的光滑程度，改善曲面重构质量。

3）模型重构

三维模型重构是在获取了处理好的测量数据后，根据实物样件的特征重构出三维模型的过程。一般有两种重构方法：对于精度要求较低、形面复杂的样件，如玩具、艺术品等的逆向设计，常采用基于三角面片直接建模；对于精度要求较高的形面复杂产品的逆向开发，常采用拟合NURBS或参数曲面建模的方法，以点云为依据，通过构建点、线、面，还原初始三维模型。

4）模型制造

模型制造可采用快速成型制造技术、数控加工技术、模具制造技术等。快速成型制造是从成型原理上提出的一种全新的思维模式。研究人员已经开发出了多种快速成型工艺方法，如光固化成型（SLA）、选择性激光烧结（SIS）、分层实体制造（LOM）、熔融沉积制造

（FDM）等。逆向工程过程中，实物三维数据的测量是基础，同时也是逆向设计整个过程的首要前提，是以后各阶段工作的重要保证，因为获取扫描数据的好坏将直接影响到原型 CAD 模型重构的质量。数据处理是重构数据模型的关键。

2. 三维扫描仪简介

采用的 Win3DD 单目三维扫描仪是北京三维天下科技股份有限公司自主研发的高精度三维扫描仪，此扫描仪在延续经典双目系列技术优势的基础上，对外观设计、结构设计、软件功能和附件配置进行大幅提升，除具有高精度的特点，同时兼具易学、易用、便携、安全、可靠等特点。

1）硬件系统结构

Win3DD 硬件系统包括扫描头、云台和三脚架三部分，如图 5.5 所示。

（1）扫描头介绍。

使用 Win3DD 单目三维扫描仪（图 5.6）扫描实物时：

①应避免扫描系统发生碰撞，造成不必要的硬件系统损坏或影响扫描数据质量。

②禁止碰触相机镜头和光栅投射器镜头。

③仅在云台对扫描头做上下、水平、左右调整时使用扫描头扶手。

④严禁在搬运扫描头时使用扫描头扶手。

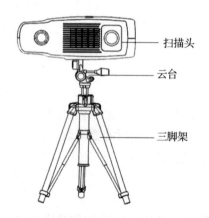

图 5.5　Win3DD 单目三维扫描仪硬件系统结构

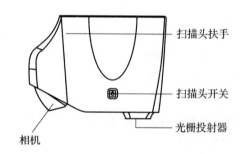

图 5.6　Win3DD 单目三维扫描仪扫描头

（2）云台与三脚架。

使用时，通过调整云台旋钮可使扫描头进行多角度转向，如图 5.7 所示。调整三脚架旋钮可调整扫描头的高低，如图 5.8 所示。

在调整云台及三脚架的角度与高低后，一定要锁紧各方向的螺钉，否则可能会因为固定不紧造成扫描头内部器件发生碰撞，导致硬件系统损坏；也可能因为在扫描过程中硬件系统晃动，对扫描结果产生影响。

（3）硬件系统装配。

Win3DD 单目三维扫描仪硬件系统装配，扫描头与快装板用螺栓相连接后与云台连接装卡，硬件系统就装卡完毕，如图 5.9 所示。拆分时，按住云台快装板按钮，拔起扫描头即可完成硬件系统的拆分。

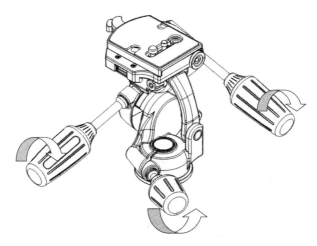

图5.7　Win3DD 单目三维扫描仪云台

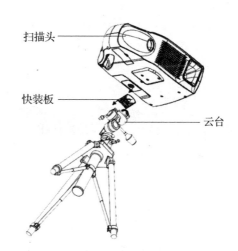

图5.8　Win3DD 单目三维扫描仪三脚架　　　图5.9　Win3DD 单目三维扫描仪硬件系统装配

Win3DD 单目三维扫描仪的扫描模式分为拼合扫描、非拼合扫描、框架点扫描。不需要拼合的使用非拼合扫描，需要拼合的使用拼合扫描或框架点扫描。

①拼合扫描：对一些较大的物体一次不能扫描完全部数据，可通过贴标志点，利用拼合扫描方式完成。

②非拼合扫描：对一些物体的扫描，只要扫描一面就能得到所需的数据，此时使用非拼合扫描操作。

③框架点扫描：扫描一些大物体时，由于积累误差使最后的测量误差偏大，为了控制整体误差，扫描大物体时先进行框架点扫描再进行拼合扫描。

3. 玩具外形的数据扫描

（1）扫描规划。

如图 5.10 所示，玩具内部镂空，为说明玩具外形数据扫描的步骤，这里仅对玩具的外轮廓进行扫描，所以只需要获得玩具的外轮廓扫描数据。扫描外轮廓时，要把外轮廓的圆弧台阶过渡的特征一起扫描，便于数据的合并。

（2）标定扫描系统。

相机参数标定是整个扫描系统精度的基础，因此扫描系统在安装完成后，第一次扫描前必须进行标定。另外，在以下几种情况下也要进行标定：

①对扫描系统进行远途运输。

②对硬件进行调整。

③硬件发生碰撞或者严重振动。

④设备长时间不使用。

标定板上的标志点要尽量充满待扫描工件每次扫描区域可能占据的空间，如图 5.11 所示。

图 5.10　玩具模型

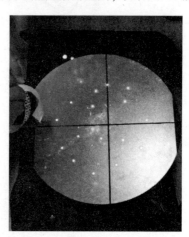

图 5.11　标定标记点

（3）调整扫描距离。

扫描时应注意保持扫描区域位于监控窗口中。将被扫描工件放置在视场中央，单击"投射图像"中"投射十字"项，通过云台调整硬件系统的高度及俯仰角，使此十字与相机实时显示区的十字交叉尽量重合，并且保证十字尽量在被扫描工件上，如图 5.12 所示。

图 5.12　调整扫描距离

（4）通过软件对相机亮度与对比度进行精调整。

单击菜单项"扫描管理"中的"调整相机参数"选项，弹出调整相机参数对话框，如图 5.13 所示。单击默认值，然后根据环境光等具体情况进行调节。

图 5.13　扫描管理

（5）单帧扫描。

单击 Win3DD 三维扫描系统工具栏中的"扫描标定切换"选项，即可打开扫描视图界面，如图 5.14 所示。

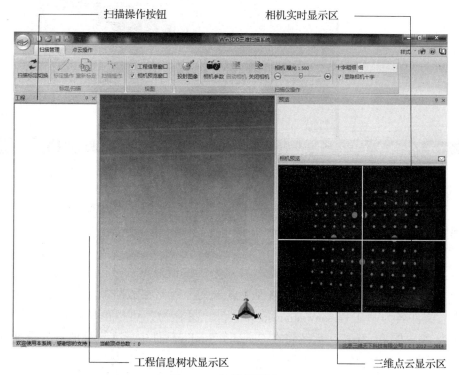

图 5.14　扫描视图界面

工程信息树状显示区：显示扫描名称、每次扫描对应的名称。

三维点云显示区：每次扫描得到的点云与标志点都将在该区显示出来，同时在该区可以对点云数据进行相关操作与处理。

相机实时显示区：对相机图像进行实时显示。

扫描操作按钮：将扫描系统各项参数调整好后，启动单帧工件扫描，单击工具栏中的"扫描操作"按钮，执行单帧扫描或单击键盘空格键执行同样操作。

单击"✦✦✦"扫描操作按钮，系统将自动进行单帧扫描。通过扫描获得的数据将以默认的文件名加入预览窗口右边的三维点云列表中。

（6）变换角度再次扫描。

将被扫描件玩具旋转到另一个角度，通过监控调节扫描件的被测量位置，进行与步骤（3）～（5）相同的操作，获得的扫描点云如图 5.15 所示。直至完成玩具外形的扫描，获得外形的完整扫描数据。

图 5.15　获取扫描点云

（7）完成全部扫描后（也可在每次单帧扫描后），使用工具栏中的相关工具对点云数据进行处理。

（8）保存扫描数据。

单击文件菜单栏的"保存"按钮或"另存为"按钮对点云进行保存处理。这两者的区别仅在于"保存"使用建立项目时的路径，点云文件存储在该路径下的与建立项目同名的文件夹中，文件名为"工程 sanweitianxia. pro"。"另存为"可以由用户设定路径与文件名称，格式为"asc"和"txt"。后续将在 Geogmic Studio 软件中导入玩具的点云数据进行数据处理和数模重构。

项目工作全部完成后，退出 Win3DD 三维扫描软件系统，然后关闭 Win3DD 三维扫描系统与专用计算机，待扫描系统的散热风扇停止后切断扫描系统与专用计算机电源。

4. 处理玩具的点云数据

使用由美国 Raindrop（雨滴）公司出品的逆向工程软件 Geomagic Studio 对扫描所得的点云数据进行数据处理，以获得多边形模型和网格，并可将网格模型转换为 NURBS 曲面。据统计，采用 Geomagic Studio 软件从点云处理到三维数模重构的时间通常只有同类产品的 1/3。

传统的造型方法一般采用点→线→面的方式，需要投入大量的建模时间，参与建模的工作人员需要丰富的建模经验。Geomagic Studio 软件进行逆向设计的原理是用许多细小的空三角片来逼近还原 CAD 实体模型，建模时采用点云→三角网格面→曲面的方式，这种建模方法简单、直观，非常适用于快速计算和实时显示的领域。但整个建模过程计算工作量大，对计算机的配置要求较高。Geomagic Stuc 软件在进行逆向建模时，遵循点阶段→多边形阶段→曲面阶段的工作流程。

1) 点阶段数据处理

点阶段的数据处理主要是对扫描获得数据技术处理后，得到一个完整而理想的点云数据，并封装成可用的多边形数据模型。

本阶段主要步骤：

（1）打开玩具数据文件 "wanjuqiang. asc"。

启动 Geomagic Studio 软件，如图 5.16 所示。选择菜单栏◎→【打开】命令或单击工具栏上的"打开"图标，系统弹出"打开文件"对话框，改变文件类型为 " *. asc"，查找并选中 "wanjuqiang. asc" 文件，然后单击"打开"按钮。在模型管理器中列出多个扫描数据的文件名称，在视图窗口中显示各个视角扫描的玩具的数据模型，如图 5.17 所示。

图 5.16　启动的 Geomagic Studio 软件

图 5.17　打开的扫描数据

当打开的文件中含有多个数据模型时,可在屏幕左边的管理器面板上选择"显示"选项卡,勾选"对象颜色"复选项,用不同的颜色来显示数据模型,以便清晰地观察模型,如图5.18所示。

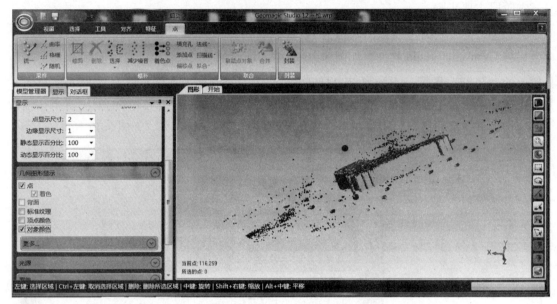

图5.18　显示颜色的扫描数据

如果导入的模型数据量过大,可以改变此选项卡中的"静态显示百分比"和"动态显示百分比"为50%(或者更小)。这种设置对于较大的数据量是有利的,通过选择在旋转过程中仅显示指定百分比的数据量,能够显著提高数据的处理速度。

如果首次打开的是一次扫描的数据,则其他的扫描数据文件需要通过菜单栏中的【文件】→【导入】命令进行导入。

(2)删除无关的数据点。

在"模型管理器"中单击各个视角扫描获得的模型数据,利用视图的旋转、缩放等命令,从不同视角进行观察,利用选择工具选择背景数据或者其他无关数据,单击【选择】→【选择工具】,可分别选择矩形、椭圆、直线、画笔、套索等工具对数据模型进行选择。再单击工具栏命令或按 Del 键进行删除。

图5.19所示为使用选择工具对模型进行选择后,选中部分显示为红色。

(3)手动注册不同视角数据。

"手动注册"命令主要是对目标点云进行注册合并,如图5.20所示。

按下 Shift 键,在"模型管理器中"选择要进行注册的两个或多个数据云,然后选择菜单栏【对齐】→【手动注册】,弹出"手动注册"对话框,如图5.21所示。

在"模型对话框"中选择两个点云后,系统将尽量自动拟合这两个扫描数据,如果模型的方位相似,选择的点云接近,下面的主窗口将更新显示对齐后的扫描数据。如果两个扫描数据对齐不正确,但是比较接近,可单击"注册器"按钮,对这两个数据重新进行对齐,如图5.22所示。如果模型距离较远或者选择的点不够好,可单击"取消注册"按钮,重新选择对齐数据。

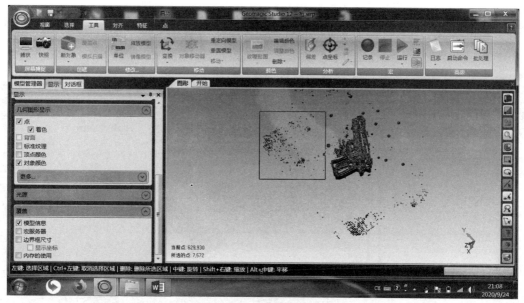

图 5.19 选择数据

图 5.20 对齐菜单

（4）全局注册。

单击菜单栏【对齐】→【全局注册】，弹出"全局注册"对话框。全局注册是对手动注册后的点云进行进一步的全面、整体的位置调整，全局注册可以对手动注册后的模型进行重新定位，可以将相交区域的不同模型对象以更好的方式进行注册。全局注册有注册和分析两种操作模式。注册操作主要在数据进行全局注册时进行偏差控制，对之前注册的对象进行重新定位；分析操作主要进行注册对象偏差值的分析。

（5）合并数据。

单击菜单栏【点】→【合并】，弹出"合并扫描"对话框，如图 5.23 所示。对玩具的点云数据进行合并操作时，"局部噪音减低"项选择"中间"，"全局噪音减少"项选择"自动"。勾选"全局注册""保持原始数据""删除小组件"。"最大三角形数"的数目设置为 30 000，"执行 – 质量"项将滑块滑至质量最高端。其他为默认，单击"确认"按钮，系统将进行点云数据的合并，如图 5.23 所示。

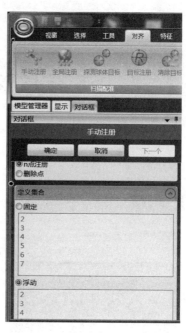

图 5.21 "手动注册"对话框

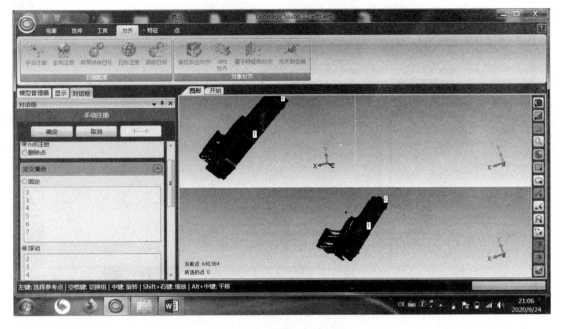

图 5.22　手动注册模型

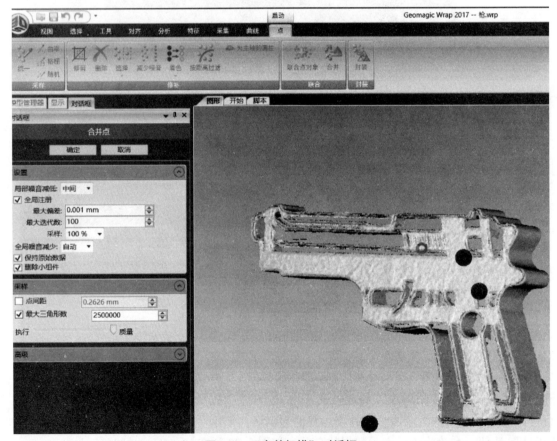

图 5.23　"合并扫描"对话框

合并结束后将在"模具管理器"中看到该模型的管理树下生成一个名为"合并"的新文件，其图标为 ▲。此时数据处理进入多边形阶段，软件的菜单栏也随之变化，如图5.24和图5.25所示。

图5.24　生成合并数据

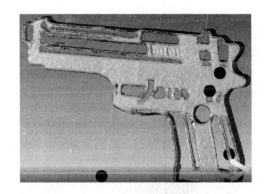

图5.25　合并后的数据模型

（6）保存文件。

将合并后的文件保存为"wanjuqiang 合并 . wrp"（也可直接进入下一阶段的数据处理）。由于该软件只能撤销一步操作，所以建议在数据处理过程中将一些关键步骤的数据文件进行另存。

2）多边形阶段数据处理

多边形阶段的数据处理主要是为了获得完整的理想多边形数据模型。

本阶段的主要操作步骤：

（1）打开"wanjuqiang 合并 . wrp"文件。

启动 Geomagic Studio 软件，打开"wanjuqiang 合并 . wrp"文件。在视窗中显示合并后的玩具数据模型。

（2）网格医生。

进入多边形阶段后直接生成的多边形通常不能满足使用要求，需要对多边形进行修补。单击【多边形】→【网格医生】，系统弹出如图5.26所示"网格医生"对话框，单击"应用"按钮，系统将使用"网格医生"自动修复模型中的自相交、钉状物、小组件等，并填充

图5.26　"网格医生"对话框

好小孔等。然后单击"确定"按钮，退出该对话框。采用"网格医生"让系统自动进行检查和修复，可以极大地提高数据处理的效率和质量。

（3）填充孔。

单击【多边形】→【填充单个孔】，填充方式和填充方法工具栏被激活。

填充孔有六种方式：曲率、切线、平面、完整孔、边界孔、搭桥。

①曲率：执行该命令，填充时将主要考虑匹配周围的曲率，并根据曲率的过渡进行填充。

②切线：执行该命令，填充时将主要考虑与周围的切线匹配，并根据切线的过渡进行填充。

③平面：执行该命令，填充时将主要用平面特性进行填充。

④完整孔：该命令下，系统将用填充内孔的模式，用来填充由完整的封闭边界线构成的孔。

⑤边界孔：执行该命令，系统将填充部分孔，包括边界缺口或圆周孔的一部分。

⑥搭桥：该方法是通过生成跨越孔的桥梁将长窄孔分割成多个更小的孔，方便准确填充。

为了获得完整的玩具外轮廓数据模型，对玩具轮廓中的孔进行填充。图 5.27 所示为边界填充前后的情况。

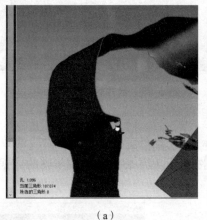 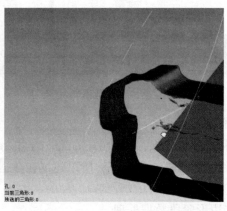

（a）   （b）

图 5.27　边界填充前后的边界模型

（a）填充前；（b）填充后

（4）砂纸打磨。

执行"砂纸"命令可以去除污点以及不规则的三角形网格，使重建多边形网格的表面更加平滑、规整。单击【多边形】→【砂纸】，出现如图 5.28 所示的"砂纸"对话框。选择"松弛"操作模式，将"强度"值设在中间位置，防止打磨强度过大，出现局部表面特征失真。勾选"固定边界"复选项，按住鼠标左键在需要打磨的地方左右移动，直至达到所要求的效果。

（5）减少噪声。

噪声点是指模型表面粗糙的、非均匀的外表点云，主要是由于扫描过程中扫描仪轻微抖动、物体表面处理不当等原因产生的。减噪处理能够使数据平滑，降低模型的偏差值，使数据统一分布，更好地表现物体形状。

单击【多边形】→【平滑】模块，执行减少噪声操作，弹出如图 5.29 所示的对话框。选择"参数"中"自由曲面形状"单选项，将平滑度水平滑块放在 1/4 处。单击"应用"按钮展开"显示偏差"，用不同的颜色段显示减少噪声的偏差值。在"统计"组内显示"最大距离""平均距离"和"标准偏差"的数值。

图 5.28　"砂纸"对话框

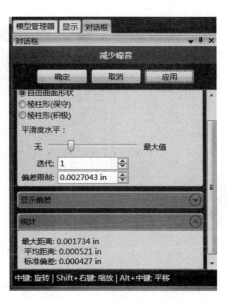

图 5.29　"减少噪声"对话框

（6）创建平面。

玩具模型镂空部分创建新的平面。创建前需要先给模型定义一个平面，单击"特征"菜单栏，选择平面工具栏，在要创建平面的侧面上选取三个不同区域的点，如图 5.30 所示，单击"应用"按钮，创建平面 1，如图 5.31 所示。

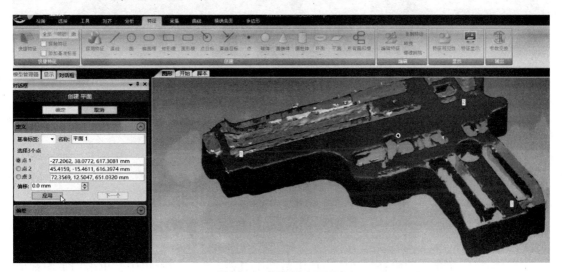

图 5.30　选取创建平面点

在"创建平面"对话框中，在定义对话框中给出平面 1 的参数，包括三个点、法线、主矢的信息，如图 5.32 所示。其中"位置度"组合框可以设定裁剪平面偏置所构建平面的法向距离，即沿裁剪平面的法线方向（正方向或负方向）偏置。

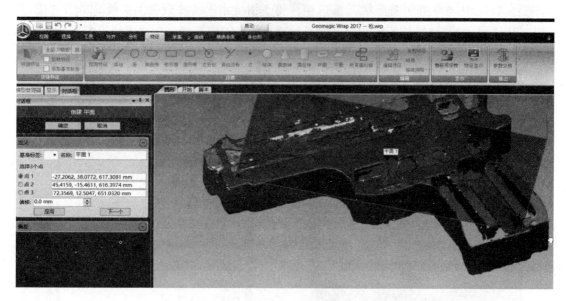

图 5.31　创建的平面 1

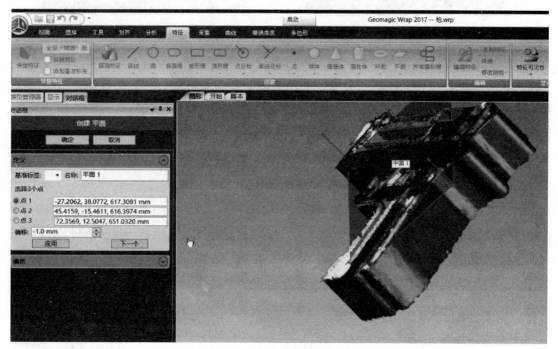

图 5.32　创建平面偏置的设置

（7）裁剪。

在"特征"菜单栏的修补模块中，单击裁剪工具栏。在下拉菜单中，单击用平面裁剪，弹出"用平面裁剪"对话框，如图 5.33 所示。单击"平面截面"，显示红色的一侧数据被选中，勾选"创建边界"。单击"删除所选择的"按钮，此时模型的侧面被裁剪掉，如图5.34 所示。

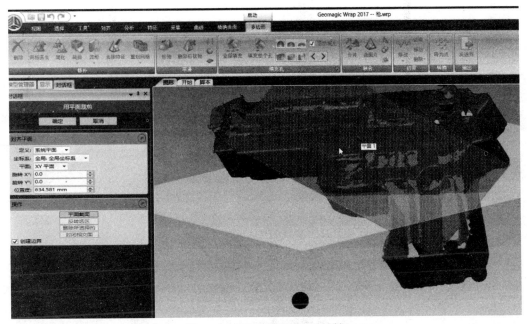

图 5.33　"用平面裁剪"对话框

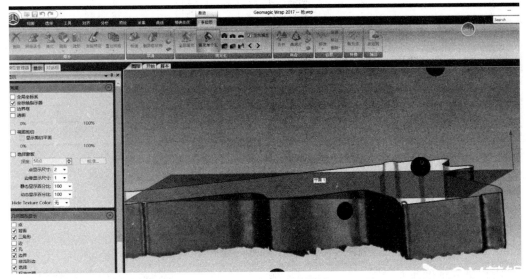

图 5.34　裁剪后的模型

用平面裁剪可以裁剪掉在平面一侧的所有多边形，并且可以有选择地利用所裁剪出的截面线，构建一个有界平面。

重复步骤（6）（7），将玩具模型的两侧均用创建的平面裁剪，如图 5.35 所示。

（8）填充侧面。

将玩具的两侧面利用填充孔工具填充，如图 5.36 所示。

（9）松弛多边形。

在"多边形"菜单栏下，单击平滑模块中的"松弛"命令。执行该命令可以调整选定三角形的抗皱夹角，使三角形网格更加平坦和光滑。从图 5.37 中可以看到模型比以前光滑了。

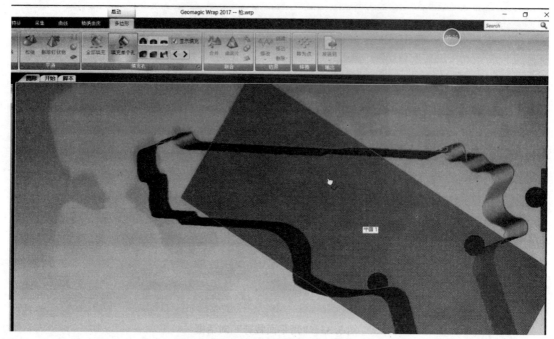

图 5.35　两侧均裁剪后的模型

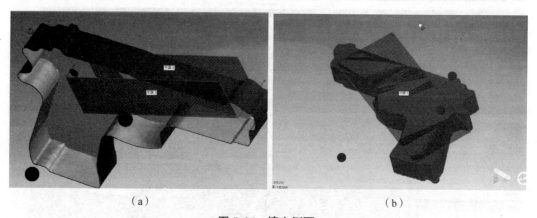

（a）　　　　　　　　　　　　　　　（b）

图 5.36　填充侧面

（a）填充一个侧面；（b）填充两个侧面

（10）进入精确曲面阶段。

单击"精确曲面"，进入曲面构建阶段。因玩具模型轮廓曲面简单，可直接进行【精确曲面】→【自动化曲面】操作，得到玩具的模型。

（11）保存文件。

保存处理好的数据模型。IGS/IGES、STP/STEP 为国际通用格式，保存为这些格式易于被其他 CAD 软件接受。

5. 基于熔融沉积（FDM）制作玩具

1）Pango 切片软件

图 5.38 所示为 Pango 切片软件主界面。

图 5.37　多边形阶段处理后的模型

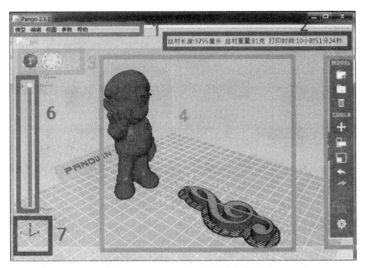

图5.38 Pango切片软件主界面

（1）菜单栏。

所有操作都可以通过菜单栏中的项目来实现，每一项都有对应的快捷键。菜单栏包括五个项目：模型、编辑、视图、参数以及帮助，如表5.1~表5.4所示。

表5.1 模型菜单项

菜单项	快捷键	工具栏	说明
载入	Ctrl + O	左键	载入3D模型文件，支持STL、OBJ、DAE格式
载入上一个	Ctrl + Shift + O	右键	重复载入上一个模型。常用于同一个模型打印多个的情况
保存pcode	Ctrl + S	左键	将所有载入的模型进行切片并以pcode格式保存
从模型库载入	Ctrl + I	无	打开本地模型库
清除所有模型	Ctrl + E	左键	清除平台上所有的模型
清除选中模型	Ctrl + Shift + E	右键	清除选中的模型
重载所有模型	Ctrl + R	无	重新载入平台上所有的模型
重载选中模型	Ctrl + Shift + R	无	重新载入选中的模型

表5.2 编辑菜单项

菜单项	快捷键	工具栏	说明
恢复	Ctrl + Z	左键	恢复到上一个操作
重做	Ctrl + Y	左键	重做上一个被撤销的操作

续表

菜单项	快捷键	工具栏	说明
移动	Ctrl + M	➕左键	单击后进入移动模型模式，在主视图中通过鼠标左键移动模型，再次单击即可退出移动模型模式
旋转	Ctrl + A	🔄左键	单击后进入旋转模型模式，在主视图中通过鼠标滚轮旋转模型，再次单击即可退出旋转模型模式
缩放	Ctrl + T	🔲左键	单击后可打开缩放模型对话框
自动放平	Ctrl + W	无	一个辅助功能，将模型放平在底面上，有时需要多次单击才可完成
自动排列	Ctrl + G	无	自动排列模型。操作时尽可能将模型都放在平台中间的可打印区域
重置位置	Ctrl + C	无	将选中模型恢复到原始状态

表 5.3　视图菜单项

菜单项	快捷键	工具栏	说明
分层视图	Ctrl + L	▦左键	在模型视图与分层视图之间可进行切换
显示模型重心	Ctrl + N	无	选择之后，主视图的模型上会显示一黑一白两条垂线。黑线代表模型重心所在位置，白色代表底面的中心。一般而言，黑白两根线越接近模型站得越稳。根据物理知识，只要模型的重心线在底面的工作范围之内，模型就不会倒
显示 FPS	Ctrl + `	无	切换 FPS 显示。FPS 会显示在模型的左下角
控制台	Ctrl + B	无	连接打印机，通过控制板面或控制台对其进行控制，或者进行固件升级

表 5.4　参数菜单项

菜单栏	快捷键	工具栏	说明
设置	Ctrl + F	⚙️左键	打开打印参数设置对话框进行设置
恢复默认设置	Ctrl + D	无	恢复默认打印设置

菜单栏	快捷键	工具栏	说明
并行打印	Ctrl + P	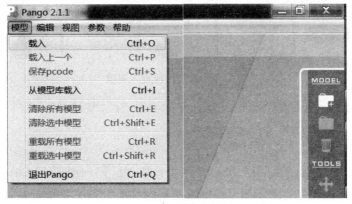左键	多个模型打印时，默认是串行打印，即打完一个模型再去打下一个模型。并行打印，即所有模型同时打印，这样可以避免打印过程中的碰撞。当打印的尺寸超过打印范围时，软件会自动切换为并行打印模式

（2）信息栏：模型切片后可以显示模型进行切片后的相关信息，包括丝材的长度、质量、预计的打印时间。

（3）标识栏：每一个载入的模型显示一个标识，字母为文件的首字母，颜色与模型颜色一致。当软件正在处理模型时，对应标识符会显示进度百分比。

（4）主视图：一个打印平台，所有载入的模型都将会排列在平台上。

（5）工具栏：常用的工具选项。将鼠标放置在标识上时，下方状态栏将会提示其功能。

（6）标尺栏：模型进行切片后，可上下拖动顶端白色圆圈预览切片效果。

（7）坐标轴：指示当前主视图平台的三个坐标轴方向。坐标轴将根据主视图方向而变化。

（8）状态栏：左侧是 FPS 显示位置，右侧是基础信息显示。

2）切片软件操作

（1）启动切片软件 Pango。

打开计算机，双击桌面软件图标，打开切片软件，弹出 Pango 软件主界面。

（2）载入模型文件。

Pango 软件可以通过三种途径载入模型文件：

①选择菜单栏左上角的"模型"，将弹出如图 5.39 所示的对话框，单击"载入"进行选择。

②选择工具栏最上端的"▢"图标，单击选择需要进行切片分层的 STL 文件。

图 5.39　载入模型

载入后的模型要与打印平台接触并且接触面要平整，如图 5.40 所示。

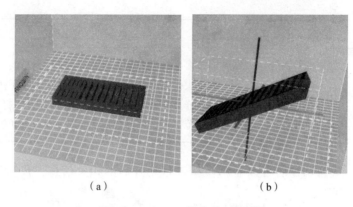

（a）　　　　　　　　　　　　　（b）

图 5.40　Pango 软件载入模型

（a）正确接触模型与打印平台；（b）模型与打印平台接触不平整

③从模型库载入模型。

在图 5.39 所示的对话框中选择"从模型库载入"，弹出如图 5.41 所示对话框，选择玩具模型。

图 5.41　从模型库载入模型

从模型库快速载入文件玩具模型（软件中标记为"1"号模型），如图 5.42 所示，所有参数为默认状态。

（3）保存 pcode 文件。

单击模型窗口中"保存 pcode"或者左侧工具栏"■"（快捷键 Ctrl + S）按钮，弹出如图 5.43 所示对话框。按要求操作可将玩具模型的 STL 数据文件进行快速切片并保存到桌面，如图 5.44 所示，以方便后续将切片后的模型数据复制到 SD 卡中进行 3D 打印。

将玩具模型保存为 pcode 数据文件后，Pango 切片软件根据默认参数将对模型自动进行快速切片，并输出保存。通常默认的切片参数能够满足大多数模型的切片需要。

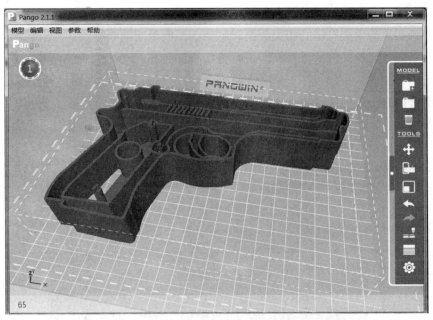

图 5.42 载入玩具模型

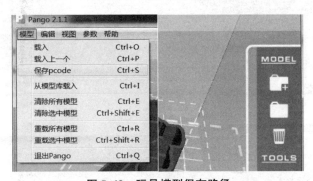

图 5.43 玩具模型保存路径

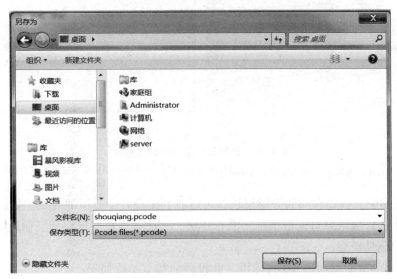

图 5.44 保存玩具模型 pcode 文件

（4）分层预览。

为了了解切片后模型打印的相关数据和避免由于模型问题而导致切片出现错误，需要在载入模型后对经过切片处理的玩具模型进行分层视图预览。单击右侧工具栏"▣"选项按钮或者菜单栏"视图 – 分层视图"（快捷键 Ctrl + L）切换至分层视图进行预览，如图 5.45 所示。模型窗口右上角的信息栏在完成切片操作之后，将显示预计完成此模型的打印时间、丝材损耗等信息。如图 5.45（a）所示，玩具模型经过切片分层，共分为 206 层，其中支撑结构 5 层。按图示方式摆放玩具模型，打印层厚共 32.10 mm，玩具模型重 127 g（耗费丝材质量），按此切片方式完成模型的打印预计需要 16 h 57 min。

（a）

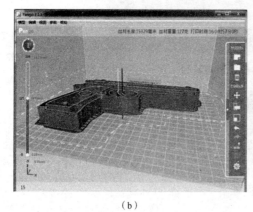

（b）

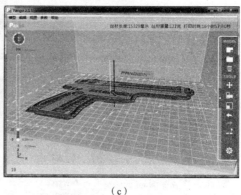

（c）

图 5.45　分层预览显示的玩具模型

（a）分层预览显示打印完成模型；（b）分层预览显示打印至 125 层时的模型；（c）分层预览显示打印至 20 层时的模型

在分层视图中，拖动右侧的分层滑块，可以看到模型各个分层的效果，如图 5.45（b）、（c）所示，确认分层结果与模型相符，没有断层、残缺等现象后保存分层信息。

（5）打印玩具模型。

启动打印机 F3CL 桌面型 3D 打印机，此设备的基本参数如下：

打印尺寸：约 240 mm×215 mm×215 mm。

一次成型量：约 11 L。

打印精度：0.05 mm 以内。

最快打印速度：300 mm/s

温控挤出喷嘴直径：0.4 mm。

最高挤出温度：260 ℃。

最高加热平台温度：130 ℃。

打开系统菜单，等待设备预热至设定温度，点按控制旋钮，在液晶显示面板上弹出控制主界面，再旋转控制按钮，选择"Card Menu"下的玩具模型数字文件，具体操作按照打印机操作步骤完成，如图 5.46 所示。启动打印机进行打印，打印完成后，从打印平台上取下模型。

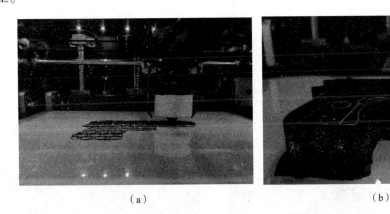

（a）　　　　　　　　　　　　　　　　　　（b）

图 5.46　打印玩具模型

（a）打印玩具模型支撑结构；（b）玩具模型打印完成

3）切片软件中的模型处理

在 Pango 切片软件中载入模型后，往往需要根据实际情况对模型进行简单的处理，包括旋转模型、缩放模型、批量打印、切除底部以及摆放角度。

（1）旋转模型。

①旋转。

单击菜单栏"编辑→旋转"或者快捷键 Ctrl + A，可打开所在模型的三维旋转视图。根据需要选择红、绿、蓝三个旋转轴，被选中的轴会出现相应颜色的旋转箭头。滚动鼠标滚轮，向需要旋转的方向滚动，可使模型旋转特定的角度，旋转角度默认以 15°为间隔递增或递减，如图 5.47 所示。如果在旋转模型的同时按下 Ctrl 键，则可以按每 1°旋转任意角度。

②平置。

当模型在竖直方向以某个角度倾斜时，单击菜单栏"编辑→自动放平"或者快捷键 Ctrl + W，可以将模型沿着倾角最小的面平放于打印平台上，这样方便操作一些不规则的模型，如图 5.48 所示。

③重置位置（复位）。

如果对模型进行过复杂的旋转之后，仍然对模型的旋转结果不满意，可以通过单击菜单栏"编辑→重置位置"（快捷键 Ctrl + C）按钮，将模型恢复到载入软件中时的初始姿态。

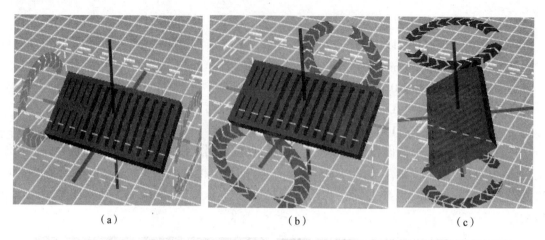

（a） （b） （c）

图 5.47　模型旋转

（2）缩放模型。

①统一缩放。

选中需要缩放的模型，单击工具栏"[图]"或者选择菜单栏中"编辑→缩放"（快捷键 Ctrl + T）按钮，弹出如图 5.49 所示的对话框，对模型进行修改缩放比例或者直接修改模型尺寸的操作。选中全部 *XYZ* 轴，可对模型进行三维统一尺寸缩放。

图 5.48　模型平置

图 5.49　缩放模型

②任意缩放。

在缩放模型对话框中，自由选择需要缩放的尺寸，可以单独缩放各个维度的尺寸。

选中需要修改的尺寸坐标，即可进行修改。

（3）批量打印。

单击工具栏中的"[图]"图标（快捷键 Ctrl + Shift + O）可以默认载入前一个模型文件，从而达到复制模型，如图 5.50 所示。

图 5.50　复制模型

（4）切除底部（选段打印）。

在某些情况下，需要将模型一定高度以下的部分切除，比如模型底部不平，这时只打印模型的上部分，通过设置可以对这些模型进行选段打印。单击菜单栏中的"参数"按钮，选择"专家设置→分层→高度范围"选项，弹出高度范围设置对话框。其中高度下限指从模型底面切除一定尺寸；高度上限指从模型顶端切除一定尺寸，如图5.51所示。

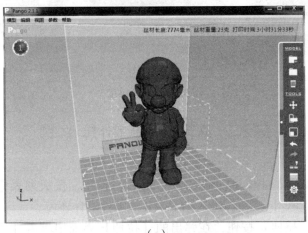

（a）

（b）

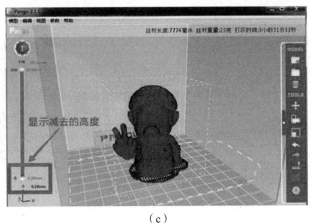

（c）

图5.51　高度范围设置

（a）载入模型；（b）设置高度下限为35 mm；（c）设定高度范围后分层查看模型

（5）摆放角度。

为了充分利用熔融沉积（FDM）制造技术的成型特点，在软件中摆放模型时，应当选择最佳的摆放角度，要求尽量减少支撑区域，以达到更好的打印效果。如图5.52所示，模型有三种不同的摆放角度。第一种［图5.52（a）］摆放方式无须添加支撑并且箱盖放置稳定，可进行打印，为最佳的摆放方式。

（a）

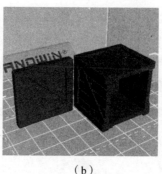
（b）

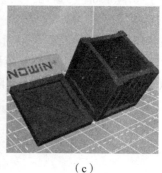
（c）

图 5.52　摆放角度

实例二　基于正向建模制作托架案例

1. 正向建模

（1）【新建】实体零件模型，命名为【tuojia】模型，模板列表中选取【mmns_part_soild】选项，单击【确定】按钮，进入到 Pro/E 的零件设计环境。

（2）单击【⬚】（拉伸）按钮，在弹出的【拉伸】界面中单击【定义放置】按钮弹出草绘对话框，选取 Top 基准平面作为草绘平面，使用默认的参照放置草绘平面，进入草绘模块。绘制如图 5.53 所示的拉伸剖面图，单击右侧工具栏的【✔】按钮，退出草绘模块。

（3）完成以上操作以后，设置【⬚】拉伸厚度为6，如图 5.54 所示，在拉伸设计操控板上单击【✔】按钮，完成实体创建。

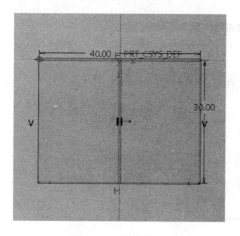

图 5.53　拉伸草绘

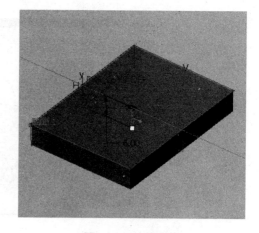

图 5.54　拉伸实体

（4）单击【⬚】（拉伸）按钮，单击【定义放置】按钮弹出草绘对话框，选取 Right 基准平面作为草绘平面，使用默认的参照放置草绘平面，进入草绘模块。绘制如图 5.55 所示的拉伸剖面图，单击右侧工具栏的【✔】按钮，退出草绘模块。完成以上操作以后，设置【⬚】对称拉伸厚度为18，如图 5.56 所示，在拉伸设计操控板上单击【✔】按钮，完成实体创建。

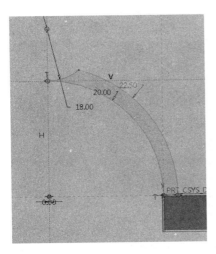

图 5.55 拉伸草绘

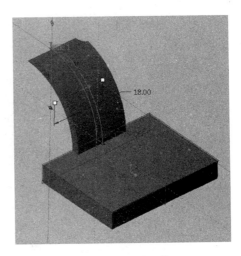

图 5.56 拉伸实体

（5）单击【】（拉伸）按钮，单击【定义放置】按钮弹出草绘对话框，选取 Right 基准平面作为草绘平面，使用默认的参照放置草绘平面，进入草绘模块。绘制如图 5.57 所示的拉伸剖面图，单击右侧工具栏的【✓】按钮，退出草绘模块。完成以上操作以后，设置【】对称拉伸厚度为 30，如图 5.58 所示，在拉伸设计操控板上单击【✓】按钮，完成实体创建。

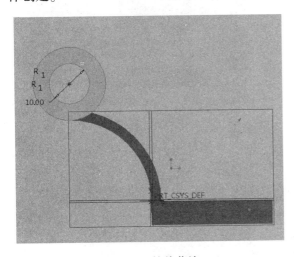

图 5.57 拉伸草绘

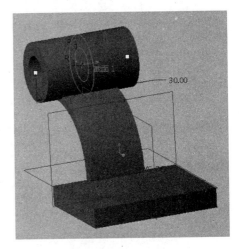

图 5.58 拉伸实体

（6）单击【】按钮，打开圆角特征操控板，输入半径为 2，点选如图 5.59 所示的边，单击菜单的【✓】完成操作，获得倒圆角特征模型。

（7）单击【】（拉伸）按钮，单击【定义放置】按钮弹出草绘对话框，选取 Right 基准平面作为草绘平面，使用默认的参照放置草绘平面，进入草绘模块。绘制如图 5.60 所示的拉伸剖面图，单击右侧工具栏的【✓】按钮，退出草绘模块。完成以上操作以后，设置【】对称拉伸厚度为 5，如图 5.61 所示，在拉伸设计操控板上单击【✓】按钮，完成实体创建。

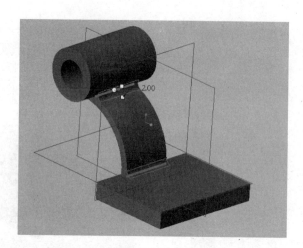

图 5.59　倒圆角

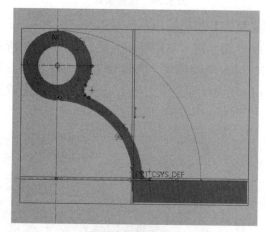

图 5.60　拉伸草绘

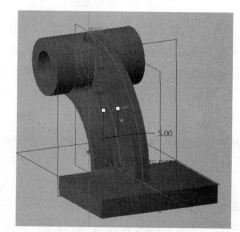

图 5.61　拉伸实体

（8）单击【🖱】按钮，打开圆角特征操控板，输入半径为 5，点选如图 5.62 所示的边，单击菜单的【☑】按钮完成操作，获得倒圆角特征模型。

（9）单击【🖱】按钮，打开圆角特征操控板，输入半径为 5，点选如图 5.63 所示的边，单击菜单的【☑】按钮完成操作，获得倒圆角特征模型。

图 5.62　圆角 2

图 5.63　圆角 3

（10）单击【🖼】（拉伸）按钮，单击【定义放置】按钮弹出草绘对话框，选取前平面作为草绘平面，使用默认的参照放置草绘平面，进入草绘模块。绘制如图 5.64 所示的拉伸剖面图，单击右侧工具栏的【✔】按钮，退出草绘模块。完成以上操作以后，设置【⬚】贯通拉伸，单击【◿】按钮去除材料，如图 5.65 所示，在拉伸设计操控板上单击【✔】按钮，完成实体创建。

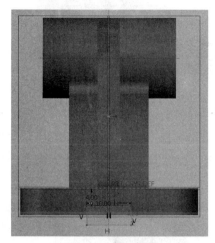

图 5.64　拉伸草绘

图 5.65　拉伸实体

（11）单击【🖼】（拉伸）按钮，单击【定义放置】按钮弹出草绘对话框，选取前平面作为草绘平面，使用默认的参照放置草绘平面，进入草绘模块。绘制如图 5.66 所示的拉伸剖面图，单击右侧工具栏的【✔】按钮，退出草绘模块。完成以上操作以后，设置【⬚】贯通拉伸，单击【◿】按钮去除材料，如图 5.67 所示，在拉伸设计操控板上单击【✔】按钮，完成实体创建。

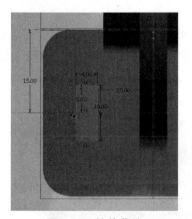

图 5.66　拉伸草绘

图 5.67　拉伸实体

（12）单击【🖼】按钮，打开圆角特征操控板，点选如图 5.68 所示的边，单击【完全倒圆角】，单击【✔】按钮完成操作，获得倒圆角特征模型。用同样的方式处理对面的圆角，如图 5.69 所示。

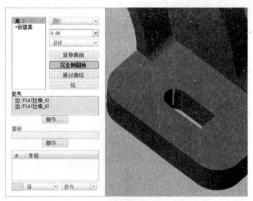

图 5.68　完全倒圆角 1　　　　　　图 5.69　完全倒圆角 2

（13）点选【拉伸 6、倒圆角 4、5】三个步骤，右击选择【组】，如图 5.70 所示。选取组，单击【▣】（镜像）按钮，选取 Right 基准平面作为镜像平面，使用默认的参数，单击【☑】按钮完成镜像操作，如图 5.71 所示。

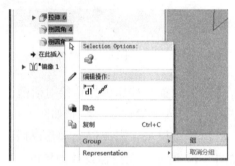

图 5.70　成组　　　　　　图 5.71　镜像

2. 模型导出

通过三维建模软件将打印的模型建立完成，然后将模型保存起来。保存时要注意，每一款三维软件保存的文件是不一样的。我们只需要模型导出或保存为 STL 文件就可以了。这里只介绍 Pro/E 软件怎样导出为 STL 文件，如图 5.72 所示。

图 5.72　Pro/e 保存成 stl 文件

（1）单击 Pro/E 软件中【菜单栏】中单击【文件】选项，出现下拉菜单找到保存副本。屏幕中就会出现对话框，选择 STL 文件的类型，并在新名称框格里填写新文件名 "tuojia"。

同时设置保存路径，将文件按保存在 E 盘下模型文件夹中。单击【确定】后弹出对话框，修改设置参数，如图5.73所示。

（2）保存完成后，模型上会显示出粉色的线，如图5.74所示。

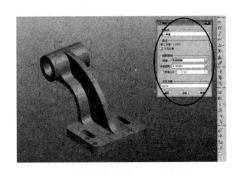 

图5.73　保存时的对话框　　　　　　　图5.74　保存后的效果

3. 切片设置

（1）双击桌面软件图标 ，打开 Cura 切片软件。用户无须担心如何配置众多参数，只需通过选择下拉菜单中的"文件→恢复缺省参数配置"，将所有参数恢复为建议的缺省值，即可成功打印大多数3D模型，如图5.75所示。

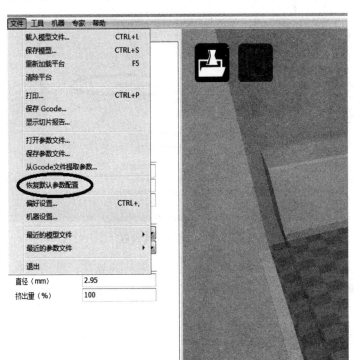

图5.75　参数设置

（2）打印模型的填充率被设置为30%，如图5.76所示。如果需要模型有更高的强度，可以将填充率设置提高，最高为100%。设置更高的填充率会导致打印时间和打印耗材量的增加，因此操作者应根据实际情况来选择合适的填充率。

（3）打印温度为190 ℃，如图5.77所示。特殊情况下，根据环境温度的不同或打印耗

材材质的不同，需要调整打印时喷嘴的温度。如果发现打印时吐丝不畅或者打印物疏松，需要适当调高打印喷嘴温度。如采用直径 3 mm PLA 耗材打印温度：冬天 205 ~ 215 ℃；夏天 190 ~ 200 ℃；直径 1.75 mm PLA 耗材打印温度：冬天 202 ~ 205 ℃；夏天 190 ~ 202 ℃。

图 5.76　填充率设置

图 5.77　打印温度设置

（4）选择【文件】→【选项】，打开选项卡。最后在【材料设置】将密度参数设置为 1 040。如果耗材是 PLA，其参数是 1 240，如图 5.78 所示。

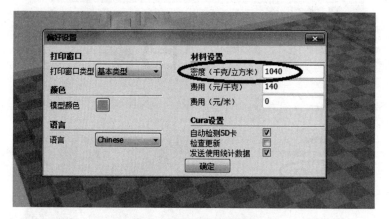
图 5.78　材料密度设置

（5）喷嘴的大小是固定值，过大过小都会引起送料的异常，默认值 0.4 mm 不变。耗材直径是固定值，默认值为 1.75 mm，改为 3.00 mm 以后不变。

送料倍率是指对喷头单次工作单位挤出耗材的倍率。可根据打印详情自己调整，如果打印出模型表面有堆积挤出残余，把倍率调小；如果打印出模型感觉送丝不足，把倍率调大。可调范围为 70% ~ 120%，一般用 100%。回抽的最小触发距离，是指打印过程中经过非打印区域的距离超过设定值会开启回抽，默认值是 2 mm，也就是说喷头经过非打印区域的距离≥2 mm，就会启动回抽，一般设置为 2 mm 最佳。过小会频繁回抽耗材，导致送料器齿轮磨损。

喷头模型内部迂回是指喷头经过非打印区域，停止吐丝然后回抽。勾选可以防止拉丝，默认勾选。回抽前最少挤出长度是指回抽前系统默认吐丝长度，默认值为 0.02 mm，吐丝达不到 0.02 mm 就不回抽。设置为 0，表示不限制回抽频率。一般设置为 0.02 mm。

启用风扇是指打印过程中开启控制风扇（打印机有两个风扇，一个为开机常转风扇不能控制，一个为可控制风扇）协助冷却，打印小模型或者快速打印时必须启动，如图 5.79 所示。

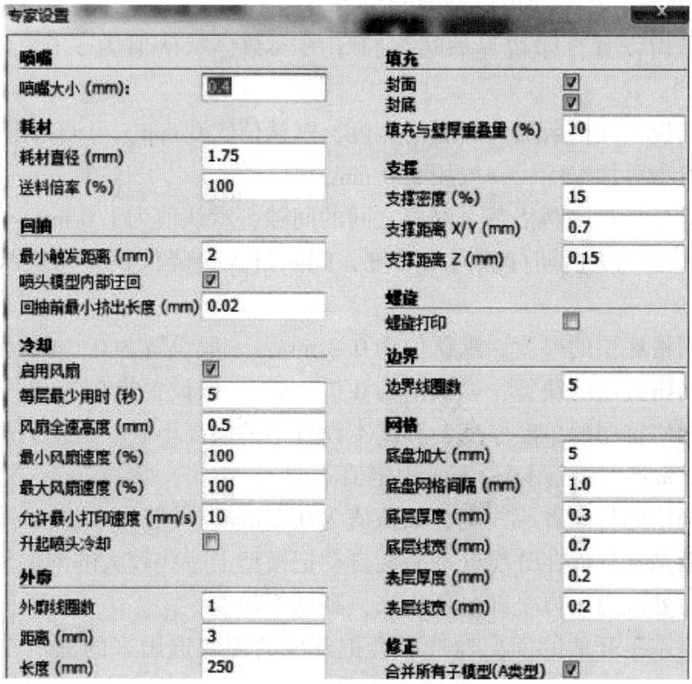

图 5.79 专家参数设置

每层最少用时是指打印每层至少要使用的时间，以便为打印每一层有足够的冷却。默认值为 5 s，可调范围为 5~8 s。

外廓线是在模型外设定距离内生成一个和模型底层形状一样的线圈。外廓线和边界网格冲突，同时开启只会打印边界和网格。外廓线圈数为线圈圈数，默认为 1，可调整范围为1~3。

距离是指外廓线第一圈与模型边缘的距离，默认为 3.0 mm，可调范围为 2.0~5.0 mm，一般设置为 3.0 mm。

填充封面为实心打印模型的最上层，默认勾选，可根据模型自调。一般打印无盖的瓶子等无须封顶的模型可以禁用此项。

填充封底和为实心打印模型的最下层，默认勾选，可根据模型自调。一般打印无底的楼房等无须底层的模型可以禁用此项。

填充与壁厚重叠量是指内部填充与模型外壁的重叠度的百分比，默认值 10%，一般设置为 10% 最佳，过高会影响打印模型的表面质量，容易在表面形成积削瘤。

支撑密度为打印支撑的密度，基本设置有支撑生效，默认值为 15%，可调范围为 10%~30%，密度过小支撑提供的打印平台太稀疏不利于打印，密度过大不利于后期支撑拆除，设置 15% 为最佳。

支撑距离 X/Y 为支撑和打印模型实体之间的水平距离，默认为 0.7 mm，距离过大会影响支撑效果，距离过小会影响后处理，一般设置为 0.7 mm 最佳。

支撑距离 Z 为支撑和打印模型实体之间的垂直距离，默认为 0.15，距离过大会影响支撑效果，距离过小会影响后处理，一般设置为 0.15 mm 最佳。

螺旋打印是指打印单层壁厚模型时勾选，勾选后模型将不封顶并自动设定填充密度为 0，一般用于打印花瓶、杯子等单层壁厚的模型。

边界线圈数是指设置打印边界后边界打印的圈数，默认值为 5.0，可调范围为 5.0 ~ 20.0，一般用 10.0。

底盘加大是指设置网格后加大底盘的宽度，默认值 5.0 mm，可调范围为 5.0 ~ 15.0 mm。加大底盘可以让模型更加牢固，一般用 5.0 mm。

底盘网格间隔是指打印网格每个网格之间的间隙，默认值 1.0 mm，可调范围为 0.7 ~ 1.5 mm。间隔过小会加大后期拆除网格难度，间隔过大会降低模型与底板的黏性，一般设置为 1.0 mm。

底层厚度为网格底层的厚度，默认值为 0.3 mm，一般设置为 0.3 mm 固定值不调。

底层线宽为网格底层的线宽，默认值为 0.7 mm，一般设置为 0.7 mm 值固定不调。

表层厚度为网格首层的单层厚度，和基本设置中的层高不同，这里只打印网格的首层厚度，默认值为 0.2 mm，一般用 0.2 mm 固定值不调。

表层线宽为网格的打印首层线宽，默认值为 0.2 mm，一般用 0.2 mm 固定值不调。

保持开放的面是指软件在分层处理时会自动把模型上一些较大的漏洞填补了，勾选以后会把这些漏洞不做处理为用户全部显现出来，默认不勾选。

广泛的拼接是基于开放的面，勾选后会把开放的面勾选出来的漏洞全部修补，默认不勾选。

4. 模型处理工作流程

（1）添加文件：找到 Cura 软件的菜单栏【文件】后，鼠标左键单击，如图 5.80 所示。Cura 软件弹出下拉菜单。在【文件】下拉菜单栏中找到【载入模型文件...】后鼠标左键单击，如图 5.81 所示。

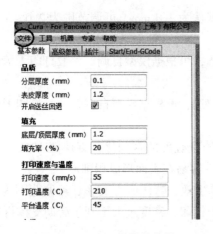

图 5.80　Cura 软件菜单栏

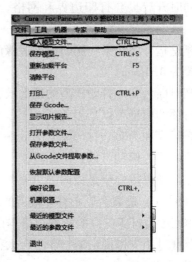

图 5.81　载入模型文件

（2）选择之前创建好的模型文件路径，或者从网站上下载 STL 模型文件路径就可以了，如图 5.82 所示。

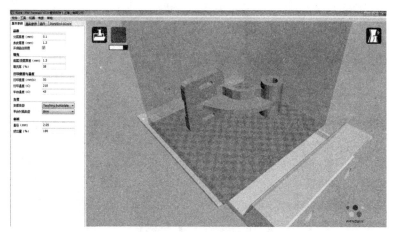

图 5.82 导入的托架模型

（3）对模型文件切层之前先要对其进行位置调整、大小缩放、复制等操作。单击托架模型后在操作窗口左下角会显示对模型操作的灰色图标，从左向右依次是模型旋转、模型缩放、模型镜像操作，如图 5.83 所示。

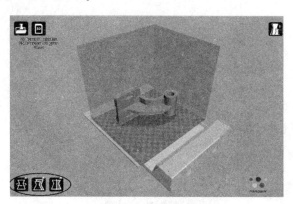

图 5.83 模型操作的图标

对于托架模型调整所需要的操作说明一下：

单击中间 Scale 灰色图标后就会显示此时模型大小尺寸，尺寸长为 157 mm、宽为 93 mm、高 90 mm，如图 5.84 所示。这个是原始建模大小，现在将模型缩小 0.5 倍。

单击 Scale X 后框格将 1.0 改为 0.5 后，模型就会缩小 0.5 倍，同时尺寸显示为长为 78.5 mm、宽为 46.5 mm、高 45 mm，如图 5.85 所示。

（4）单击第一个 Rotate 灰色的图标，然后鼠标左键按住绿色的圆，拖动鼠标让模型旋转 90°，如图 5.86 所示。

旋转以后，将模型放在打印平台的中间。单击黄色的模型后单击鼠标的右键，弹出对话框，如图 5.87 所示。单击对话框中"居中位置"，模型将被放置在打印平台的中间。

（5）首先单击操作窗口的右上方 ![icon]"View mode"灰色按钮，然后会弹出对话框，单击最后"Layers"灰色图标。Cura 软件自动将托架模型进行切层处理，如图 5.88 所示。

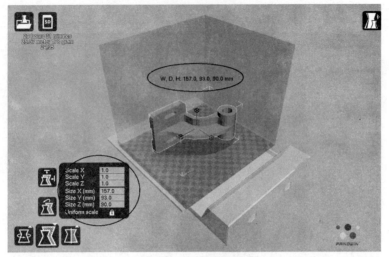

图 5.84　原始模型显示

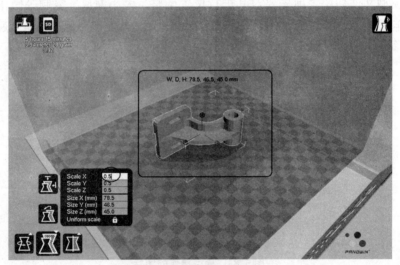

图 5.85　模型缩小 0.5 倍

图 5.86　模型旋转 90°

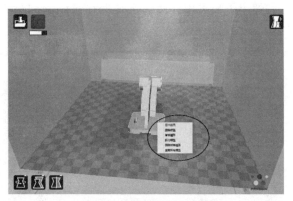

图 5.87　模型放置在中间

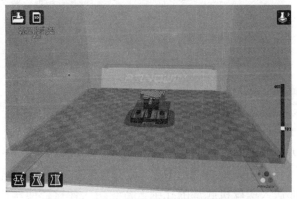

图 5.88　Cura 软件对托架模型切层处理

视图中红色为模型外层，黄色为模型内层，浅蓝色为模型的支撑材料颜色。颜色的不同是软件为了区别模型和支撑的不同。

（6）左边操作窗口对主要参数的设置，对模型质量要求高，其分层厚度为 0.1 mm。打印温度为 210 ℃，平台温度为 45 ℃。根据托架模型结构特点，采用全支撑的方式。支撑类型选为【Everywhere】，并且同时为了方便去掉支撑和模型周边的支撑，平台衬底类型选为【Brim】，如图 5.89 所示。

图 5.89　主要参数设置

（7）单击【文件】后弹出下拉菜单，然后选择保存【Gcode】，弹出保存文件路径选择的对话框，如图 5.90 所示。

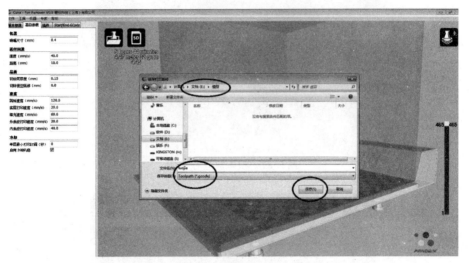

图 5.90　保存于 E 盘

或者将 SD 卡装入 SD 读卡器中后，将 "Gcode" 文件保存路径设置为 "H：\tuojia.gcode"。

5. 打印机预处理

（1）预热打开 3D 打印机的红色开关，然后让打印机预热 3～5 min。准备开始安装耗材，将未拆封的耗材打开，用钳子将直径为 3 mm 耗材 PLA 丝头部剪成平口。旋松送丝机右侧的旋钮，将耗材头部送入送丝机底部的孔中。持续送入耗材，使丝料顶端恰好在如图 5.91 所示指示位置。将送丝机右侧的旋钮适当旋紧（不需要很紧），使压丝滚轮均匀压在耗材上。

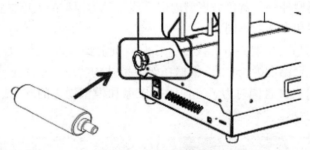

图 5.91　耗材安装位置

（2）将打印机开机，按下 LCD 控制面板右侧旋钮。旋转旋钮，选择菜单中的 Temperature 选项，按下旋钮。选择菜单中的 Preheat PLA 选项（假如用户选用磐纹科技的 PLA 耗材），如图 5.92 所示。此时，打印头喷嘴和打印平台会被加热到设定温度。

图 5.92　预热打印头喷嘴

（3）确认打印头的喷嘴温度已经达到核定温度（PLA 打印核定温度为 190～220 ℃；ABS 打印核定温度为 240～260 ℃）；按下 LCD 控制面板右侧旋钮，旋转旋钮，选择菜单中的 Motion 选项，按下旋钮。旋转旋钮，选择菜单中的 Auto E 选项，按下旋钮，如图 5.93 所示。

图 5.93　打印机自动进丝

（4）旋转旋钮，选择菜单中的 Auto Feed 选项，按下旋钮，如图 5.94 所示。

（5）将 SD 卡从读卡器取出后，对准打印的 SD 卡槽中后插入，如图 5.95 所示。按下 LCD 控制面板右侧旋钮，进入菜单后旋转旋钮并选择"Card Menu"，按下旋钮。

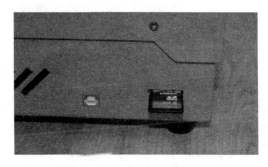

图 5.94　Auto Feed

图 5.95　打印机上 SD 卡槽

（6）进入下一个界面后，选择"tuojia. gcode"文件名，如图 5.96 所示。打印机进入工作状态，准备开始打印托架模型，如图 5.97 所示。

图 5.96　选择打印文件

图 5.97　准备打印模型

（7）打印机开始打印模型底层，如图 5.98 所示。打印时间过半后，如图 5.99 所示。

图 5.98　模型底部

图 5.99　打印时间过半

（8）经过观察托架模型已经打完，利用工具将模型从平台取下，如图 5.100 所示。对打印结果进行分析，模型外形达到要求，但模型底部有些粗糙。因为打印机的平台为玻璃材质，平台比较光滑，不利于打印模型很好贴附于平台上，所以我们用蓝色的贴纸贴附于平台，这样可以解决模型固定不牢固的问题。

图 5.100　模型打印完毕

实例三　基于逆向工程制作航空发动机叶片

1. 数据采集

叶片的数据采集与优化设计工作过程案例，教学整体设计是提取一个典型的产品（发动机叶片）数据采集优化设计的工作过程作为实施案例。该案例有自身的专业特点，应强化对发动机、无人机、通航飞机等的结构认知；其次，新的技术如三维扫描、3D 打印进入课堂，能更好地帮助学生建立数模，实物化展示成果；最后，基于工作过程的项目设置相较于"小案例"式的训练更适合一体化课程的教学特点。图 5.101 所示为发动机叶片实物图。

（1）新建工程，调试扫描仪，使用标定板进行标点，获得的误差值控制在为 0.03 mm 以内。

（2）给叶片模型上喷涂上一层淡淡的、薄厚均匀的显像液（避免模型出现高光、透明的现象），用橡皮泥将叶片固定到转盘上，再给模型贴上标定点。在模型较为平滑的平面上张贴标定点（错落有致地张贴 3~5 张），最后给圆盘正反张贴标定点（15~20 张，错落分布），如图 5.102 所示。

图 5.101　发动机叶片实物图

图 5.102　贴标定点

（3）第一次扫描尽量选择贴标定点的面，依次旋转扫描 4~5 次，观察扫描图片，未扫到的面继续扫描直到扫描完整为止，如图 5.103 所示。对准摄像机，使用小垫块将转盘垫起一个角度的目的是让模型的标定点能更好地被摄像机捕捉到。

（4）为了更加清晰、方便地观察点云的形状，将点云进行着色。选择菜单栏【点】→【着色点】，如图 5.104 所示。勾选掉【顶点颜色】选项，如图 5.105 所示。着色后的视图如图 5.106 所示。

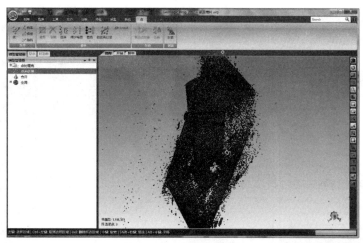

图 5.103　多角度扫描

图 5.104　着色点菜单

图 5.105　顶点颜色

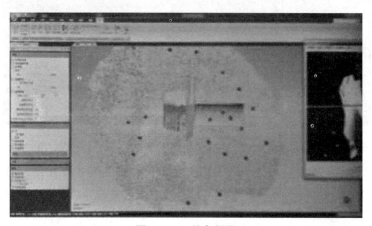

图 5.106　着色视图

（5）将 4~5 次的扫描结果全部选取创建成一个组，接下来圈选模型点，选择【反选删除】删除多余点，或者选择【删除】圈选除模型外的所有点云进行删除。反复此操作 2~4 次直到点云模型只剩叶片模型为止（一定要删除橡皮泥的点云）。创建复合点，选取组 1，单击联合点对象，完成复合点 1 的创建，如图 5.107 所示。

（6）反面扫描，将转盘反转，用下转盘面对准摄像机，同时将模型调相反方向与转盘正面处理方式一样，进行扫描，并且重复步骤（1）的做法。选取组 2，单击联合点对象，完成复合点 2 的创建，如图 5.108 所示。

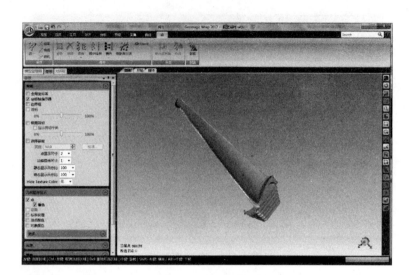

图 5.107 删除多余点云

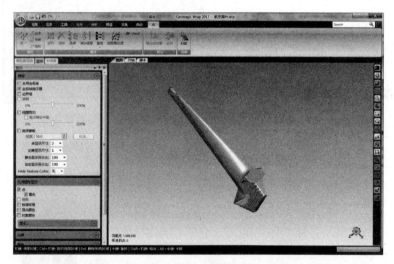

图 5.108 反面点云

(7) 单击复合点 1 和复合点 2（按住 Ctrl 键选取）后单击【对齐】，选择【手动注册】，在定义重合图标固定那里单击复合点 1，浮动图标单击复合点 2，手动标相同点，进行贴合，如图 5.109 所示。

(8) 选择菜单栏【点】→【选择】→【非连接项】按钮，在管理器面板中弹出"选择非连接项"对话框。在"分隔"的下拉列表中选择"低"分隔方式。"尺寸"按默认值 5.0，单击"确定"按钮，如图 5.110 所示。点云中的非连接项被选中，并呈现红色，选择菜单【删除】或按下 Delete 键。

(9) 选择菜单【点】→【选择】→【体外孤点】，在管理面板中弹出"选择体外孤点"对话框，设置"敏感度"的值为默认值，也可以通过单击右侧的两个三角号增加或减少"敏感度"的值，单击"应用"按钮。此时体外孤点被选中，呈现红色，如图 5.111 所示。选择菜单【点】→【删除】或按 Delete 键来删除选中的点。（此命令操作 2~3 次为宜。）

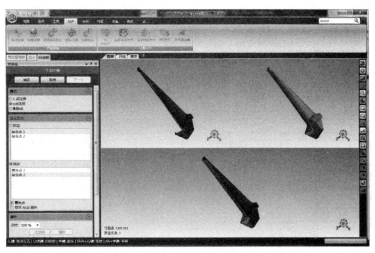

图 5.109　手动注册

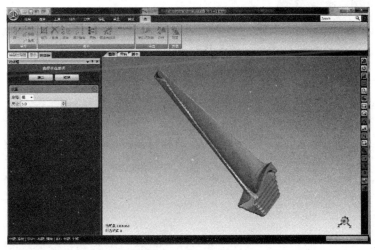

图 5.110　非连接项

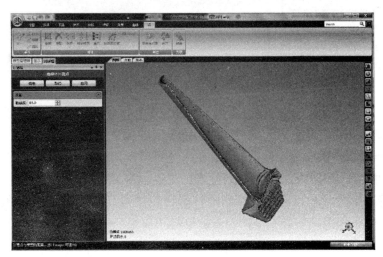

图 5.111　体外孤点

（10）选择菜单【点】→【减少噪声】，在管理器模块中弹出"减少噪声"对话框。选择"自由曲面形状""平滑度水平"滑标到 2。"迭代"设置为 5，"偏差限制"设置为 0.05 mm，如图 5.112 所示。

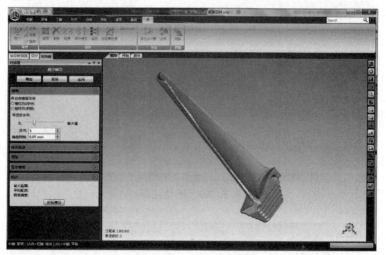

图 5.112　减少噪声

（11）完成之后再进行一次全局注册，消除重影，如图 5.113 所示。

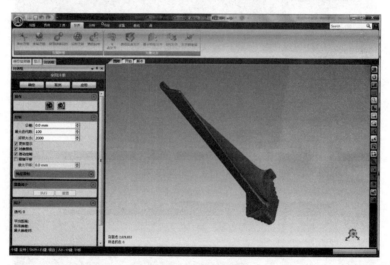

图 5.113　减少噪声

（12）选择菜单【点】→【封装】，系统会弹出如图 5.114 所示封装对话框，该命令将围绕点云进行封装计算，使点云数据转换为多边形模型。

采样：对点云进行采样。通过设置点间距来进行采样，最下方的滑杆可以调节采样质量的高低，可根据点云数据的实际特性进行适当的设置。

（13）选择菜单栏【多边形】→【删除钉状物】按钮，在模型管理器中弹出"删除钉状物"对话框。"平滑级别"处在中间位置，单击"应用"按钮，如图 5.115 所示。

（14）先用手动的选择方式选择需要去除特征的区域，然后执行【多边形】→【去除特征】按钮，如图 5.116 所示。

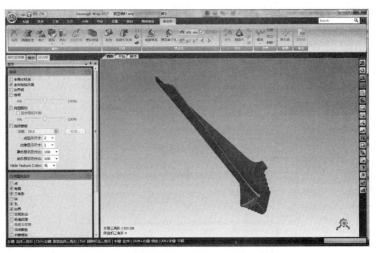

图 5. 114　封装（一）

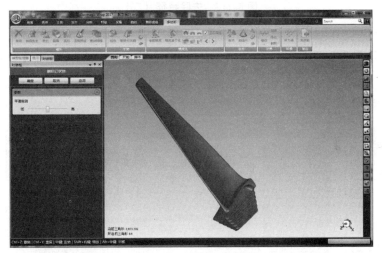

图 5. 115　封装（二）

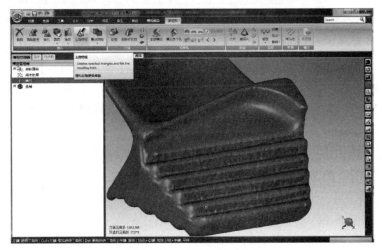

图 5. 116　去除特征（一）

（15）扫描完成，保存文件格式如图 5.117 所示，保存完成进行逆向建模。

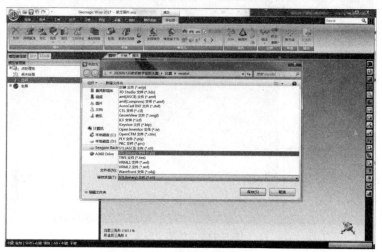

图 5.117　去除特征（二）

2. 逆向设计

（1）单击【初始】工具栏→打开菜单栏下的【导入】命令，导入【叶片 . stl】文件，如图 5.118 所示。

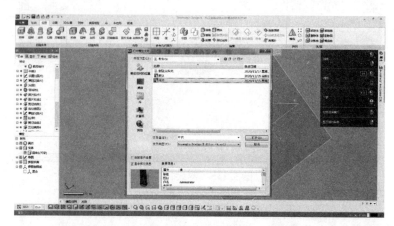

图 5.118　导入零件

（2）在【菜单】栏中选取【模型】，在菜单中选择【平面·田 平面1 】后，选择【选择多个点】按钮，如图 5.119 所示，单击【确定】，完成平面 1。

（3）在【菜单】栏中选取【模型】，在菜单中选择【平面】后，选择【选择多个点】按钮，如图 5.120 所示，单击【确定】，完成平面 2。

（4）单击菜单栏中的【对齐】→【手动对齐】按钮，选择点云模型单击【下一阶段】，选择【平面】与【线】，图 5.121 所示为参数设置选项。单击左上角按钮，退出手动对齐模式。

（5）单击【草图】，选择【面片草图】绘制草图 1，如图 5.122 所示。同样的方法绘制草图 2，草图 2 如图 5.123 所示。

（6）单击【模型】，选择【扫描】，轮廓选择草图 1；路径选择草图 2，方法选择【沿路径】，选择【曲线向导】，如图 5.124 所示。

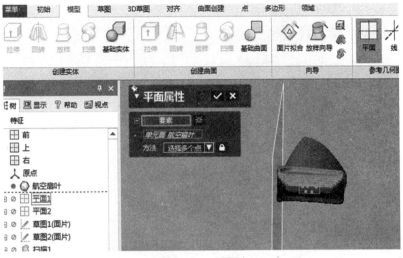

图 5.119 平面 1

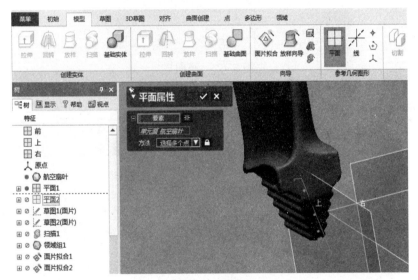

图 5.120 平面 2

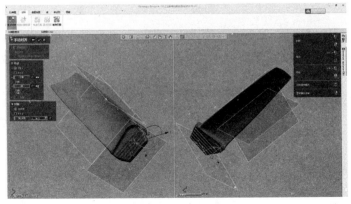

图 5.121 手动对齐

N

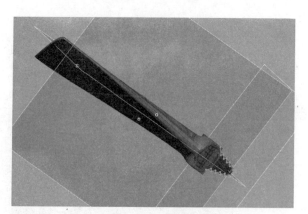

图 5.122　草图 1

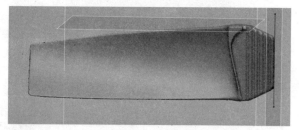

图 5.123　草图 2

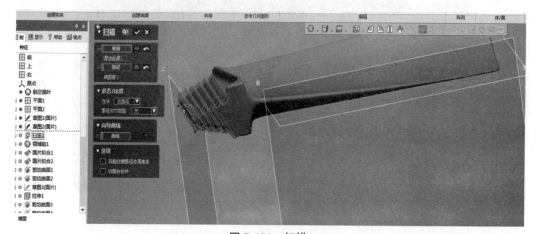

图 5.124　扫描

（7）单击菜单栏中的【领域】，进入领域组模式，单击【直线选择模式】，手动绘制领域，绘制如图 5.125、图 5.126 所示图形。单击【插入】按钮，插入新领域。

图 5.125　叶背的领域

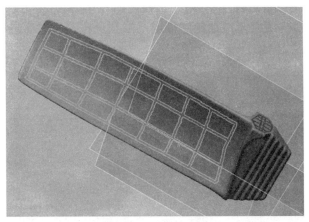

图 5.126　叶盆的领域

（8）单击【模型】选择【面片拟合】，单击【基础曲面】，绘制如图 5.127、图 5.128 所示图形。

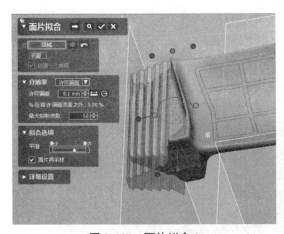

图 5.127　面片拟合 1

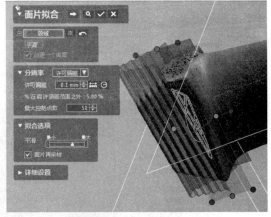

图 5.128　面片拟合 2

（9）单击【模型】，选择【剪切曲面】，工具要素选择【面片拟合 2】【扫描 1】，如图 5.129 所示，选择【面片拟合 1】【剪切曲面 1】，如图 5.130 所示。

图 5.129　剪切曲面 1

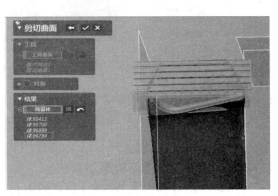

图 5.130　剪切曲面 2

（10）单击 Right 为基准进行【草图】，选择【面片草图】，单击投影平面选择中心对称平面，因为表面不光滑，所以要增加轮廓投影范围至全覆盖，然后进行轮廓线绘制，如图 5.131 所示。

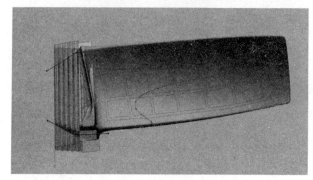

图 5.131　绘制轮廓完成图

（11）绘制完成后进行面片创建，单击【模型】选择轮廓进行【拉伸 ⬛】，单击【反方向】进行双向拉伸，如图 5.132 所示。单击【体偏差 ⬛】，观察贴合程度，如果贴合程度合适，单击【拉伸】。

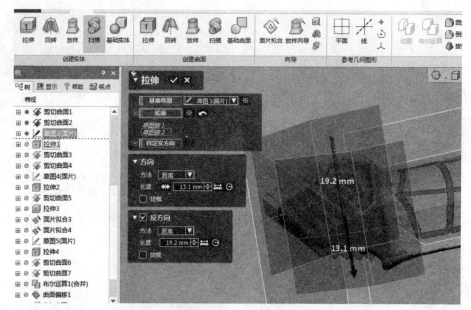

图 5.132　拉伸面片

（12）单击【模型】→【剪切曲面】，工具要素选择【剪切曲面 2】→【拉伸 1−1】，单击【确定】，如图 5.133 所示，选择【剪切曲面 3】【拉伸 1】，如图 5.134 所示。

（13）单击【草图】，选择【面片草图】，创建如图 5.135 所示的草图 4。

（14）单击【拉伸】，选择【基准草图】，选择【草图 4】，单击【轮廓】→【方向】，设置距离长度，如图 5.136 所示。

（15）单击【模型】，选择【剪切曲面】，工具要素选择【剪切曲面 4】【拉伸 2】，如图 5.137 所示。

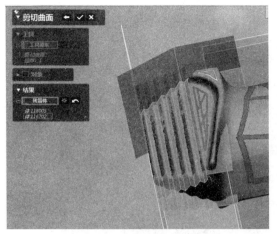

图 5.133　剪切曲面 3

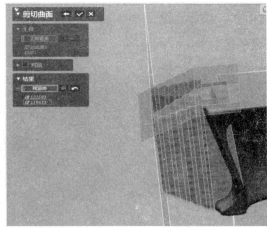

图 5.134　剪切曲面 4

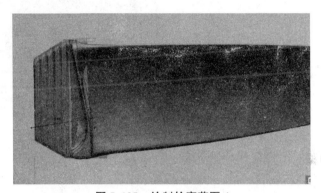

图 5.135　绘制轮廓草图 4

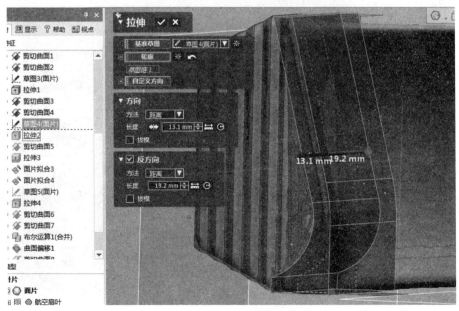

图 5.136　设置拉伸尺寸

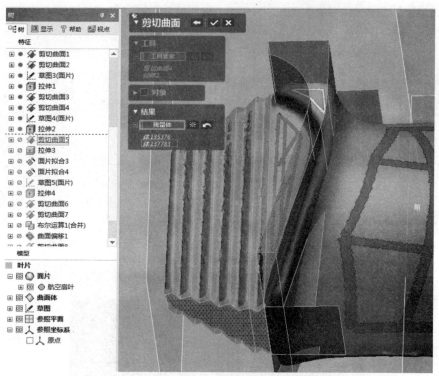

图 5.137　剪切曲面 5

（16）单击【模型】，选择【拉伸】，基准草图选择【草图4】，轮廓选择【草图环路1】，单击【方法】选择【到领域】，如图 5.138 所示。

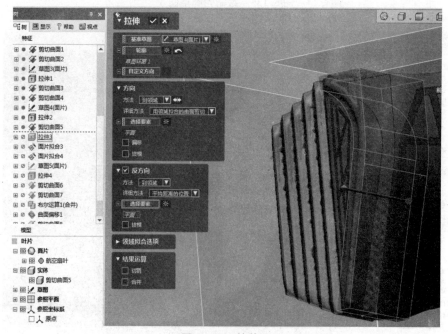

图 5.138　拉伸 3

（17）建立叶片表面结构，单击【模型】选择【面片拟合 ◈】，选择所绘制的领域，拉伸面片尽量包裹形体，如图 5.139 所示，单击【确定】。用同样的方式创建叶背曲面，如图 5.140 所示。

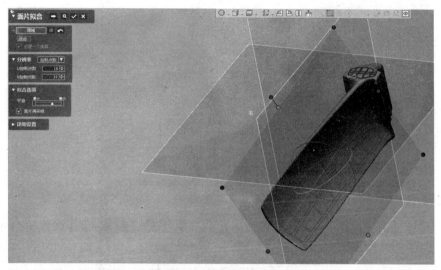

图 5.139　拟合面片 3

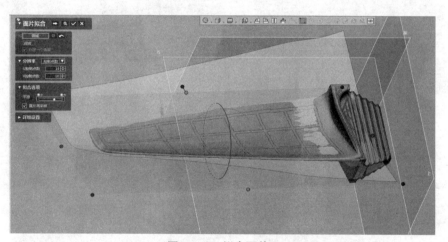

图 5.140　拟合面片 4

（18）单击 Right 为基准进行【草图】，选择【面片草图】，单击投影平面选择中心对称平面，因为表面不光滑，所以要增加轮廓投影范围至全覆盖，然后进行轮廓线绘制，如图 5.141 所示。

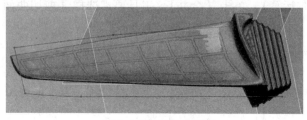

图 5.141　绘制草图

（19）单击草绘轮廓，选择【拉伸4】，如图5.142所示，单击【确定】。

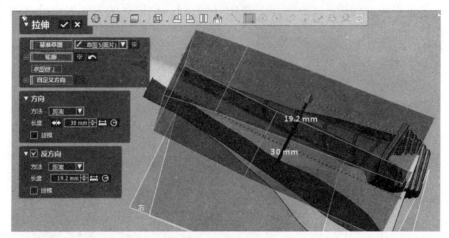

图 5.142　拉伸 4

（20）选择【剪切曲面】，工具要素选择【面片拟合3】【拉伸4】【面片拟合4】【剪切曲面6】，如图5.143、图5.144所示。

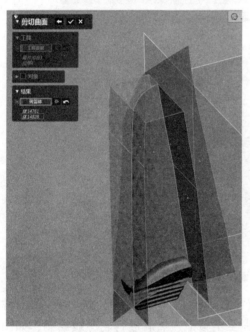

图 5.143　剪切曲面 6

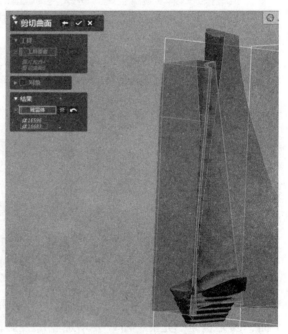

图 5.144　剪切曲面 7

（21）选择【布尔运算】，单击【合并】，工具要素选择【剪切曲面5】【拉伸3】，如图5.145所示。

（22）单击【曲面偏移】命令，选择【面3】输入偏移参数，单击【确定】，如图5.146所示。

（23）单击【剪切曲面】，选择【对象】，单击【曲面偏移1】剪切，如图5.147所示。

（24）单击【布尔运算】，选择【合并】命令，选择【曲面剪切】和【拉伸3】，如图5.148所示，单击【确定】。

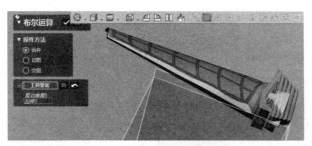

图 5.145 布尔运算 1

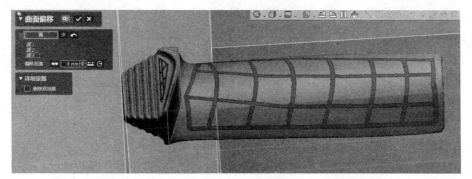

图 5.146 曲面偏移

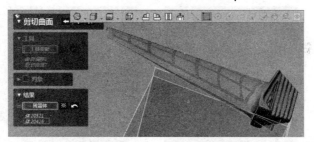

图 5.147 剪切曲面 8

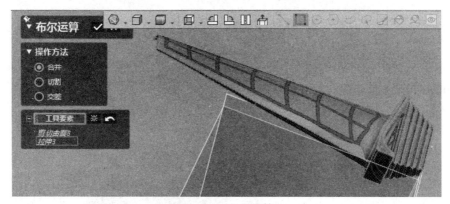

图 5.148 布尔运算 2

（25）单击【全部面圆角】选项，设置完成圆角要素设置，选择【切线扩张】，如图5.149 所示。选择【圆角】命令，根据模型特点选择多种圆角方式，最终完成效果如图5.150 所示。

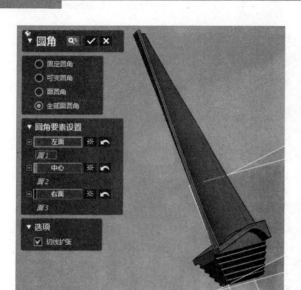

图 5.149 圆角

图 5.150 完成效果图

3. 优化设计

（1）实体模型后进行结构优化，导入模型后经常会出现面片缺失的情况，检查模型后可以使用【补块】进行模型的修补，如图 5.151 所示。

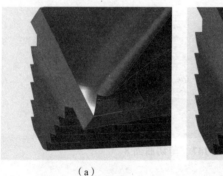

（a）

（b）

图 5.151 修补前后对比图

（a）修补前；（b）修补后

（2）使用草绘以及【布尔运算】命令对上方的叶片部分进行分割处理，如图 5.152 所示，转子叶片过薄，不适合进行栅格填充。

图 5.152 布尔运算

（3）使用【分割】命令对栅型结构进行分区处理，如图 5.153 所示。在 PolyMesh 功能区，使用【填充】中的 K 桁架结构进行填充，如图 5.154 所示，完成简单的轻量化设计。

图 5.153　分割结构　　　　　　　　　图 5.154　K 桁架结构

（4）为了方便观察，可以使用【剖切预览】模式进行观察，分别选择两个角度，如图 5.155 和图 5.156 所示。

图 5.155　剖切 1　　　　　　　　　　图 5.156　剖切 2

4. 打印机调试

（1）使用奇迹三维 Miracle 系列打印机，其内部结构如图 5.157 所示。

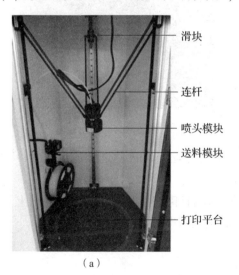

滑块

连杆

喷头模块

送料模块

打印平台

送料管

快速接头

送丝电动机

送丝齿轮

送丝手柄

断料检测模块

料盘架

（a）　　　　　　　　　　　　　　（b）

图 5.157　打印机内部结构名称

（2）开机需要将随机工具盒中的电源线插入打印机后面的电源插孔，按下电源开关，即可启动打印机。触摸屏待机显示如图 5.158 所示。

（3）安装耗材时，必须首先预热喷头。单击【工具】→【装卸耗材】后，单击屏幕上

"28/ ---- ",数字由黑色变成图示的红色,左侧"28"表示喷头当前温度,"205"表示目标温度,如图 5.159 所示,当前温度达到目标温度时就可以开始装耗材了。

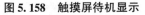

图 5.158　触摸屏待机显示

图 5.159　加热界面

注意:此时喷头已加热到 200 ℃左右,请勿触碰喷嘴,以免烫伤!

(4)为便于装料,建议用剪刀将耗材端部剪成斜坡口状,如图 5.160 所示。左手将耗材从"断料检测模块"穿过,右手捏住"送丝手柄",对准"送丝齿轮"的进丝口处向上送丝,如图 5.161 所示,直至耗材进入送丝管。

图 5.160　材料切口

图 5.161　送丝

Tips:可以单击屏幕上的【　】按钮,进行自动进丝,但自动进丝速度较慢,建议用手直接将耗材推入喷头,直至耗材从喷嘴处流出。

(5)为了增加打印平台与模型之间的黏合度,在打印之前需在打印平台上贴上美纹纸或均匀涂上专用固体胶,涂胶范围为打印模型的底座范围即可。

5. 切片软件操作

1)参数介绍

(1)层高也就是每层的厚度,是决定打印成品质量的重要参数,表示模型在 Z 轴方向上每层打印的高度,数值越小,打印质量越好,但是打印需要的时间越长,通常设置范围为 0.1~0.3 mm,一般设置为 0.2 mm,如图 5.162 所示。

(2)壁厚指的是模型最外层实体填充的厚度,必须设置为喷嘴孔径的整数倍,如图

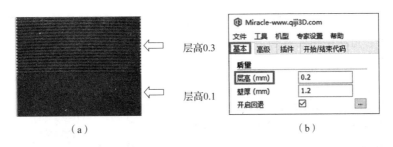

图5.162 层高参数设置及效果

（a）层高效果；（b）层高参数设置

5.163所示。常用的喷嘴孔径有0.4 mm、0.6 mm等，应根据所使用机型进行确定。不同壁厚效果如图5.164所示。对于需要打磨或有强度要求的模型，建议壁厚尽量设置得大些。

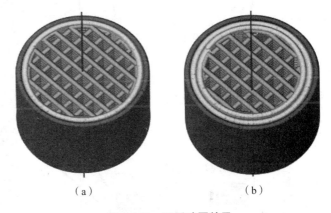

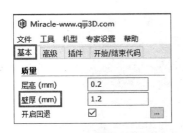

图5.163 壁厚参数设置

图5.164 不同壁厚效果

（a）1.2 mm壁厚；（b）1.8 mm壁厚

（3）底座/顶层厚度是指打印成品最下和最上层的厚度，通常1.2 mm可以实现很好的密封情况，如图5.165所示。设置太低，顶部表面会下垂无法完全封住；太高会增加打印时间。

（4）填充密度用来控制打印成品的内部填充量，0为完全空心，100为完全实体，通常设置为20左右，如图5.166所示。这个参数的设置不影响打印成品的外观，只影响强度，数值越大，打印所需的时间越长。

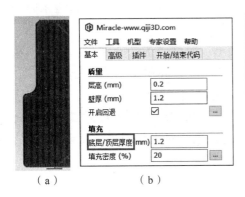

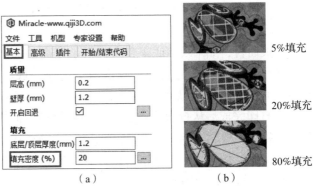

图5.165 底座/顶层厚度参数及效果

（a）底座/顶层效果；（b）参数设置

图5.166 填充密度参数及效果

（a）填充密度参数设置；（b）填充效果

（5）打印速度表示喷头在打印时的移动速度，不同特征的速度设置是在此默认为 65，此处不建议修改，过快的速度容易造成电动机失步导致打印失败，过慢则打印时间延长，如图 5.167 所示。

（6）喷头温度是根据所使用耗材情况确定，通常 PLA 耗材的喷头温度为 200 ℃，如图 5.167 所示；热床温度为 50 ℃，ABS 耗材的喷头温度为 230 ℃，热床温度为 90 ℃。

（7）支撑类型：当打印模型有悬空的结构时，通常需要软件自动增加支撑，不同的支撑效果如图 5.168 所示。

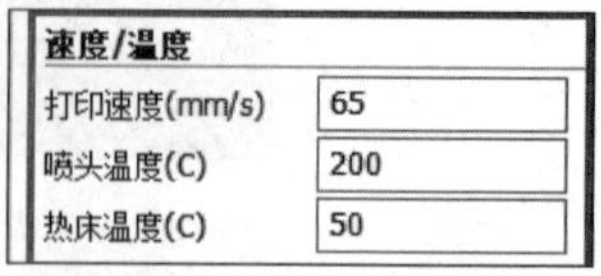

速度/温度	
打印速度(mm/s)	65
喷头温度(C)	200
热床温度(C)	50

图 5.167　速度温度参数

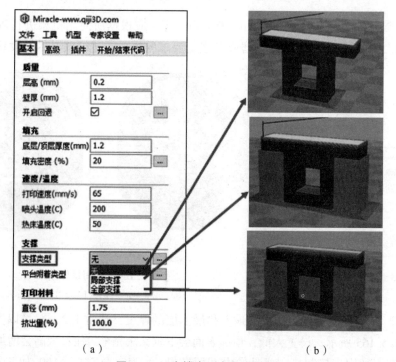

图 5.168　支撑类型参数及效果

（a）支撑类型参数设置；（b）支撑效果

（8）平台附着类型：由于模型是从平台上开始逐层打印，为了增加模型与平台之间的附着力，防止模型与平台之间由于黏接力不牢导致打印失败，通常根据模型情况设置不同的附着类型，如图 5.169 所示。

一般而言，如果模型底座较大，不是瘦高的那种模型，选择"无"也可以；但对于和打印平台接触面较小的模型，通常需要选择"底层边线"或"底层网格"。二者的区别："底层边线"打印完成后比较难从打印平台上剥离模型，但模型底部会比较光滑；而"底层网格"打印完成后从打印平台上剥离相对轻松，但模型与"底层网格"剥离后，模型表面会相对粗糙。但"底层网格"与打印平台接触层的线宽较宽，对平台的平整度要求较低，所以通常建议采用"底层网格"的方式以提高打印的成功率。

2）切片软件界面操作

如图 5.170 所示，左侧为参数设置窗口，右侧为模型操作窗口。

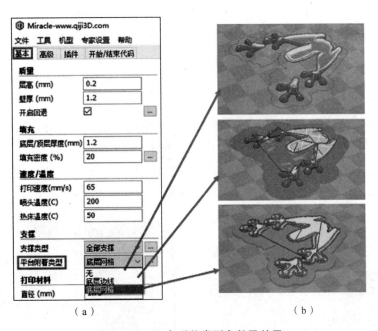

图 5.169 平台附着类型参数及效果

(a) 平台附着类型参数设置; (b) 效果

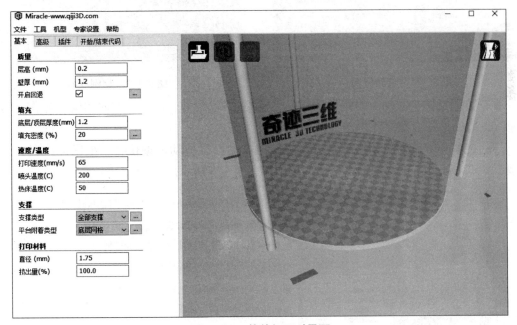

图 5.170 软件打开时界面

(1) 常用工具条中, 单击【 打开模型】按钮可导入待切片 .stl/.obj 格式的三维模型。另外, 通过按住鼠标左键, 也可直接将待切模型拖入工作平台; 单击【 开始切片】按钮, 在未导入模型之前为灰色, 导入模型后该按钮呈亮色显示, 单击可一键完成切片; 单击【 保存】按钮, 只有模型成功完成切片后, 该按钮才亮色显示, 单击可保存切片好的文件。

(2) 模型在导入软件后, 摆放的位置或尺寸不合适都可通过浮动工具条进行调整, 浮动工具条通常是隐藏的，只有在模型导入后，用鼠标左键单击导入的模型才会显示。单击【⬚旋转】按钮后，软件界面如图 5.171 所示。模型周围出现 3 条控制线，用鼠标左键单击其中的一条线不放，移动鼠标可改变模型的摆放方向，若同时按住键盘 Shift 键拖动鼠标左键可实现微调，待差不多接近想要的摆放位置时，单击【⬚一键放平】；单击【⬚回到初始位置】状态。

单击【⬚比例】按钮后如图 5.172 所示。在弹出的浮动比例框中，可以设置模型比例和尺寸大小，如果 "Uniform scale" 后图标是【🔓】等比例缩放，如果是【🔒】模型 X、Y、Z 三个方向缩放比例可以不同。或者可以直接拖动模型上小方块来实现模型的缩放，模型大小会实时显示在图形区域，当然，如果直接输入尺寸值也是可以的。

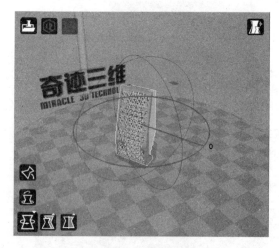

图 5.171　旋转界面

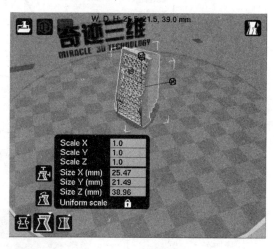

图 5.172　比例界面

通过【⬚镜像】按钮，可以快速对一个模型进行 X、Y、Z 三个方向的镜像操作，可以快速获得原模型的镜像文件。

（3）把鼠标放置在打印模型上，按住鼠标左键可以拖动模型位置，把鼠标放置在打印模型上，单击鼠标右键，可弹出快捷菜单，如图 5.173 所示。

平台中心：可以快速移动模型到打印平台中心位置。

删除模型：可以快速删除选中模型。

复制模型：可以快速添加已经加载的模型。

分解模型：可以拆解装配模型。

删除全部模型：删除已加载的所有模型。

重新加载模型：再次加载模型。

重置所有对象位置：让所有对象恢复到初始位置。

重置所有对象的转换：取消所有对象的旋转及镜像操作。

图 5.173　右键快捷菜单

（4）当切片参数以及模型位置设置完毕后，单击窗口左上角中间的【⬚切片】按钮，会显示切片进度条，完成后会显示打印所需要的时间及耗材使用情况，如图 5.174 所示。图 5.174 显示打印需要 1 h 26 min，用料 1.83 m、6 g。

Tips：当模型超出打印范围，模型会以灰色显示，此时无法完成切片，解决方法可通过变换模型的摆放方式或缩小模型尺寸。

（5）完成切片后，可以观察切片的效果，验证切片方案是否合适，在模型窗口的右上角，有模型显示工具，分为正常显示和分层显示两种。在分层显示下，可以拖动右下角的进度条观察每层的截面和加工路径，如图5.175所示。

Tips：只有完成切片后，才可以进行分层预览。

（6）若上一步预览没有问题，就可以导出Gcode代码文件，单击【🖫保存】按钮，将切好的文件导出到电脑本地，若此时已将SD卡插入电脑，软件会自动识别为【🖫SD卡】，单击后会自动将文件存入SD卡中。

图5.174　切片打印预览

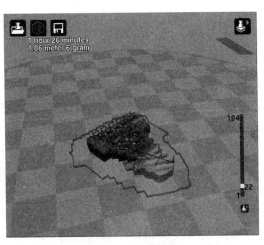

图5.175　分层预览效果

6. 打印操作

（1）先将切片好的 .gcode 文件复制保存进SD卡，然后将SD卡插入机器右侧的SD卡插槽内。单击打印机触摸屏上的【打印▶】按钮，切换成打印程序的调用界面，如图5.176所示。

单击上下箭头可切换所需打印的程序，单击一个程序，随即进入打印界面。机器在等喷头和打印平台完成预热后即可开始打印，且屏幕会显示当前打印产品的信息，包括耗时、剩余时间等。此时显示的时间可能会很久，由于是打印第一层，机器还没能正确估算出时间，以待第一层打完后显示的时间为准，一般建议参考切片软件估算的时间。

图5.176　打印触摸屏

（2）开机打印时，需要特别关注第一层是否出丝正常，若出现以下两种情况，需立即停止打印，并对机器进行重新校准，包括重置零点和自动调平。在打印第一层时，吐出的丝呈锯齿状，用手指轻轻触碰就会从平台上脱落，表示机器零点设置过高，吐出的丝与平台黏接不牢。如果涂出的丝很薄，有些地方几乎不出丝，送丝模块处挤出轮会发出"喀喀"的打滑声音，表示机器零点设置过低，没空间吐丝，如图5.177所示。

（3）在打印第一层时，若发现有地方能粘住有地方却粘不住，甚至有地方无法吐丝，说明打印平台不平，这时就需要进行自动调平了。调平之前首先需要确认打印平台是否已经

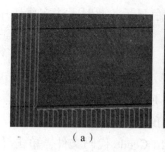 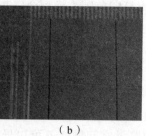

(a)　　　　　　　　(b)

图 5.177　打印异常情况

(a) 零点设置过高；(b) 零点设置过低

清理干净，若上面有残余的固体胶，请先用湿毛巾擦拭干净，另外喷嘴上的残留耗材也需要清理干净。

步骤如下：单击【系统】→【Delta】进入如图 5.178 所示的窗口，确认【调平补偿】后是否为【✓】。单击【调平】，如图 5.179 所示，若提示输入密码，初始密码为"54321"进入后即可开始自动调平，喷头模块开始在打印平台上自动取点，完成后自动结束。调整好的平台打印效果应该是出丝饱满并且线条压平紧贴平台，如图 5.180 所示。

图 5.178　Delta　　**图 5.179　高平界面**　　**图 5.180　调平结果**

（4）机器移动位置、夏天和冬天温度变化等原因都可能会导致零点位置发生变化，因此重置零点是必须掌握的一项校准方法。

所需工具：普通 A4 纸一张；另外，重置零点前，需要将打印平台清理干净，并确保喷嘴端部没有残余耗材，以免影响置零精度。

基本操作：单击屏幕【工具】→【手动】，弹出如图 5.181 所示界面，单击【🏠Home】按钮，让喷头模块回到最上方的初始位置。先单击左下角的【步长10mm】，然后单击喷头【Z 向下移动】按钮；待喷头快要接触打印平台时，单击【步长1mm】，同时将 A4 纸放在喷嘴下方，继续单击【Z 向下移动】，当喷头接触到 A4 纸后，单击向上的【Z 向上移动】，让喷头抬起 1 mm，同时切换到【步长0.1mm】，继续让喷头下降直至喷嘴刚好接触 A4 纸，如图 5.182 所示，A4 纸的状态是刚好能抽出不会破损且同时能感受到喷嘴已经接触 A4 纸为标准。

（5）单击右下角【返回】按钮，进入【Delta】。单击【重置】按钮，将该位置的喷头设置为零点。至此，重置零点工作完成，这时可以让喷头重新回到初始位置了。

（6）一切准备就绪后，单击【打印▶】，如图 5.183 所示。通过单击右侧的上下箭头，选中需要打印的 Gcode 文件即可。单击【▶开始】后，如图 5.184 所示，机器开始升温，等温度达到设定值后，自动开始打印。

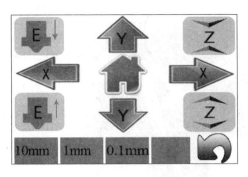

图 5.181 手动界面

图 5.182 调平

图 5.183 主界面

图 5.184 开始打印

（7）打印过程如图 5.185 所示。打印完成的两部分零件如图 5.186、图 5.187 所示。

图 5.185 打印过程

图 5.186 叶片底部

图 5.187 叶片

（8）模型打印完成后，喷头会自动升到初始位置，同时机器会发出报警声提示打印完成，这时可以用工具箱内的铲刀将模型取下，常用工具如图 5.188 所示。需要清理支撑的可用随机工具盒中的钳子、木工刀具等工具进行清理，如图 5.189 所示。

（9）模型支撑基本清理完成后，使用电动打磨具进行打磨处理，如图 5.190、图 5.191 所示。

（10）打磨完成后，使用抛光液对叶片进行初步的抛光，如图 5.192 所示。使用抛光液对两个部分进行黏接，如图 5.193 所示。使用 3D 打印抛光机进行最后的表面处理，如图 5.194 所示。

图 5.188 常用工具

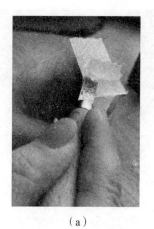
（a）

（b）

图 5.189　剥离支撑

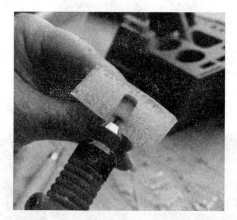

图 5.190　打磨叶片底部

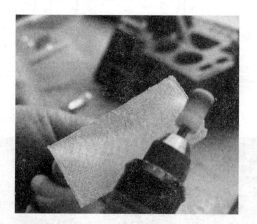

图 5.191　打磨叶片

图 5.192　初步抛光

图 5.193　表面黏接

图 5.194　精细抛光

（11）最后完成效果对比图如图 5.195、图 5.196 所示。

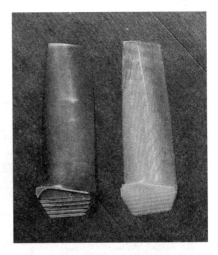

图 5.195　叶盆效果　　　　　　图 5.196　叶背效果

实例四　基于光固化成型工艺制作铁塔原型

利用 UG 软件获取铁塔的三维 CAD 模型后，应用 SLA 设备自带的 3dMagic 切片软件对数据模型进行分层切片和支撑设计，完成打印前处理，然后进行 SLA 成型、后处理，以获取铁塔原型。

1. 打开切片软件

打开计算机，双击桌面软件图标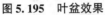，打开切片软件，如图 5.197 所示。3dMagic 主要分为菜单、模式栏、工具栏、信息栏、进度条和视图区六部分。其中各部分功能如下：

菜单：文件、工作台、帮助；

模式栏：加载模型、卸载模型、基础信息、修复模型、生成支撑、导出数据；

工具栏：模型运动控制、视图放大/缩小、视图选择分栏、测量工具分栏；

信息栏：用于显示当前模式下，当前项目的各种数据与信息；

视图区：显示项目的 2D/3D 实时图像；

进度条：对于程序计算、处理进度的显示。

2. 添加文件（零件文件）

单击菜单【文件】→【打开】或者单击图 5.197 中的工具按钮⬚，弹出如图 5.198 所示对话框（对话框中的红色线框显示了 3dMagic 软件可以处理的文件类型，这里我们以 STL 格式的文件为例）。找到要处理的零件文件铁塔所在的路径，然后选中该文件，打开零件模型文件。打开零件模型文件如图 5.199 所示。

软件打开后也可以用鼠标直接拖动零件到 3dMagic 中打开零件。

3. 编辑零件

（1）移动零件至平台。

鼠标单击图 5.199 中间右侧的工具条 自动排列 ，软件根据原来模型的坐标方位可将打开的零件按一定的规则有序地排列在 3dMagic 软件的成型平台中间，如图 5.200 所示。

菜单　　　　　　　　模式栏

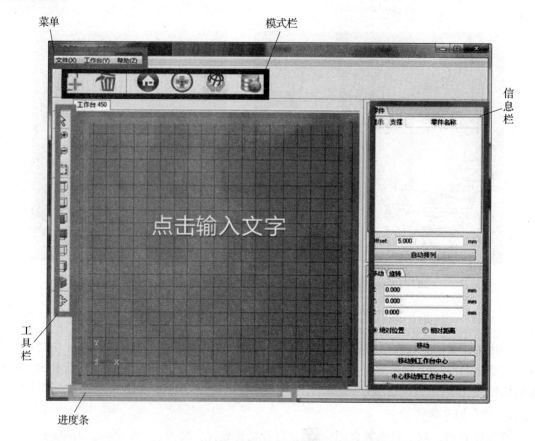

信息栏

工具栏

进度条

图 5.197　3dMagic 软件主操作界面模块分区

图 5.198　选择模型文件

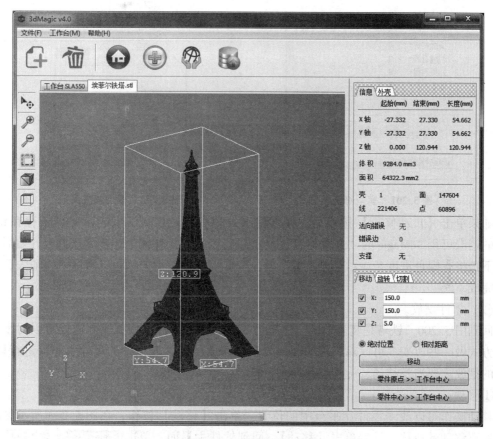

图 5.199　打开零件模型文件

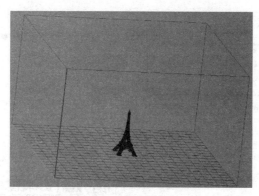

图 5.200　模型位于平台中间

（2）零件修复。

鼠标单击图 5.199 中的工具按钮 ⊕ ，单击铁塔零件显示条 工作台 SLA550 埃菲尔铁塔.stl ，弹出如图 5.201 所示对话框，单击【自动修复】，系统进行零件修复。修复完成后零件模型信息显示如图 5.201 所示，显示模型无缺陷，弹出如图 5.202 所示【自动修复完成】提示框，单击【确定】后可进行下一步操作。

图 5.201 模型修复信息

图 5.202 模型修复完成

如果单击【自动修复】按钮后，在零件上发现有红色区域，则表示此区域存在错误。零件的错误可用 3dMagic 的"自动修复"功能进行修复，操作同上述步骤。修复开始后，界面左下角将有绿色进度条显示修复进度。修复完成以后零件上的红色异常区域将消失，表示修复完成。

（3）零件摆放。

回到图 5.200，铁塔是竖着放的。这里为了后处理的方便，按照实际需要可以对零件的摆放方式做一些改变。可以对零件的成型方向、摆放位置、成型件的尺寸大小等进行调整。零件的摆放主要涉及移动、旋转以及切割三种。

① 移动。

移动操作可以改变零件在平台中的位置。单击【移动】按钮，在图 5.203 所示区域内输入所要移动的位移，然后单击【移动】。回到软件主界面，单击 工作台 SLA550 埃菲尔铁塔.stl ，将可以看到零件已按照所设定移动数值移动了相应距离。

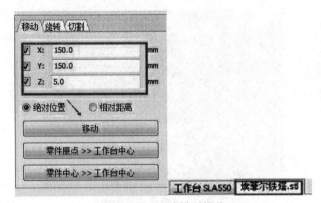

图 5.203 移动模型操作

② 旋转。

旋转操作主要改变零件在平台上放置的角度。单击 工作台 SLA550 埃菲尔铁塔.stl ，零件单独显示，表示零件已经被选定。按照图 5.204 所示步骤进行操作，表示把铁塔零件沿着 Y 轴旋转 30°。这时零件的位置有了变化，如图 5.205 所示。如果不需要改变，只需单击 工作台 SLA550 埃菲尔铁塔.stl 回到软件主界面，单击 自动排列 工具再次让零件回到平台上。

图 5.204　旋转模型操作

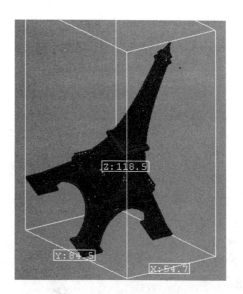

图 5.205　旋转后的模型

③切割。

切割操作可以按要求将零件切割分块。单击 **工作台 SLA550 埃菲尔铁塔.su** 选定零件，单击【切割】，鼠标移至操作界面，空白处单击鼠标左键出现一条蓝色的直线，这就是切割线，旋转至想要切割的方位进行切割即可。图 5.206 所示为切割后的模型。

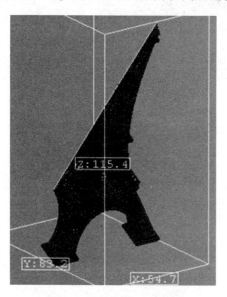

图 5.206　切割后的模型

4. 生成支撑

单击软件主界面上的 ⟨⟨ 支持修复按钮，进入"支撑生成"模式，并开始自动生成支撑，在界面左下角有绿色进度条显示生成进度。进入"支撑生成"模式后，模式栏上所有模式按钮均变为灰色"不可用"，同时模式最右出现"退出"按键，如图 5.207 所示，用以单击退出"支撑生成"模式。在"支撑生成"模式下界面右侧信息栏上显示所有已生成的

支撑列表、支撑编辑选项、支撑优化按钮，用于调整和优化自动生成的支撑。选择支撑类型后，单击【生成一键支撑】，如图 5.208 所示，生成支撑的铁塔模型如图 5.209 所示。成功后弹出执行成功对话框。

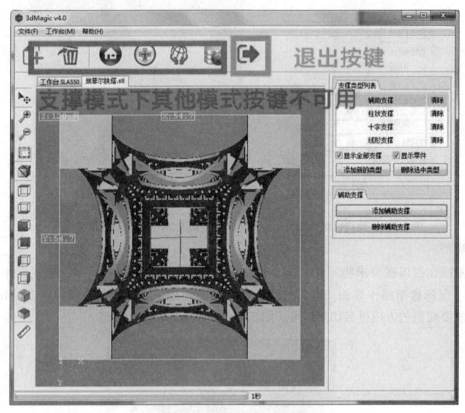

图 5.207　支撑生成模式界面

图 5.208　支撑类型列表对话框

5. 修改支撑

选中需要修改支撑的零件，选择图中的 ⚙️ 工具进入支撑编辑，再单击 ⟮　　　进入编辑模式　　　⟯ 进入支撑模式，如图 5.210 所示。可删除多余的支撑，同时在需要添加支撑的地方可以手动添加支撑。

图 5.209　生成支撑的铁塔模型

再单击图中的 | 重新生成并退出 | 工具重新生成支撑并退出支撑生成模式，如图 5.211 所示，回到准备状态，完成后单击 ➡ 退出支撑编辑，如图 5.212 所示。

图 5.210　支撑修改工具框

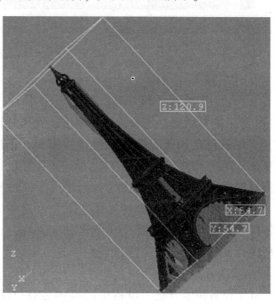

图 5.211　重新生成支撑的铁塔模型

图 5.212   生成支撑

6. 导出切片

返回工作界面，单击 图标，弹出如图
5.213 所示的对话框，其中的切片厚度、光斑补偿
以及 Z 轴补偿在 SLA 设备中已经设置完成，不建
议更改。单击【保存】，系统将选择一个路径用来
存放导出的 SLC 切片文件，或者新建一个文件夹
再单击【确定】按钮，软件界面左下角会出现完
成零件切片的导出。最后打开新建的文件夹，查
看所保存的文件，至此完成铁塔模型的切片处理。

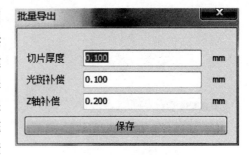

图 5.213   批量导出对话框

7. 产品打印

SLA 设备正常开机，设备中已经预装有打印机控制软件 Zero，双击桌面图标 ，弹出
Zero 工作界面，如图 5.214 所示。

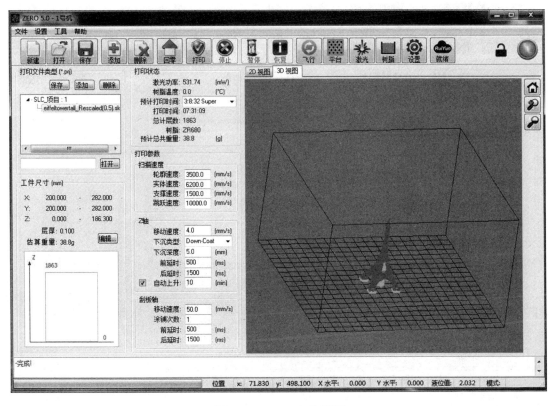

图 5.214　Zero 工作界面

（1）导入打印项目。

单击图标 ![icon] 将铁塔的切片文件 . slc 拷入 SLA 设备中，单击新建打印项目中的 Edit 按钮，编辑 SLC 文件打印位置。建议在 magics 中将模型位置放置好，不必在此摆放零件。在打印项目中可以看到已经导入铁塔模型文件，同时在视图区域可见铁塔数据模型。如图 5.214 所示，显示经过切片处理后的模型需打印 1 863 层，以及零件的相关尺寸信息。

（2）打印前的准备工作。

开始打印前需要检查树脂液位以及激光功率。首先单击激光图标，弹出如图 5.215 所示对话框，激光功率为 556.64 mW，已经达标，可以开始打印。然后单击树脂图标，弹出如图 5.216 所示对话框，要求树脂量不能少于 1.5，否则系统报警，目前显示树脂量是 2.03，可以工作。

（3）单击图标 ![icon]，设备开始打印。

（4）制作完成后，设备蜂鸣器响 10 s，提示工作结束，稍等大约 10 min 后，工作平台自动升起，将打印完成的零件取下可进行后处理。图 5.217 所示为 SLA 制作完成的铁塔原型。

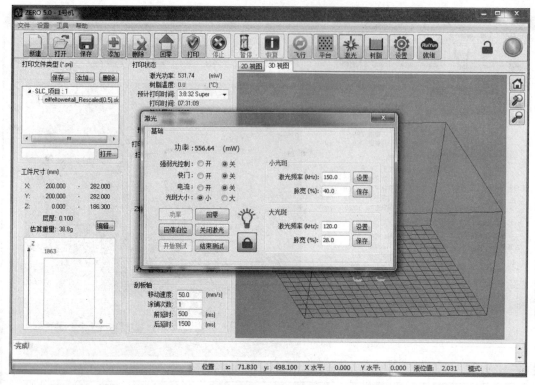

图 5.215　激光状态

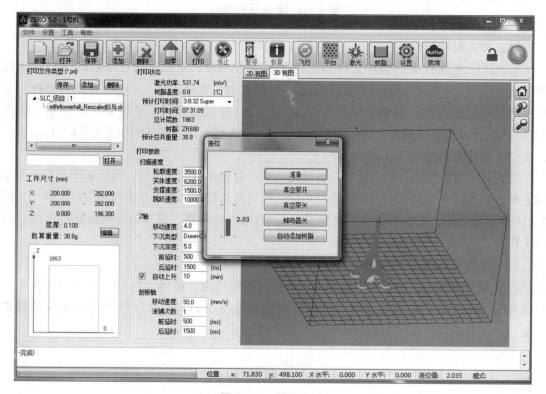

图 5.216　树脂液位

图 5.217 SLA 制作完成的铁塔原型

 思考 5 练习

1. STL 文件的获得方式有哪几种？
2. 模型的支撑设置和分层处理有哪些注意事项？
3. 使用光固化成型工艺加工制件时的步骤是什么？
4. 基于正向建模加工制件的工作流程是什么？

第六章　3D打印技术应用

航天工匠——洪家光

发动机作为飞机心脏，一万多个精密零部件中，叶片就有近千片。在大推力牵引下，叶片承受着巨大的离心力，一旦与叶盘的连接不够严密牢靠，可能会导致叶片出现裂纹或断裂，甚至造成机毁人亡的惨剧。以往，只有少数国家掌握航空发动机叶片的精密磨削技术，如今，通过自主研发，洪家光团队也掌握了一套核心技术。洪家光刚进厂时也是从基础做起，经过多年打拼与努力，他凭借炉火纯青的技艺挑战了一个又一个难题，30岁出头，就成为远近闻名的技术能手。原本干粗加工的洪家光慢慢开始承担精密加工的任务，利用业务时间牵头研制航空发动机叶片滚轮精密磨削技术，可周围人并不看好。刚开始的时候，作为这个项目的第一完成人，大家都觉得："一个产业工人就干好自己活儿，搞什么发明创造，搞什么技术研发啊？"大家的担心不无道理，对一个工人来说，搞研发需要空气动力学、力学、化学等方面系统丰富的理论知识，这不是光靠苦练就可以迅速掌握的。但是洪家光不服气，他一本本书地啃，向一个个专家请教。经过5年多的努力，1 500多次尝试，洪家光团队最终打破国外技术垄断，研发出一套成熟的航空发动机叶片滚轮精密磨削技术，为以后的数控化制造和批量生产打下基础，获得了国家科技进步二等奖。在洪家光单位附近，展览着我国的几代战机，一墙之隔，是我国新型战机的试飞场，偶尔会有战机呼啸而过。洪家光感慨："看到的时候感觉万分自豪。只有坚持了，再加上你的奋斗，才能够成就你自己。我要保证我每个产品的质量，保证我每个产品都有一个新的突破，都有一个最精准的标准，才能使我们的战鹰飞得更远、飞得更高。"这是坚持之美，奋斗之美，热爱之美，创新之美。

英国《经济学人》杂志曾发表了一个封面故事《第三次工业革言》，这个故事在论述数字技术给我们的世界带来变革的同时，特别提到了3D印技术会因为对传统工业制造规模效应的冲击而得到非常广阔的发展空间。作为第三次产业革命的标志之一，3D打印技术已在全球制造领域产生了重要影响。随着3D打印技术的成熟与发展，其已经广泛用于家电、汽车、航空航天、船舶、工业设计、医疗等领域，艺术、建筑等领域的工作者也已开始使用3D打印设备。

根据具体应用对象，3D打印的应用领域可以细分为工业设计、机械制造（汽车、家电等）、医学、航空航天、建筑设计、军事、食品、轻工、文化艺术等方面。随着3D技术自身的发展和完善，其应用领域将不断扩展。根据3D打印技术的用途，可以将其应用领域概括为以下几个方面：

（1）视觉帮助。通过 3D 彩色打印，实现几何结构与分析数据的实体化与可视化。

（2）展示模型。利用 3D 打印技术可实现快速打印设计模型进行展示。在建筑设计上，可进行建筑总体布局、结构方案的展示和评价。

（3）功能模型。利用 3D 打印技术快速打印出功能性模型。在医学上可制造器官、骨骼等实体模型，可指导手术方案设计，也可打印制作组织工程和定向药物输送骨架等。

（4）装配试验。3D 打印可以较精确地制造出产品零件中的任意结构细节，借助 3D 打印的实体模型结合设计文件，就可有效指导零件和模具的工艺设计，或进行产品装配试验，避免结构和工艺设计错误。

（5）模具原型。以 3D 打印制造的原型作为模板，制板，制作硅胶、树脂、低熔点合金等快速模具，可便捷地实现几十件到数百件零件的小批配制器。

（6）金属铸造模型。3D 打印的实体原型本身具有一定的结构性能，同时利用 3D 打印技术可直接制造金属零件，或制造出熔（蜡）模，再通过熔模铸造金属零件，甚至可以打印制造出特殊要求的功能零件和样件等。

（7）模具零件。直接打印庞大复杂的模具花费的时间多且耗资大，其零件可用 3D 打印技术进行批量制造再组装，并可以随时替换。

（8）教育与研究。借助于 3D 打印的实体模型，不同专业领域（设计、制造、市场、客户）的人员可以对产品实现方案、外观、人机功效等进行实物研究。

第一节　3D 打印技术在工业制造领域的应用

了解 3D 打印技术在工业制造领域的应用案例。

能正确解释 3D 打印技术在工业制造领域的应用。

1. 培养学生具有全球意识和开放的心态，了解世界科技发展和动态；
2. 培养学生具有积极的学习态度和浓厚的学习兴趣，能正确认识和理解学习的价值；
3. 培养学生掌握适合自身的学习方法，能养成良好的学习习惯；
4. 培养学生具有以人为本的意识，能尊重尊严和价值，能关切人的生存、发展和幸福等。

自 3D 打印技术兴起以来，制造业也掀起了一股 3D 打印热潮。因为 3D 打印无论是在成本还是在速度与精确度上都要比传统制造优秀，所以制造业利用 3D 技术能产生较高的实际

价值，甚至能够解决质量控制问题。

利用 3D 打印技术将大大减少直接从事生产的操作工人比例，劳动力所占生产成本比例随之下降。同时，3D 打印技术的个性化、快捷性和低成本特点使其能够更快地适应市场需求的变化，包括满足小批量产品的生产需求。3D 打印技术的应用使得产品与消费者之间的距离前所未有地接近，给消费者提供了在大规模生产和个性化制造之间进行选择的自由性。此外，3D 打印不需要模具，可以直接进行样品原型制造，因而大大缩短了从图纸到实物的时间，任何形状复杂的零件，都可以被分解为一系列二维制造的叠加，使得生产效率显著提高。

在工业制造领域，3D 打印模型已经逐渐被用于功能性的原型设计，并用于安装与装配测试、反馈再修正，实现零部件的小批量生产，也被用作工具的图样和金属的加工处理。尤其在新产品研发过程中，3D 打印技术为设计开发人员建立了一种崭新的产品开发模式，可快速、直接、精确地将设计思想转化为具有一定功能的实物模型。

产品开发一般经过市场调研、初步设计、技术设计、工作图设计、样机试制试验、验证修改设计和小批试制几个阶段，样机试制时间约占 1/3，所用费用占六成左右。如果没有3D 打印设备，一般产品要开多副模具，所需费用几万至几十万元不等，耗费数月时间，验证设计要修改的模具费用约占两成。运用 3D 打印技术则可在数小时或几天内将设计人员的图纸或 CAD 模型转化成实际模型样件，可迅速地得到用户对设计的反馈意见，不仅提高设计质量，降低开发费用，缩短试制周期，而且也有利于产品制造者加深对产品的理解，合理地确定生产方式、工艺流程。

汽车作为人们的出行交通工具，在经济发展水平和人们生活水平不断提高的社会环境下，目前已经成为人们生活必需品，同时也是消耗品，汽车零部件的维修和更换成为用车生活中的常事。但是，不管是汽车制造还是汽车维修，不仅会造成大量的经济成本，而且还会给环境资源带来负担。随着汽车制造产业的发展，汽车制造企业之间的竞争加大，如何开展高效的汽车制造和维修服务，成为目前车企需要考虑的重要问题。3D 打印技术凭借其优势，可以打印出汽车零部件，无论是外形还是性能，都与原版无异，因此 3D 打印技术在汽车行业广泛采用，如图 6.1 所示。

在中国的汽车制造商中，一汽、上汽、长安汽车、江淮等企业也在设计阶段积极地应用3D 打印技术。由于通过 3D 打印设备可以在不开发模具的情况下，快速地将原型制造出来，这项技术为汽车制造企业的设计工作节省了大量时间，同时节省了研发过程中的模具制造成本，为加速汽车的设计迭代创造了条件。汽车研发部门通过实车安装 3D 打印零部件原型，能够及时发现问题，及时调整优化结构设计方案，进一步提升了新设计的可靠性。此外，汽车外壳中有不少曲面结构、栅格结构，这些零部件的原型如通过机械加工技术制造难度很大，而 3D 打印技术在驾驭复杂结构方面则显得游刃有余。

3D 打印原型的用途有两类，一类是用于汽车造型阶段，这类原型件对力学性能要求不高，仅是为了验证设计外观，但它们为汽车造型设计师提供了生动立体的三维实体模型，为设计师进行设计迭代创造了便利条件。立体光固化 3D 打印设备被广泛应用于汽车造型评审用的零部件原型。例如，2003 年安徽江淮汽车在第一款轿车宾悦的研发过程中就使用了 3D 打印技术，在做外形评审时，他们将 3D 打印的内饰旋钮、按键原型镶嵌在模型车中，相比以前使用的零部件平面贴图，3D 打印的原型件非常直观，如图 6.2 所示。另外，汽车的车灯设计原型制造常采用立体光固化 3D 打印设备，与设备配套的特殊透明树脂材料在打印完成后再经过抛光处理，即可以呈现出逼真的透明车灯效果，如图 6.3 所示。立体光固化技术制造的零部件原型是单一颜色的，多材料 3D 打印技术也在汽车零部件原型制造领域占有一席之地。德国汽车制造商奥迪在其位于德国因戈尔施塔特的制造和 3D 打印中心采用了 Stratasys 的 J750 全彩色多材质 3D 打印机，用于生产车灯的原型并加速设计验证过程。可在单次打印中实现彩色和多材料结合，制作接近真实产品的原型。

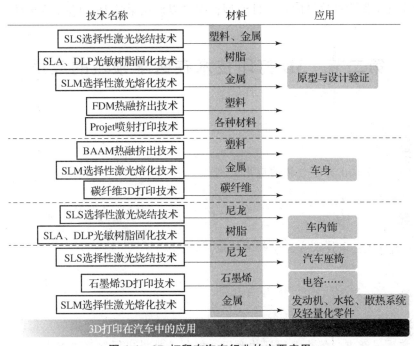

图 6.1 3D 打印在汽车行业的主要应用

图 6.2 3D 打印的汽车

图 6.3 全彩多材质 3D 打印生产车灯

3D 打印原型的另一类用途是功能性原型或高性能原型，这些原型往往具有良好的耐热性、耐蚀性或者是能够承受机械应力。汽车制造商通过这类 3D 打印零部件原型可以进行功能测试，如图 6.4 所示。实现这类应用可用的 3D 打印技术和材料包括：工业级熔融沉积成型 3D 打印设备和工程塑料丝材或者是纤维增强复合材料，选择性激光

图 6.4 3D 打印刹车卡钳

熔融 3D 打印设备和工程塑料粉末、纤维增强复合粉末材料。有的 3D 打印材料企业还推出了适合制造功能原型的光敏树脂材料，它们具有耐冲击、高强度、耐高温或者是高弹性，这些材料适用于立体光固化 3D 打印设备。比如 Formlabs 就推出了两款具有特殊性能的光敏树脂 3D 打印材料——Tough Resin 和 Durable Resin。其中 Tough Resin 材料性能类似于 ABS 塑料，如果汽车零部件制造商最终投入生产的产品是 ABS 注塑件，那么在进行这类零部件的快速原型制造时，就可以选择 Tough Resin 3D 打印树脂材料；如果零部件制造商需要制造柔性锁扣铰链或汽车保险杠这样的零部件原型，则可以使用柔性 Durable Resin 材料。

第二节　3D 打印技术在医学领域的应用

了解 3D 打印技术在医学领域的应用案例。

能正确解释 3D 打印技术在医学领域的应用。

1. 培养学生创新思维，能够打破传统思维模式，不断适应新环境的变化；
2. 培养学生用新方法解决新问题的意识，能创造性提出问题解决方案；
3. 培养学生具有数字化化生存能力，主动适应网络社会信息化发展趋势；
4. 培养学生能自觉、有效地获取、评估、鉴别、使用信息的能力。

新一代精准医疗产业是国家重点发展的战略型新兴产业。我国从 20 世纪 90 年代初期就已经开始将 3D 打印技术引入医疗行业。经过近 30 余年的发展，随着 3D 打印技术与医疗产业的逐步融合，3D 打印技术已成功涉足口腔修复、定制化假肢、手术导板、医用植入物等领域。目前，3D 打印机已经可以定制人体肝脏和肾脏的模型，而科学家们还在研究如何用 3D 打印机打印胚胎干细胞和活体组织，目标是制造出能够直接移植到受体身上的人体部位。打印人体器官虽然遥远，但 3D 打印技术因个性化定制、节约成本和方便快捷等优点，正好能满足个体化、精准化的医疗需求，有着广阔的发展空间。

金属 3D 打印技术在医疗器械领域的潜力已经超越了原先承担复杂手术器械的制造任务。例如，在膝关节前交叉韧带损伤修复手术中，医生首先要去除残存的前交叉韧带，然后准确地替换上移植韧带。如要保证手术的精准和微创，医生需要借助一种精密而特殊的手术工具。制造这种工具的镍铬铁合金是一种难加工材料，使用传统的机加工方式制造该手术工具的难度很高，而且所花费的时间长、成本高。这种情况下，使用金属 3D 打印技术进行制造则更为适合。

　　医用模型是利用 3D 打印技术将计算机影像数据信息形成实体结构，广泛用于外科手术和医学教学。用 3D 打印技术铸造的解剖模型是经过对特定病人使用医疗成像的数据研究而得到的数据，主要是针对计算机断层扫描（CT）或锥形束计算机层析成像（CBCT）所得到的数据。3D 打印医用模型可以为诊断、治疗和教学提供直观、能触摸的信息记录，利于深入研究，从而使医生和病人之间的交流更方便，可以用于复杂外科手术的策划，这些手术往往需要在三维模型上进行操练。

　　例如，对于复杂的额面外科手术，目前需要用病人头颅同样大小的模型进行手术演练，以便进行手术前的各项策划，显著增强医生的信心、减少操练时间。正因为如此，得到病人的骨内或软组织结构的物理副本有利于外科医生规划一些复杂的手术程序或决定最佳的动作方案。通常情况下，使用模型来计划骨整形手术包括神经外科、口腔颌面外科、脊柱外科、整形外科、耳鼻喉科（耳、鼻、喉手术）等。模型最常见的用途包括弯曲金属板的固定和测量或拟合复杂设备旨在延长或缩短骨段，这些模型的应用可针对不同情况的患者量身定制优化的骨重建结构、缩短手术时间。图 6.5 所示为用 3D 打印技术制造的医学模型。

　　此外，3D 打印医用模型在医学教育方面有很好的应用前景。3D 打印技术不但可以弥补解剖标本的缺乏，还可适当缩放帮助医学生更好地理解解剖结构。传统医学教学模型制作方法时间长，且搬运过程容易损坏，使用 3D 打印技术，可有效减少制作时间，根据需要随时制作，并降低搬运损坏的风险。

　　3D 打印技术在医用假体制作领域也有着广阔的发展空间。在美国，为了帮助一个遭受先天性罕见障碍疾病的患者，两名美国科学家利用 3D 打印机，别出心裁地用塑料制造出一副机械手臂，使得患者能够正常地生活，不受外界的影响和干扰，如图 6.6 所示。

图 6.5　用 3D 打印技术制造的医学模型

图 6.6　3D 打印制造的机械手臂

　　在牙齿种植方面，每个人的牙齿都不一样，每一位病人的骨骼损坏程度也不一样，采用传统修复方法，不但成本高，而且耗费时间长，会给病人在承受疾病痛苦的同时，带来经济上的压力。而 3D 打印技术正好符合这种个性化、复杂化、高难度的技术需求。3D 打印技术最新的牙科应用是可局部摘除的义齿和牙齿模型。口腔扫描仪让牙科医生可以直接将文件发送到制造中心，省去了在最后装配时手工修整牙齿的设备，如图 6.7 所示。

　　2013 年，杭州电子科技大学等高校研制出中国首台有自主知识产权的细胞组织 3D 打印机，该 3D 打印机使用生物医用高分子材料、无机材料、水凝胶材料或活细胞，目前已成功打印出较小比例的人类耳朵软骨组织、肝脏单元等。

　　传统植入医疗器械手术过程烦琐、创伤大，同时也存在生物相容性等潜在风险。3D 打印技术制造的心脏起搏器、神经刺激器等植入式医疗器械可有效改善患者的生理条件，维持患者的生理功能，改善患者的生活质量。清华大学曾提出了一种利用 3D 打印技术以微创方式直接在生物体目标组织处喷墨注射成型医疗电子器件的方法。他们首先将生物相容的封装材料注射于体内并固化形成特定结构，然后在此区域内进一步顺次注射具有导电性的液态金属墨水、绝缘性墨水和配套的微纳尺度器件等形成目标电子装置，通过控制微注射器的进针方向、注射部位、注射量、针头移位及速度，完成在体内目标组织处按预定形状及功能 3D 打印终端器械的目标，实现原位微创化植入医疗器械目的。

　　在骨科手术中，多孔表面对即将被植入骨头的植入物是有所帮助的。使用螺丝钉和机械锁骨进入到植入物表面，利于植入物更好地安装和固定。这种锁是由多孔表面引起的，过去往往通过等离子喷涂涂层、珠子和其他方法生产粗加工骨友好的表面来增加平滑植入物。多孔表面是可以 3D 打印的，并且它可以作为植入物制造过程的一个组成部分被生产创造。医疗应用范围从非定制、现成植入物为定制手术制作模型、植入物、假肢等个性化设备外科手术，3D 打印技术已经在这些应用中取得了一定的进展，并且生产出的很多产品已经得到监管机构的批准。图 6.8 所示为骨科手术用 3D 打印多孔植入物。

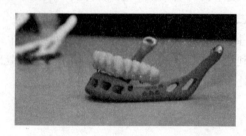 

图 6.7　3D 打印的牙模型及其支架　　　　图 6.8　骨科手术用 3D 打印多孔植入物

　　随着组织工程学、数字化医学、新材料和新工艺的不断发展，3D 打印技术应用将更为广阔。3D 打印技术将有力克服组织损坏与器官衰竭的困难。当 3D 生物打印速度提高到一定水平，所支持的材质更加精细全面，且打出的组织器官免遭人体自身排斥时，每个人专属的组织器官都能随时打出，这就相当于为每个人建立了自己的组织器官储备系统。患者有需要即可进行更换，这样人类将有力克服组织坏死、器官衰竭等困难。此外，表皮修复、美容应用水平也将进一步提高。随着打印精准度和材质适应性的提高，身体各部分组织将能更加精细地修整与融合，所制作的材质自然而然成为身体的一部分，有助于打造出更符合审美的人体特征。

第三节　3D 打印技术在航空航天领域的应用

　　了解 3D 打印技术在航空航天领域的应用案例。

能正确解释 3D 打印技术在航空航天领域的应用。

1. 培养学生关爱世界与人的意识，能关注人类面临的挑战，理解人类命运共同体的内涵与价值；

2. 培养学生具有工程思维，能将创意和方案转化为有形物品或对已有物品进行改进与优化；

3. 培养学生的社会责任感，能诚实守信、踏实细致、实事求是；

4. 培养学生善于听取不同意见的能力，在关键时刻能够做出科学判断。

作为第三次工业革命制造领域的典型代表技术，3D 打印的发展时刻受到各界的广泛关注。而金属高性能增材制造技术（金属 3D 打印技术）被行内专家视为 3D 打印领域高难度、高标准的发展分支，在工业制造中有着举足轻重的地位。目前，世界各国工业制造企业都在大力研发金属增材制造技术，尤其是航空航天制造企业，更是不惜耗费大量财力、物力加大研发力度，以确保自己的技术领先优势。

金属 3D 技术作为一项全新的制造技术，其在航空航天领域的应用优势突出，服务效益明显，主要体现在以下几个方面：

（1）缩短新型航空航天装备的研发周期。

航空航天技术是国防实力的象征，也是国家政治的体现形式，世界各国之间竞争异常激烈。因此，各国都试图以更快的速度研发出更新的武器装备，使自己在国防领域处于不败之地。而金属 3D 打印技术让高性能金属零部件，尤其是高性能大结构件的制造流程大为缩短，无须研发零件制造过程中使用的模具，这将极大地缩短产品研发制造周期。

国防大学军事后勤与军事科技装备教研部教授李大光表示，20 世纪八九十年代，要研发新一代战斗机至少要花 10～20 年的时间，由于 3D 打印技术最突出的优点是无须机械加工或任何模具，就能直接从计算机图形数据中生成任何形状的零件，所以如果借助 3D 打印技术及其他信息技术，最少只需 3 年时间就能研制出一款新型战斗机。加之该技术的高柔性、高性能灵活制造特点，以及对复杂零件的自由快速成型，金属 3D 打印将在航空航天领域大放异彩，为国防装备的制造提供强有力的技术支撑。

国产大飞机 C919 上的中央翼缘条零件是金属 3D 打印技术的在航空领域的应用典型。此结构件长 3 m，是国际上金属 3D 打印出最长的航空结构件。如果采用传统制造方法，此零件需要超大吨位的压力机锻造而成，不但费时费力，而且浪费原材料，目前国内还没有能够生产这种大型结构件的设备。所以，要想保证飞机研发进程及安全性，我们必须向国外订购此零件，且从订货到装机使用周期长达 2 年多时间，这严重阻碍了飞机的研发进度。采用金属 3D 打印技术打印出的中央翼缘条，其研制时间仅一个月左右，其结构强度达到甚至超过了锻件使用标准，完全符合航空使用标准。金属 3D 打印技术的使用在很大程度上缩短了我国大飞机的研制进程，让研制工作得以顺利进行。而这仅是金属 3D 打印技术应用在航空航天领域的一个缩影而已。

（2）提高材料的利用率，节约昂贵的战略材料，降低制造成本。

航空航天制造领域大多都使用价格昂贵的战略材料，比如钛合金、镍基高温合金等难加工的金属材料。传统制造方法对材料的使用率很低，一般不会大于 10%，甚至仅为 2% ~ 5%。材料的极大浪费也就意味着机械加工的程序复杂，生产时间周期长。如果是那些难加工的技术零件，加工周期会大幅度增加，制造周期明显延长，从而造成制造成本的增加。

金属 3D 打印技术作为一种近净成型技术，只需进行少量的后续处理即可投入使用，材料的使用率达到了 60%，有时甚至是达到了 90% 以上，不仅降低了制造成本，节约了原材料，更是符合国家提出的可持续发展战略。

2014 年在中国科学院一个专题讨论会上，北京航空航天大学王华明教授曾表示，中国现在仅需 55 天就可以打印出 C919 飞机驾驶舱玻璃窗框架。王华明还说，欧洲一家飞机制造公司表示，他们生产同样的东西至少要 2 年，光做模具就要花 200 万美元，而中国采用 3D 打印技术不仅缩短了生产周期，提高了效率，而且节省了原材料，极大地降低了生产成本。

（3）优化零件结构，减轻质量，减少应力集中，增加使用寿命。

对于航空航天武器装备而言，减重是其永恒不变的主题。不仅可以增加飞行装备在飞行过程中的灵活度，而且增加有效载荷，节省燃油，降低飞行成本。但是传统的制造方法已经将零件减重发挥到了极致，再想进一步发挥余力，已经不太现实。

3D 技术的应用可以优化复杂零部件的结构，在保证性能的前提下，将复杂结构经变换重新设计成简单结构，从而起到减轻质量的效果。而且通过优化零件结构，能使零件的应力呈现出最合理化的分布，减少疲劳裂纹产生的危险，从而增加使用寿命。通过合理复杂的内流道结构实现温度的控制，使设计与材料的使用达到最优化，或者通过材料的复合实现零件不同部位的任意自由成型，以满足使用标准。

战机的起落架是承受高载荷、高冲击的关键部位，这就需要零件具有高强度、高的抗冲击能力。美国 F - 16 战机上使用 3D 技术制造的起落架，不仅满足使用标准，而且平均寿命是原来的 2.5 倍。

（4）零件的修复成型。

金属 3D 打印技术除用于生产制造之外，其在金属高性能零件修复方面的应用价值绝不低于其制造本身。就目前情况而言，金属 3D 打印技术在修复成型方面所表现出的潜力甚至高于其制造本身。

以高性能整体涡轮叶盘零件为例，当盘上的某一叶片受损，则整个涡轮叶盘将报废，直接经济损失价值在百万元之上。较之前，这种损失可能不可挽回，令人心痛，但是基于 3D 打印逐层制造的特点，只需将受损的叶片看作是一种特殊的基材，在受损部位进行激光立体成型就可以恢复零件形状，且性能满足使用要求，甚至高于基材的使用性能。由于 3D 打印过程中的可控性，其修复带来的负面影响很有限。

事实上，3D 打印制造的零部件更容易得到修复，匹配性更佳。相较于其他制造技术，在 3D 修复过程中，由于制造工艺和修复参数的差距，很难使修复区和基材在组织、成分以及性能上保持一致性。但是在修复 3D 成型的零件时就不会存在这种问题了。修复过程可以看作是增材制造过程的延续，修复区与基材可以达到最优的匹配。这就实现了零件制造过程的良性循环：低成本制造＋低成本修复＝高经济效益。

（5）与传统制造技术相配合，互通互补。

　　传统制造技术适用于大批量成型产品的生产，而 3D 打印技术则更适合个性化或者精细化结构产品的制造。将 3D 打印技术和传统制造技术相结合，各取所长，充分发挥各自的优势，使制造技术发挥更大的威力。科学家认为，未来航空航天方面的设计和制造都离不开 3D 打印技术，其中包括航空母舰上的各种武器和配套装置、人造卫星的外部构造、火星探测器、空间站，乃至宇宙飞船。航空航天领域也是国内目前运用 3D 打印技术最多的领域，如图 6.9 所示。

（a）

（b）

图 6.9　3D 打印技术在航空航天领域的应用

　　卫星的几个部件由激光烧结工艺制成，用来提供用于跟踪目标的雷达反射，如图 6.10 所示。

　　在航空航天领域的一个持续应用是飞机环境控制系统（ECS）军用和商用管道的生产。波音公司和其供应商正在广泛使用激光烧结技术制造战斗机管道。它将组装 20 多个零件来产生一个空气管装配件，组成管道的每个独立部分都需要某种类型的工具。这种做法减少了部件的数量、加工、库存、劳力、整个组装生产线和维护。同时，激光烧结零件的质量轻于之前的组件，有助于节省燃料。波音和其他航空航天公司使用 3D 打印工艺生产的不仅有 ECS 管道，还有电器箱、支架和其他永久安装在飞机上的部分。图 6.11 所示为战斗机使用的 3D 打印件。

图 6.10　3D 打印技术制造的卫星零件

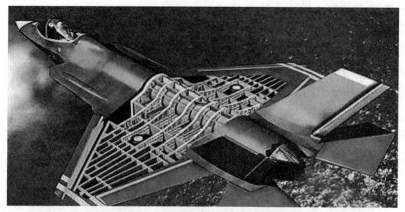

图 6.11　战斗机使用的 3D 打印件

　　航空航天作为 3D 打印技术的首要应用领域，其技术优势明显，但是这绝不是意味着金属 3D 打印是无所不能的，在实际生产中，其技术应用还有很多亟待解决的问题。比如目前 3D 打印还无法适应大规模生产，满足不了高精度需求，无法实现高效率制造等。另外，制约 3D 打印发展的一个关键因素就是其设备成本的居高不下，大多数民用领域还无法承担起如此高昂的设备制造成本。但是随着材料技术、计算机技术以及激光技术的不断发展，制造成本将会不断降低，满足制造业对生产成本的承受能力，届时，3D 打印将会在制造领域绽放属于它的光芒。

第四节　3D 打印技术在建筑领域的应用

　　了解 3D 打印技术在建筑领域的应用案例。

　　能正确解释 3D 打印技术在建筑领域的应用。

　　1. 培养学生具有终身学习的意识和能力；

　　2. 培养学生坚持不懈的品质，面对困难和失败能沉着冷静，不轻易放弃；

　　3. 培养学生具有网络伦理道德与信息安全意识等。

　　在建筑行业，工程师和设计师们已经逐渐开始使用 3D 打印机打印建筑模型，这种方法快速、成本低、环保，而且制作精美，完全合乎设计者的要求，又能节省大量材料。

　　3D 打印技术在建筑行业有着广泛的应用，包括概念设计、客户交流、模型展示等。使用物理模型是一种能够被广泛接受的用于沟通设计理念的方法，这在建筑行业得到了良好的体现。3D打印技术使得建筑师和土木工程师能够方便地展示自己的设计理念而不必担心图纸和二维图形令人费解。

在建筑设计上，美学和工程是两个需要考虑的主要问题，模型设计和制造是建筑设计中不可或缺的环节。实体模型除了可令客户更了解建筑物的具体设计外，更可用作各方面的测试，如光线测试、可承受风力测试等。以往建筑工程师在设计完成后，便要考虑如何把设计实体化。但有了3D打印技术后，不论他们的设计有多复杂，都可以很快被制造出来。图6.12所示为3D打印技术制作的建筑模型。

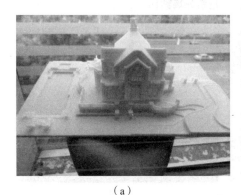
（a）
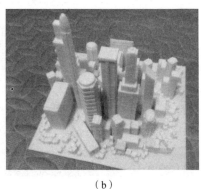
（b）

图6.12　3D打印技术制作的建筑模型

由于3D打印技术大大减少了制造模型所花费的时间，这使得企业可以方便快捷地为他们的客户针对不同用途制造各种规格的模型。

3D打印建筑是通过3D打印技术建造起来的建筑物，由一个巨型的3D挤出机械构成，挤压头上使用齿轮传动装置来为房屋创建基础和增壁，直接制造出建筑物。目前已经有公司利用3D打印技术制造适合居住的房屋。

2014年荷兰建筑师利用一台大型3D打印机建造全球首栋3D打印住宅建筑，共由13个房间组成。尤尼科技有限公司和盈创科技公司利用3D打印技术造出可供人类居住的简易房屋。2014年8月21日，10幢3D打印建筑在上海张江高新青浦园区内正式交付使用，作为当地动迁工程的办公用房。这些打印出来的建筑墙体是用建筑垃圾制成的特殊油墨，按照电脑设计的图纸和方案，经一台大型的3D打印机层层叠加喷绘而成，10幢小屋的建筑过程仅花费24 h。图6.13所示为3D打印建筑的原理示意图。图6.14所示为3D打印建筑外墙结构。图6.15所示为3D打印的建筑。

（a）
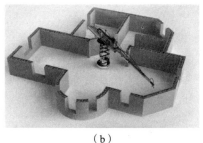
（b）

图6.13　3D打印建筑的原理示意图

| 221 |

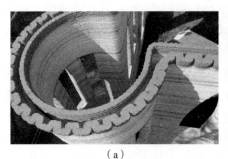
（a）

（b）

图 6.14　3D 打印建筑外墙结构

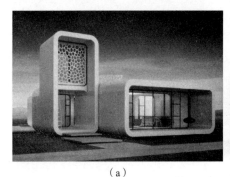
（a）

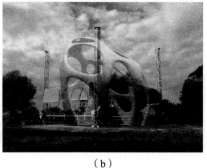
（b）

图 6.15　3D 打印的建筑

第五节　3D 打印技术在其他领域中的应用

了解 3D 打印技术在其他领域的应用案例。

能正确解释 3D 打印技术在其他领域的应用。

1. 培养学生能接受并自觉践行社会主义核心价值观；

2. 培养学生具有正确的国家意识，能自觉捍卫国家主权、尊严和利益；

3. 培养学生具有文化自信和科技自信，尊重中华民族的优秀文明成果与科技成果，并能传播弘扬社会主义先进文化与成果。

1. 军事领域

在军事领域，3D 打印技术给装备保障带来的变化无疑也是革命性的。在未来信息化战场上，无论武器装备处于任何位置，一旦需要更换损毁的零部件，技术保障人员可随时利用携带的 3D 打印机，直接把所需的部件打印出来，装配好就可以让武器装备重新投入战场。据外媒报道，美国陆军已经加入扩展 3D 打印行动，为"增强小型前线作战基地的可持续作战能力"，2012 年他们先后向阿富汗战区部署了两个移动远征实验室，实验室由一个 6 m³ 的集装箱制成，配备有实验室设备、成型机、3D 打印机和其他制造工具，可以将塑料、钢铁和铝等材料打印成战场急需零部件。美国某公司宣布他们已成功掌握了用电子束进行钛合金的 3D 打印制造的关键技术。

美国空军和洛克希德·马丁公司合作已经将 3D 打印技术应用在 F–35 战斗机生产制造过程。相比传统生产加工方式，这一新技术生产制造成本更低、寿命更长。如果未来几千架战斗机均使用该技术制造金属零部件，那么将可以降低数十亿美元的生产成本。

2. 食品领域

3D 打印在食品领域也有成功的应用，如做成的鲜肉特别有弹性，而且烹饪后肉质有嚼头，丝毫不逊于真正的肉。美国泰尔基金会近日已投资成立了"鲜肉 3D 打印技术公司"，希望能够为大众提供安全放心的猪肉产品。德国科技公司 Biozoon 最近推出了一种叫 Smooth-food 的 3D 打印食品，以解决老人的进食困难问题，为进食困难的老年人带来福音。这种食品的制作方法是：将食品原料液化并凝结成胶状物，然后通过 3D 打印技术制造出各种各样的食物。这种食物很容易咀嚼和吞咽，很可能成为老人护理行业的革新者。国内福建省蓝天农场食品有限公司利用 3D 打印技术做出色彩缤纷的个性化饼干，受到儿童和年轻女孩的喜爱，市场销路非常好。

此外，3D 巧克力打印机和 3D 比萨打印机也已进入市场。图 6.16 所示为 3D 打印的巧克力。

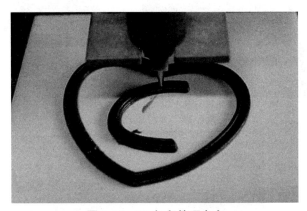

图 6.16　3D 打印的巧克力

3. 服饰设计领域

3D 打印同时也是时尚界新宠儿，致力于生产时尚且高性能的产品。耐克在 2013 年推出了 Vapor Laser Talon，这是它的第一个 3D 打印技术的运动鞋，如图 6.17 所示。其鞋底采用 3D 打印技术，质量轻，在草地上的抓地力表现非常优秀。

3D 打印制造的服装和饰品也在各大国际知名的服装饰品展台上大放异彩，吸引了无数人的目光，并为设计师打开了更多的灵感。图 6.18 所示为 3D 打印的衣服。图 6.19 所示为 3D 打印的帽子。图 6.20 所示为 3D 打印的鞋子。图 6.21 所示为 3D 打印的饰品。

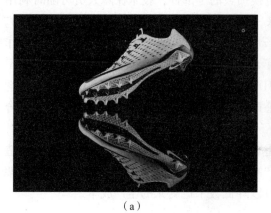 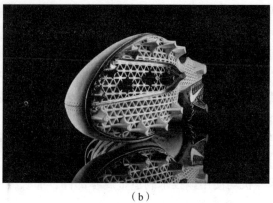

（a） （b）

图 6.17 Vapor Laser Talon

图 6.18 3D 打印的衣服

图 6.19 3D 打印的帽子

4. 文物修复领域

虽然3D打印技术在医学、建筑、航空等广泛领域都有所应用，但在文物修复（古陶瓷器）、复制中却未得到尝试。珍贵文物保存困难，制作工艺复杂且细节难以复原。考古学家开始尝试将3D打印技术用于珍贵文物复制、残缺文物修复以及珍贵文物碎片的拼接等方面，并身体力行地加快文物修复进程，使珍贵的珍贵文物能够长久保留。

图 6.20　3D 打印的鞋子

图 6.21　3D 打印的饰品

位于西班牙马略卡岛的马纳科尔博物馆就利用了这项技术。博物馆工作人员挑选了12个藏品，进行精准的三维扫描和测量，然后使用3D打印机精确复制。这些复制品对公众开放，博物馆会充分发挥这些物体的潜力，让这些极具历史意义的作品与各种各样的游客零距离接触，包括视力受损的游客，让他们真切感受历史的魅力，如图6.22和图6.23所示。

（a）

（b）

（c）

图 6.22　3D 打印古罗马酒神雕像

图 6.23　3D 打印古罗马油灯

我国也积极支持历史博物馆数字化管理建设工作，很多历史博物馆与文物修复工作者已经逐渐利用 3D 打印与 3D 扫描技术，让支离破碎的珍贵文物"死而复生"，再现风采。清华大学是国内最早开展快速成型技术研究的单位之一，在基于激光和电子束等 3D 打印技术基础理论、成型工艺、成型新材料及应用方面都有深入的研究。华中理工大学在 20 世纪 90 年代初与新加坡 KINERGY 公司合作，开发出基于分层叠纸式（LOM）快速成型技术的 Zippy 系列快速成型系统，并建立起 LOM 成型材料性能的测试指标和测试方法。

在修复器物残缺部位时，传统的工艺是用打样膏或硅橡胶对文物器物直接取样、翻模，然后对残缺处进行修复。但是在某些特殊的案例中，例如修复质地疏松的陶器时，传统的翻模方法便不适合直接在其表面进行操作了。随着现代科技的迅猛发展，可以做到在不直接接触文物器物的前提下，通过高科技技术手段，如三维立体扫描、数据采集、建模、打印等，将复制件及残缺部分打印、复制成型。此类翻模方式不仅节省材料，提高材料利用率，可快速精准成型，更重要的是大大避免了翻模时直接接触文物而对文物本体造成的二次伤害。

双龙瓶双目光学测量机三维立体扫描后，其参数被传送至 3D 打印机（BJET30）并输出指令，3D 打印机便根据计算机中的模型数据来打印出最终成品，如图 6.24 和图 6.25 所示。整个过程所需时间不过两三个小时，不仅用时少，而且可以扫描并打印出原器物损坏处断面的结构，提高了断面处塑形的工作效率。打印出的成品与原器物大小一致，模型的截面与器物本身断面相吻合，可直接拼接、黏结进行修复。黏结完毕后，用腻子填平拼接处存在的细缝。可用小型牛角刀将腻子轻轻刮涂在细缝处，多次反复直至表面光挺平滑，再选用相应型号的砂纸打磨。

图 6.24　3D 打印技术修复的双龙瓶

图 6.25　3D 打印技术修复的古代文物

思考与练习

1. 举例说明 3D 打印技术在工业制造领域的应用有哪些。
2. 举例说明 3D 打印技术在建筑领域的应用有哪些。

附录一

国家增材制造产业发展推进计划（2015—2016 年）

为落实国务院关于发展战略性新兴产业的决策部署，抢抓新一轮科技革命和产业变革的重大机遇，加快推进我国增材制造（又称"3D 打印"）产业健康有序发展，制定本推进计划。

一、发展现状及面临的形势

增材制造是以数字模型为基础，将材料逐层堆积制造出实体物品的新兴制造技术，体现了信息网络技术与先进材料技术、数字制造技术的密切结合，是先进制造业的重要组成部分。当前，增材制造技术已经从研发转向产业化应用，其与信息网络技术的深度融合，或将给传统制造业带来变革性影响。加快增材制造技术发展，尽快形成产业规模，对于推进我国制造业转型升级具有重要意义。

经过多年的发展，我国增材制造技术与世界先进水平基本同步，在高性能复杂大型金属承力构件增材制造等部分技术领域已达到国际先进水平，成功研制出光固化、激光选区烧结、激光选区熔化、激光近净成型、熔融沉积成型、电子束选区熔化成型等工艺装备。增材制造技术及产品已经在航空航天、汽车、生物医疗、文化创意等领域得到了初步应用，涌现出一批具备一定竞争力的骨干企业。但是，我国增材制造产业化仍处于起步阶段，与先进国家相比存在较大差距，尚未形成完整的产业体系，离实现大规模产业化、工程化应用还有一定距离。关键核心技术有待突破，装备及核心器件、成型材料、工艺及软件等产业基础薄弱，政策与标准体系有待建立，缺乏有效的协调推进机制。

当前，新一轮科技革命和产业变革正在孕育兴起，与我国工业转型升级形成历史性交汇。世界工业强国纷纷将增材制造作为未来产业发展新的增长点加以培育，制定了发展增材制造的国家战略和具体推动措施，力争抢占未来科技和产业制高点。与此同时，我国加快转变经济发展方式和产业提质增效升级，亟须采用包括增材制造技术在内的先进技术改造提升传统产业。不断释放的市场需求将为增材制造技术带来难得的发展机遇和广阔的发展空间。为此，应把握机遇，整合行业资源，营造良好发展环境，努力实现增材制造产业跨越式发展。

二、总体要求

1. 指导思想

以邓小平理论、"三个代表"重要思想、科学发展观为指导，深入贯彻习近平总书记重要讲话精神，把培育和发展增材制造产业作为推进制造业转型升级的一项重要任务，以直接制造为增材制造产业发展的主要战略取向，兼顾增材制造技术在原型制造和模具开发中的应用，面向航空航天、汽车、家电、文化创意、生物医疗、创新教育等领域重大需求，聚焦材料、装备、工艺、软件等关键环节，实施创新驱动，发挥企业主体作用，加大政策引导和扶持力度，营造良好发展环境，促进增材制造产业健康有序发展。

2. 基本原则

需求牵引与创新驱动相结合。面向重点领域产品开发设计和复杂结构件生产需求，以技术创新为动力，着力解决关键材料和装备自主研发等方面的基础问题，不断提高产品和服务质量，满足用户应用需求。

政府引导与市场拉动相结合。发挥政策激励作用，聚焦科技和产业资源，根据技术、市场成熟度，实施分类引导，同时发挥市场对产业发展的拉动作用，营造良好市场环境，不断拓展应用领域，促进增材制造大规模推广应用。

重点突破和统筹推进相结合。结合重大工程需求，在航空航天等涉及国防安全及市场潜力大、应用范围广的关键领域和重要产业链环节实现率先突破。兼顾个性化消费、创意产业等领域，形成产品设计、材料、关键器件、装备、工业应用等完整的产业链条。

增材制造和传统制造相结合。加快培育和发展增材制造产业，不断壮大产业规模。加强与传统制造工艺的结合，扩大在传统制造业中的应用推广，促进工业设计、材料与装备等相关产业的发展与提升。

3. 发展目标

到 2016 年，初步建立较为完善的增材制造产业体系，整体技术水平保持与国际同步，在航空航天等直接制造领域达到国际先进水平，在国际市场上占有较大的市场份额。

（1）产业化取得重大进展。增材制造产业销售收入实现快速增长，年均增长速度 30%以上。进一步夯实技术基础，形成 2～3 家具有较强国际竞争力的增材制造企业。

（2）技术水平明显提高。部分增材制造工艺装备达到国际先进水平，初步掌握增材制造专用材料、工艺软件及关键零部件等重要环节关键核心技术。研发一批自主装备、核心器件及成型材料。

（3）行业应用显著深化。增材制造成为航空航天等高端装备制造及修复领域的重要技术手段，初步成为产品研发设计、创新创意及个性化产品的实现手段以及新药研发、临床诊断与治疗的工具。在全国形成一批应用示范中心或基地。

（4）研究建立支撑体系。成立增材制造行业协会，加强对增材制造技术未来发展中可能出现的一些如安全、伦理等方面问题的研究。建立 5～6 家增材制造技术创新中心，完善扶持政策，形成较为完善的产业标准体系。

三、推进计划

1. 着力突破增材制造专用材料

依托高校、科研机构开展增材制造专用材料特性研究与设计，鼓励优势材料生产企业从事增材制造专用材料研发和生产，针对航空航天、汽车、文化创意、生物医疗等领域的重大需求，突破一批增材制造专用材料（专栏 1）。针对金属增材制造专用材料，优化粉末大小、形状和化学性质等材料特性，开发满足增材制造发展需要的金属材料。针对非金属增材制造专用材料，提高现有材料在耐高温、高强度等方面的性能，降低材料成本。到 2016 年，基本实现钛合金、高强钢、部分耐高温高强度工程塑料等专用材料的自主生产，满足产业发展和应用的需求。

专栏1 着力突破增材制造专用材料		
类　别	材料名称	应用领域
金属增材制造专用材料	细粒径球形钛合金粉末（粒度20～30 mm）、高强钢、高温合金等	航空航天等领域高性能、难加工零部件与模具的直接制造
非金属增材制造专用材料	光敏树脂、高性能陶瓷、碳纤维增强尼龙复合材料（200 ℃以上）、彩色柔性塑料以及PC‒ABS材料等耐高温高强度工程塑料	航空航天、汽车发动机等铸造用模具开发及功能零部件制造；工业产品原型制造及创新创意产品生产
医用增材制造专用材料	胶原、壳聚糖等天然医用材料；聚乳酸、聚乙醇酸、聚醚醚酮等人工合成高分子材料；羟基磷灰石等生物活性陶瓷材料；钴镍合金等医用金属材料	仿生组织修复、个性化组织、功能性组织及器官等精细医疗制造

2. 加快提升增材制造工艺技术水平

积极搭建增材制造工艺技术研发平台，建立以企业为主体，产学研用相结合的协同创新机制，加快提升一批有重大应用需求、广泛应用前景的增材制造工艺技术水平（专栏2），开发相应的数字模型、专用工艺软件及控制软件，支持企业研发增材制造所需的建模、设计、仿真等软件工具，在三维图像扫描、计算机辅助设计等领域实现突破。解决金属构件成型中高效、热应力控制及变形开裂预防、组织性能调控，以及非金属材料成型技术中温度场控制、变形控制、材料组分控制等工艺难题。

专栏2 加快提升增材制造工艺技术水平		
类别	工艺技术名称	应用领域
金属材料增材制造工艺技术	激光选区熔化（SLM）	复杂小型金属精密零件、金属牙冠、医用植入物等
	激光近净成型（LENS）	飞机大型复杂金属构件等
	电子束选区熔化（EBSM）	航空航天复杂金属构件、医用植入物等
	电子束熔丝沉积（EBDM）	航空航天大型金属构件等
非金属材料增材制造工艺技术	光固化成型（SLA）	工业产品设计开发、创新创意产品生产、精密铸造用蜡模等
	熔融沉积成型（FDM）	工业产品设计开发、创新创意产品生产等
	激光选区烧结（SLS）	航空航天领域用工程塑料零部件、汽车家电等领域铸造用砂芯、医用手术导板与骨科植入物等
	三维立体打印（3DP）	工业产品设计开发、铸造用砂芯、医疗植入物、医疗模型、创新创意产品、建筑等
	材料喷射成型	工业产品设计开发、医疗植入物、创新创意产品生产、铸造用蜡模等

3. 加速发展增材制造装备及核心器件

依托优势企业，加强增材制造专用材料、工艺技术与装备的结合，研制推广使用一批具有自主知识产权的增材制造装备（专栏3），不断提高金属材料增材制造装备的效率、精度、可靠性，以及非金属材料增材制造装备的高工况温度和工艺稳定性，提升个人桌面机的易用性、可靠性。重点研制与增材制造装备配套的嵌入式软件系统及核心器件，提升装备软、硬件协同能力。

专栏3 加快发展增材制造装备及核心器件	
类别	名称
金属材料增材制造装备	激光/电子束高效选区熔化、大型整体构件激光及电子束送粉/送丝熔化沉积等增材制造装备
非金属材料增材制造装备	光固化成型、熔融沉积成型、激光选区烧结成型、无模铸型以及材料喷射成型等增材制造装备
医用材料增材制造装备	仿生组织修复支架增材制造装备、医疗个性化增材制造装备、细胞活性材料增材制造装备等
增材制造装备核心器件	高光束质量激光器及光束整形系统、高品质电子枪及高速扫描系统、大功率激光扫描振镜、动态聚焦镜等精密光学器件、阵列式高精度喷嘴/喷头等

4. 建立和完善产业标准体系

一是研究制定增材制造工艺、装备、材料、数据接口、产品质量控制与性能评价等行业及国家标准。结合用户需求，制定基于增材制造的产品设计标准和规范，促进增材制造技术的推广应用。鼓励企业及科研院所主持或参与国际标准的制定工作，提升行业话语权。

二是开展质量技术评价和第三方检测认证。针对目前用户对增材制造产品在性能、质量、尺寸精度、可靠性等方面的疑虑，就航空航天、汽车、家电、生物医疗等对国家和人民生活安全有重大影响的行业使用增材制造技术直接制造产品，开展质量技术评价和第三方检测认证，确保产品的各项指标满足用户需求，促进增材制造技术的推广应用。

5. 大力推进应用示范

（1）组织实施应用示范工程。依托国家重大工程建设，通过搭建产需对接平台，着重解决金属材料增材制造在航空航天领域应用问题，在具备条件的情况下，在国防军工其他领域予以扩展。在技术相对成熟的产品设计开发领域，发展增材制造服务中心和展示中心，通过为用户提供快速原型和模具开发等方式，促进增材制造的推广应用。对于创意设计、个性化定制等领域，通过搭建共性服务平台，支持从事产品设计开发、文化创意等领域的中小型服务企业采用网络化服务模式，提高专业化服务水平。完善个性化增材制造医疗器械在产品分类、临床验证、产品注册、市场准入等方面的政策法规。

（2）支持建设公共服务平台。在具备优势条件的区域搭建公共服务平台，发展增材制造创新设计应用中心，为用户提供创新设计、产品优化、快速原型、模具开发等应用服务，促进增材制造技术的推广应用。加大对增材制造专用材料、装备及核心器件研发基地建设的支持力度，加快形成产业集聚发展，尽快形成产业规模。

（3）组织实施学校增材制造技术普及工程。在学校配置增材制造设备及教学软件，开设增材制造知识的教育培训课程，培养学生创新设计的兴趣、爱好、意识，在具备条件的企业设立增材制造实习基地，鼓励开展教学实践。

四、政策措施

1. 加强统筹协调

国家工业管理、发展改革、财政等部门应加强统筹协调，强化顶层设计，研究制定增材制造发展路线图。建立增材制造专家咨询委员会，对产业发展的重大问题和政策措施开展调查研究，进行论证评估，提出咨询建议。组建产学研用共同参与的行业组织，跟踪国内外产业发展情况及趋势，发布增材制造年度报告，制定年度研发及推广应用目录，加快科研成果产业化。

2. 加大财税支持力度

通过国家科技计划（基金、专项等）支持增材制造技术的研发工作。在智能制造装备有关领域的专项中研究支持增材制造发展的政策。落实好增材制造设计及工艺控制软件的税收支持政策。对增材制造领域国家支持发展的装备适时纳入重大技术装备进口税收政策支持范围。对符合条件的增材制造装备纳入重大技术装备首台套保险政策范围，支持应用推广。

3. 拓宽投融资渠道

采取政策引导和市场化运作相结合的方式，吸引企业、金融机构以及社会资金投向增材制造产业。在风险可控、商业可持续的前提下，引导银行业金融机构加大对增材制造产业的信贷支持力度，支持融资担保机构对增材制造企业提供贷款担保。鼓励符合条件的增材制造企业通过境内外上市、发行非金融企业债务融资工具等方式进行直接融资。

4. 加强人才培养和引进

依托已有的增材制造优势高校和科研机构，建立健全增材制造人才培养体系，积极开展高校教师的增材制造知识培训，支持在有条件的高校设立增材制造课程、学科或专业，鼓励院校与企业联合办学或建立增材制造人才培训基地。利用国家"千人计划"，从海外引进一批增材制造高端领军人才和专业团队。建立和完善人才激励机制，落实科研人员科研成果转化的股权、期权激励和奖励等收益分配政策。

5. 扩大国际交流合作

支持和鼓励高等院校、科研机构和企业加强国际交流与合作，举办国际交流会议或活动。鼓励国内企事业单位积极参与国际增材制造行业标准制定，推动我国领先领域的国内标准成为国际标准。鼓励国内企业积极走出去开展国际合资合作，引导国外企业在华设立研发基地或研发中心，带动国内增材制造研发水平的整体提升。

五、实施保障

各地工业管理、发展改革、财政等部门要加强沟通，密切配合，切实做好有关指导和服务工作，按照本推进计划确定的目标、任务和政策措施，加强组织领导，结合自身条件制定支持增材制造发展的具体政策措施，抓好工作落实，合理规划布局，引导和推进增材制造产业健康有序发展。

附录二

增材制造产业发展行动计划（2017—2020 年）

增材制造（又称"3D 打印"）是以数字模型为基础，将材料逐层堆积制造出实体物品的新兴制造技术，将对传统的工艺流程、生产线、工厂模式、产业链组合产生深刻影响，是制造业有代表性的颠覆性技术。我国高度重视增材制造产业，将其作为《中国制造 2025》的发展重点。2015 年，工业和信息化部、发展改革委、财政部联合印发了《国家增材制造产业发展推进计划（2015—2016 年)》，通过政策引导，在社会各界共同努力下，我国增材制造关键技术不断突破，装备性能显著提升，应用领域日益拓展，生态体系初步形成，涌现出一批具有一定竞争力的骨干企业，形成了若干产业集聚区，增材制造产业实现快速发展。

当前，全球范围内新一轮科技革命与产业革命正在萌发，世界各国纷纷将增材制造作为未来产业发展新增长点，推动增材制造技术与信息网络技术、新材料技术、新设计理念的加速融合。全球制造、消费模式开始重塑，增材制造产业将迎来巨大的发展机遇。与发达国家相比，我国增材制造产业尚存在关键技术滞后、创新能力不足、高端装备及零部件质量可靠性有待提升、应用广度深度有待提高等问题。为有效衔接《国家增材制造产业发展推进计划（2015—2016 年)》，应对增材制造产业发展新形势、新机遇、新需求，推进我国增材制造产业快速健康持续发展，特制定本计划。

一、指导思想和基本原则

1. 指导思想

全面贯彻落实党的十九大精神，以习近平新时代中国特色社会主义思想为指引，牢固树立新发展理念，按照党中央关于加快建设制造强国、加快发展先进制造业的战略部署，紧密围绕新兴产业培育和重点领域制造业智能转型，着力提高创新能力，提升供给质量，培育龙头企业，推进示范应用，完善支撑体系，探索产业发展新业态新模式，营造良好发展环境，促进增材制造产业做强做大，为制造强国建设提供有力支撑，为经济发展注入新动能。

2. 基本原则

创新驱动，夯实基础。强化技术、制度、模式、理念等创新，突破关键共性技术，健全设计、材料、装备、工艺、应用等环节核心技术体系，推动技术成果转化和推广应用。

需求牵引，统筹推进。面向传统产业升级改造和新兴消费等应用需求，深入推进在航空航天、船舶、汽车等领域中创新应用，积极促进在生物医疗、教育培训和创意消费等领域推广应用，打通增材制造在社会、企业、家庭的应用路径。

军民融合，开放合作。大力推动增材制造技术在军工领域的创新应用，加强军民资源共享，促进军民两用技术的加速发展。鼓励优势企业加强国际交流合作和海外布局，在全球范围内优化配置创新资源，融入全球市场实现同步发展。

市场主导，政府引导。充分发挥市场在资源配置中的决定性作用，强化企业主体地位，激发企业活力和创造力。积极转变政府职能，加强战略研究和规划引导，完善相关支持政策，推进示范应用，促进产业集聚化发展。

二、行动目标

到 2020 年，增材制造产业年销售收入超过 200 亿元，年均增速在 30% 以上。关键核心技术达到国际同步发展水平，工艺装备基本满足行业应用需求，生态体系建设显著完善，在部分领域实现规模化应用，国际发展能力明显提升。

技术水平明显提高。突破 100 种以上重点行业应用急需的工艺装备、核心器件及专用材料，大幅提升增材制造产品质量及供给能力。专用材料、工艺装备等产业链重要环节关键核心技术与国际同步发展，部分领域达到国际先进水平。

行业应用显著深化。开展 100 个以上应用范围较广、实施效果显著的试点示范项目，培育一批创新能力突出、特色鲜明的示范企业和园区，推动增材制造在航空、航天、船舶、汽车、医疗、文化、教育等领域实现规模化应用。

生态体系基本完善。培育形成从材料、工艺、软件、核心器件到装备的完整增材制造产业链，涵盖计量、标准、检测、认证等在内的增材制造生态体系。建成一批公共服务平台，形成若干产业集聚区。

全球布局初步实现。统筹利用国际国内两种资源，形成从技术研发、生产制造、资本运作、市场营销到品牌塑造等多元化、深层次的合作模式，培育 2~3 家以上具有较强国际竞争力的龙头企业，打造 2~3 个具有国际影响力的知名品牌，推动一批技术、装备、产品、标准成功走向国际市场。

三、重点任务

1. 提高创新能力

（1）加强增材制造创新体系建设。完善国家增材制造创新中心运行机制，鼓励有产业基础、技术条件的地区建设省级增材制造创新中心。建立以企业为主体、市场为导向、知识产权利益分享机制为纽带、政产学研用协同的增材制造创新体系，推进增材制造领域前瞻性、共性技术研究和先进科技成果转化，打造一批产业技术创新平台。

（2）强化关键共性技术研发。围绕提高增材制造基础研究能力，提升增材制造上下游技术水平，重点突破高性能材料研发与制备、产品设计优化、高质量高稳定性增材制造装备、高效复合增材制造工艺、微纳结构增材制造等关键共性技术。积极跟踪增材制造技术的发展趋势，编制增材制造技术发展路线图，提早布局新一代增材制造技术研究。

2. 提升供给质量

（1）提升增材制造专用材料质量（专栏1）。开展增材制造专用材料特性研究，推动增材制造关键材料制备技术及装备研发，鼓励优势材料生产企业从事增材制造专用材料及研究成果转化，提升增材制造专用材料品质和性能稳定性，形成一批基本满足增材制造产业需要的专用材料牌号。

专栏 1　提升增材制造专用材料质量

金属增材制造材料。研究金属球形粉末成型与制备技术，突破高转速旋转电极制粉、气雾化制粉等装备，开发空心粉率低、颗粒形状规则、粒度均匀、杂质元素含量低的高品质钛合金、高温合金、铝合金等金属粉末。研究增材制造专用液态金属材料。

无机非金属增材制造材料。研究氧化铝、氧化锆、碳化硅、氮化铝、氮化硅等陶瓷粉末、片材制备方法，提高材料收得率与性能一致性。

有机高分子增材制造材料。突破增材制造专用树脂、超高分子量聚合物等材料体系中热传导、界面链缠及性能调控技术，开发高性能稳定性的增材制造专用光敏树脂、黏结剂、催化剂、蜡材，开发高性能抗老化工程塑料与弹性体。

生物增材制造材料。建立生物增材制造材料体系，不断提高可植入材料生物学性能和增材制造工艺性能，完善个性化医疗器械的材料设计和微结构设计技术，开发不同软硬程度的器官/组织模拟材料，开发满足不同需求的生物"墨水"。

（2）提升增材制造装备、核心器件及软件质量（专栏 2）。加强先进主流增材制造技术的攻关，提高集成创新水平，重点突破增材制造装备、核心器件及专用软件的质量、性能和稳定性问题，加快推进增材制造装备用光电子器件和集成电路等核心电子器件的开发和应用，提高供给水平和能力。

专栏 2　提升增材制造装备、核心器件及软件质量

金属材料增材制造装备。提升激光/电子束高效选区熔化、大型整体构件激光及电子束送粉/送丝熔化沉积、液态金属喷墨打印等增材制造装备质量性能及可靠性。

非金属材料增材制造装备。提升光固化成型、熔融沉积成型、激光选区烧结成型、无模铸型以及材料喷射成型等增材制造装备质量性能及可靠性。

生物材料增材制造装备。提升仿生组织修复支架、医疗个性化、细胞活性材料、器官微结构和功能模拟芯片等增材制造装备质量性能及可靠性。

核心器件及软件。提升高光束质量激光器及光束整形系统、高品质电子枪及高速扫描系统，大功率激光扫描振镜、动态聚焦镜等精密光学器件、高精度阵列式喷嘴打印头/喷头、处理器、存储器、工业控制器、高精度传感器、数模模拟转换器等器件质量性能。突破数据设计软件、数据处理软件、工艺库、工艺分析及工艺智能规划软件、在线检测与监测系统及成型过程智能控制软件等增材制造核心支撑软件。

（3）提升增材制造服务质量。推进服务质量保障能力建设，通过加强企业与用户的产需对接，鼓励企业在重点应用领域提供契合用户需求的前期设计、产品供应、运营维护、检测认证等综合解决方案，提升行业整体服务质量和用户对增材制造技术的认可程度。

3. 推进示范应用

以直接制造为主要战略取向，兼顾原型设计和模具开发应用，推动增材制造在重点制造、医疗、文化创意、创新教育等领域规模化应用（专栏 3、专栏 4）。利用增材制造云平台等新模式，线上线下打通增材制造在社会、企业、家庭中的应用路径。

专栏 3　重点制造领域示范应用

推进增材制造在航空、航天、船舶、核工业、汽车、电力装备、轨道交通装备、家电、模具、铸造等重点制造领域的示范应用。

航空：针对各类飞行器平台和发动机大型、复杂结构件，推进激光直接沉积、电子束熔丝成型技术在钛合金框、梁、肋、唇口、整体叶盘、机匣以及超高强度钢起落架构件等承力结构件上的应用，推进激光、电子束选区熔化技术在防护格栅、燃油喷嘴、涡轮叶片上的示范应用，加强增材制造技术用于钛合金框、整体叶盘关键结构修理的验证研究。

航天：利用增材制造技术实现运载火箭、卫星、深空探测器等动力系统、复杂零部件的快速设计、原型制造；实现易损部件、备品备件等的直接制造和修复。

船舶：推进增材制造在船舶与配套设备领域的产品研发、结构优化、工艺研制、在线修复等应用研究，实现船舶及复杂零件的快速设计与优化，推进动力系统、甲板与舱室机械等关键零部件及备品备件的直接制造。

核工业：推进增材制造在核级设备复杂、关键零部件产品研发、工艺试验、检测认证，利用增材制造技术推进在役核设施在线修复。

汽车：在汽车新品设计、试制阶段，利用增材制造技术实现无模设计制造，缩短开发周期。采用增材制造技术一体化成型，实现复杂、关键零部件轻量化。

电力装备：在核电、水电、风电、火电装备等设计、制造环节使用增材制造技术，实现大型、复杂零部件的快速原型制造、直接制造和修复。

轨道交通装备：推进增材制造技术实现新产品研发、工艺试验、关键零部件试制过程中的快速原型制造，实现关键部件的多品种、小批量、柔性化制造，促进轨道交通装备绿色化、轻量化发展。

家电：将增材制造技术纳入家电的设计研发、工艺试验环节，缩短新产品研制周期，推进增材制造技术融入家电智能柔性制造体系，实现个性化定制。

模具：利用增材制造技术实现模具优化设计、原型制造等；推进复杂精密结构模具的一体化成型，缩短研发周期；应用金属增材制造技术直接制造复杂型腔模具。

铸造：推进增材制造在模型开发、复杂铸件制造、铸件修复等关键环节的应用，发展铸造专用大幅面砂型（芯）增材制造装备及相关材料，促进增材制造与传统铸造工艺的融合发展。

专栏 4　"3D 打印 +" 示范应用

"3D 打印 + 医疗"。针对医疗领域个性化医疗器械（含医用非医疗器械）、康复器械、植入物、软组织修复、新药开发等需求，推动完善个性化医用增材制造产品在分类、临床检验、注册、市场准入等方面的政策法规，研究确定医用增材制造产品及服务的医疗服务项目收费标准和医保支持标准。

"3D 打印 + 文化创意"。针对创新创意设计、文化创意产品开发以及个性化产品消费的需求，推动增材制造技术在相关领域的应用，培养新的消费热点，构建新型消费生产模式，助力消费升级。

"3D 打印 + 创新教育"。实施学校增材制造技术普及工程，鼓励增材制造技术在教育领域的推广，配置增材制造设备及教学软件，开设增材制造知识培训课程，建立增材制造实验室，培养学生创新设计的兴趣、爱好、意识。在中小学、职业院校等开展增材制造科普教育，开展增材制造设计、技能大赛等活动。

"3D 打印 + 互联网"。针对社会大众创新创意需求，支持增材制造企业与互联网企业合作，推动成立一批在线协同设计、数据互联共享、分布式制造的增材制造云平台，降低应用门槛，推动增材制造技术的普及。推动建设线下增材制造创新设计、应用、服务中心，为用户提供创新设计、产品优化、快速原型制造、模具开发等应用服务。

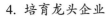

4. 培育龙头企业

（1）支持骨干企业发展。鼓励创新能力强、效率高、效益好、管理水平先进的骨干企业开展兼并重组、合资合作、跨界融合，积极整合国内外技术、人才和市场等资源，加强品牌培育，不断提升市场竞争能力。

（2）推进全产业链协同发展。引导中小企业围绕细分市场向"专、精、特、新"方向发展，加快服务模式和商业模式创新，促进全产业链协同发展，助推增材制造龙头企业的发展壮大。

（3）加快产业集聚区建设。鼓励具有一定增材制造产业特色优势的地区，进一步完善资本、土地等综合配套体系，汇集产业链上下游优势企业，加快培育世界级先进增材制造产业集群。

5. 完善支撑体系

（1）建立健全增材制造计量体系。针对增材制造领域的专用材料、制造装备和核心器件等测量需求，加强具有产业特点的计量测试技术和测试方法研究，开发增材制造专用计量、测试装备，为增材制造提供"全溯源链、全寿命周期、全产业链"及具有前瞻性的计量测试技术服务，不断完善增材制造产业计量测试服务体系。

（2）健全增材制造标准体系（专栏5）。强化企业在标准化活动中的主体地位，加大力度开展增材制造标准制修订工作，不断提升标准水平，增强标准有效供给，以标准支撑和引领增材制造产业发展。

专栏5　健全增材制造标准体系

新型标准制定体系。开展创新设计、专用材料、工艺技术、装备、检验检测、数据和服务等方面国家标准、行业标准制定工作，研制一批团体标准，加快构建政府主导制定标准与市场自主制定标准相互协调、相互促进的增材制造新型标准制定体系。

企业标准体系。鼓励企业加快制定一批企业标准，建立相关指标协调优化、相互配合的成套技术标准体系，以标准助推企业提升研发测试能力和管理水平等。

标准创新基地。开展增材制造领域的技术标准创新基地建设试点，搭建标准与科技、产业紧密衔接的服务平台，为企业提供一站式的标准化服务，助推企业标准能力水平提升。

成果转化标准。开展增材制造科技成果转化为技术标准试点工作，建设增材制造科技成果库，建立增材制造科技成果快速转化为技术标准机制，推动一批增材制造新技术、新方法、新材料、新工艺快速转化为标准。

标准国际化。在增材制造云服务平台、精度检测等具有一定优势的服务和技术领域，积极牵头制定国际标准，提升国际话语权，以标准带动增材制造技术、产品等"走出去"。

（3）建立增材制造检测和认证体系。围绕增材制造工艺装备、核心器件、专用材料和产品等，开展技术和产品特性的检测基础理论和方法研究，逐步建立增材制造检测体系。结合增材制造技术的应用要求，开展增材制造认证认可评价分析和质量保证等核心技术研究，提出适用于增材制造的认证认可技术解决方案。加强与国外增材制造检测和认证机构的合作，加快培育形成一批专业化的增材制造检测和认证机构，推动增材制造标准、检测、认证

协同发展。

四是健全人才培养体系。推进产学合作协同育才，扩大增材制造相关专业人才培养规模，加强配套支撑的课程设计、教材开发、师资队伍、专门实验室等方面的建设，建成一批人才培养示范基地。加强海外高层次科技、经营人才的引入和国际化人才的培养，建立和完善人才激励机制，落实科研人员科技成果转化的股权、期权激励和奖励等收益分配政策，形成与增材制造产业发展需求相适应的人力资源管理体系。

四、保障措施

1. 加强统筹组织协调

加强顶层设计，工业和信息化、发展改革、教育、公安、财政、商务、文化、卫生计生、国资、海关、质检、知识产权等各部门要统筹协调政策，形成资源共享、协同推进的工作格局。加强对区域政策的指导，有效利用中央、地方和其他社会资源，协调解决增材制造产业发展中的重大问题，不断完善中央和地方协同推进的产业政策体系。

2. 加大财政支持力度

充分利用现有渠道支持增材制造装备及其关键零部件产业化和推广应用。通过"增材制造与激光制造"国家重点研发计划等支持符合条件的增材制造工艺技术、装备及其关键零部件研发，研究将符合条件的增材制造纳入"科技创新 2030 - 重大项目"支持范围。将符合条件的增材制造装备纳入首台套重大技术装备保险补偿等政策，加大扶持力度。

3. 着力拓宽融资渠道

采取政策引导和市场化运作相结合的方式，吸引企业、金融机构以及社会资金投向增材制造产业。推进设备融资租赁，加快推动下游产业的技术和应用的推广。鼓励符合条件的增材制造企业通过境内外上市、发行非金融企业债务融资工具等方式进行直接融资。

4. 深化国际交流合作

坚持引进来和走出去并重，充分利用政府、行业组织、企业、研究院所等渠道，多层次地开展技术、标准、知识产权、检测认证等方面的国际交流与合作，不断拓展合作领域。支持国内企业积极开展并购、股权投资、创业投资及建立海外研发中心，鼓励国外企业在华设立研发基地、研发中心，共同推进提升增材制造研发产业化水平。依托一带一路倡议，推进增材制造技术在沿线国家的推广应用。

5. 强化行业安全监管

加强对增材制造装备生产、销售、应用等环节以及增材制造从业人员的监管，研究建立购买增材制造装备实名登记制度。建设增材制造信息数据平台，加强对工业级增材制造装备生产数据管理的监管，研究建立装备基本信息报备制度和从业认证登记备案制度，依法查处利用增材制造装备非法生产、制造管制器具等违法犯罪活动。

6. 发挥行业组织作用

发挥中国增材制造产业联盟等行业组织桥梁和纽带作用，组织装备企业与零部件、材料制备和用户开展需求对接，协调和推进装备研制、试验鉴定和试点示范，加快产品的应用推广。密切跟踪国内外产业技术发展趋势，加强对产业发展重大问题和政策的研究，编制并发布年度产业发展报告。积极宣传相关法规要求和技术标准，加强行业自律，提高行业素质，维护行业安全。

五、组织实施

各地工业和信息化主管部门要与地方发展改革、教育、公安、财政、商务、文化、卫生计生、国资、海关、质检、知识产权等部门加强沟通、密切配合，切实做好有关指导和服务工作，按照本行动计划确定的目标、任务和政策，制定支持增材制造发展的具体政策措施，抓好工作落实，加强对增材制造成果的宣传推广，引导和推动增材制造产业健康有序发展。

附录三

增材制造产业发展行动计划（2017—2020 年）解读

日前，工业和信息化部联合发展改革委、教育部、公安部、财政部、商务部、文化部、卫计委、国资委、海关总署、质监总局、知识产权局等 11 部门印发《增材制造产业发展行动计划（2017—2020 年）》（工信部联装〔2017〕311 号，以下简称《行动计划》）。为更好理解和贯彻实施《行动计划》，工业和信息化部装备工业司负责人就《行动计划》进行了解读。

问：为什么要制定《行动计划》？

答：增材制造（又称 3D 打印）是以数字模型为基础，将材料逐层堆积制造出实体物品的新兴制造技术，实现了制造方式从等材、减材到增材的重大转变，改变了传统制造的理念和模式。增材制造产业是先进制造业的重要组成部分。习近平总书记指出"随着 3D 打印技术规模产业化，传统的工艺流程、生产线、工厂模式、产业链组合都将面临深度调整。我们必须高度重视、密切跟踪、迎头赶上。"李克强总理指示"既要瞄准世界产业技术发展前沿，加强 3D 打印核心技术和原创技术研发，又要加快成果推广运用和产业化进程。"

当前，全球范围内新一轮科技与产业革命正在萌发，世界各国纷纷将增材制造作为未来产业发展新增长点，推动增材制造技术与信息网络技术、新材料技术、新设计理念的加速融合。全球制造、消费模式开始重塑，增材制造产业将迎来巨大的发展机遇。

我国高度重视增材制造产业，将其作为《中国制造 2025》的发展重点。2015 年工业和信息化部、发展改革委、财政部联合发布《国家增材制造产业发展推进计划（2015—2016年)》（以下简称《推进计划》），通过政策引导，在社会各界共同努力下，我国增材制造产业实现快速发展。但与发达国家相比，我国增材制造产业尚存在关键技术滞后、创新能力不足、专用材料性能亟须提高、高端装备及零部件质量可靠性有待提升、应用广度深度有待提高等问题。按照《中国制造 2025》的总体部署，根据当前增材制造产业面临的新形势、新机遇、新需求，编制了本《行动计划》。

问：《行动计划》的核心思路是什么？

答：《行动计划》的核心思路是全面贯彻落实党的十九大精神，以习近平新时代中国特色社会主义思想为指引，牢固树立新发展理念，按照党中央关于加快建设制造强国、加快发展先进制造业的战略部署，紧密围绕新兴产业培育和重点领域制造业智能转型，着力提高创新能力，提升供给质量，培育龙头企业，推进示范应用，完善支撑体系，探索产业发展新业态新模式，营造良好发展环境，促进增材制造产业做强做大，为制造强国建设提供有力支撑，为经济发展注入新动能。具体可用"四五六五"四个数字概括：聚焦四大重点领域、

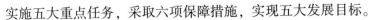

实施五大重点任务，采取六项保障措施，实现五大发展目标。

问：《行动计划》的"五大发展目标"是什么？

答：《行动计划》提出到2020年实现五大目标：一是产业保持高速发展，年均增速在30%以上，2020年增材制造产业销售收入超过200亿元；二是技术水平明显提高，突破100种以上满足重点行业需求的工艺装备、核心器件及专用材料；三是行业应用显著深化，开展100个以上试点示范项目，在重点制造（航空、航天、船舶、核工业、汽车、电力装备、轨道交通装备、家电、模具、铸造等）、医疗、文化、教育等四大领域实现规模化应用；四是生态体系基本完善，形成完整的增材制造产业链，计量、标准、检测、认证等在内的生态体系基本形成；五是全球布局初步实现，培育2~3家以上具有较强国际竞争力的龙头企业，打造2~3个国际知名名牌，一批装备、产品走向国际市场。

问：《行动计划》的"五大重点任务"具体是什么？

答：围绕五大目标提出了五大重点任务：一是提高创新能力，完善增材制造创新中心运行机制，推进前瞻性、共性技术研究和先进科技成果转化；突破一批关键共性技术，提早布局新一代增材制造技术研究。二是提升供给质量，开展增材制造专用材料、关键材料制备技术及装备的研发，提升材料的品质和性能稳定性；大力突破增材制造装备、核心器件及专用软件的质量、性能和稳定性；提升行业整体服务质量和用户对增材制造技术的认可程度。三是推进示范应用，以直接制造为主要战略取向，兼顾原型设计和模具开发应用，推动增材制造在重点制造、医疗、文化创意、教育等领域规模化应用，线上线下打通增材制造在社会、企业、家庭中的应用路径。四是培育龙头企业，支持骨干企业积极整合国内外技术、人才和市场等资源，加强品牌培育；促进全产业链协同发展，鼓励特色优势地区加快培育世界级先进增材制造产业集群，助推龙头企业的发展壮大。五是完善支撑体系，完善增材制造产业计量测试服务体系，健全增材制造标准体系，加快检测与认证机构培育，加快人才培养，健全人才激励机制。

问：《行动计划》提出的"六项保障措施"具体指什么？

答：一是加强统筹组织协调，各有关部门政策要加强协调，形成资源共享、协同推进的工作格局，同时要加强对区域政策的指导，完善中央和地方协同推进的产业政策体系。二是加大财政支持力度，充分利用现有渠道支持增材制造装备及关键零部件的研发及产业化，开展增材制造制造试点示范。三是着力拓宽融资渠道，采取政策引导和市场化运作结合的方式，吸引相关资金投向增材制造产业，推进设备融资租赁，鼓励符合条件的企业进行直接融资。四是深化国际交流合作，坚持引进来和走出去并重，多层次开展国际交流合作，鼓励国外企业在华设立研发基地、研发中心，依托一带一路倡议，推进增材制造技术的推广应用。五是强化行业安全监管，研究建立购买增材制造装备实名登记制度、装备基本信息报备制度和从业认证登记备案制度，依法查处利用增材制造装备非法生产、制造管制器具等违法犯罪活动。六是发挥行业组织作用，积极开展需求对接活动，加强重大问题研究，编制年度产业发展报告，加强行业自律，提高行业素质，维护行业安全。

问：《行动计划》与《推进计划》的关系是什么？

答：2015年《推进计划》发布以来，行业企业发展增材制造产业的积极性得到极大鼓励，研发生产投入大幅增长，一批关键技术得到突破，装备性能显著提升，应用领域日益拓展，生态体系初步形成，涌现出一批具有一定竞争力的骨干企业，形成了若干产业集聚区，推动我国增材制造产业发展进入新阶段。在《行动计划》编制过程中，在有效衔接《推进计划》基础上，结合新的发展阶段面临的新形势、新机遇、新需求，提出了新目标、新任务、新举措。

《行动计划》着力点主要有：一是着力行业推广应用。《行动计划》明确到 2020 年要开展 100 个以上试点示范项目，推动增材制造在 10 个重点制造业领域的示范应用，推动"3D 打印 + 医疗""3D 打印 + 文化创意""3D 打印 + 创新教育""3D 打印 + 互联网"的示范应用，加快培育一批创新能力突出、特色鲜明的示范企业和产业集聚区。二是着力推动军民融合。大力推动增材制造技术在航空、航天、船舶、核工业等军工领域的创新应用，加强军民资源共享，促进军民两用技术的加速发展。三是着力生态体系建设。要形成从材料、工艺、软件、核心器件到装备的完整的增材制造产业链，涵盖计量、标准、检测、认证、人才等在内的增材制造生态体系。四是着力部际协同。《行动计划》由 12 个部门联发，力度空前，充分体现了国家对增材制造产业发展的重视和支持，对产业发展将发挥积极的推动作用。

问：《行动计划》中关于强化行业安全监管的考虑？

答：随着增材制造技术的发展，其对现行的社会秩序、公共安全管理等将带来越来越多的冲击和挑战，因增材制造技术而可能引发的知识产权、刑事犯罪、人类伦理等方面的问题，已得到国际社会的高度关注。在《行动计划》编制过程中，许多行业专家、政府部门建议应提高警觉，未雨绸缪，加强增材制造行业安全监管。《行动计划》明确提出要研究建立购买增材制造装备实名登记制度、装备基本信息报备制度和从业认证登记备案制度，依法查处利用增材制造装备非法生产、制造管制器具等违法犯罪活动。

示例相关二维码

案例1：航空叶片

01 正向设计1

02 正向设计2

03 正向设计3

04 叶片优化设计

05 叶片切片处理

06 3D打印设备操作

07 打印后处理

案例2：托架

08 托架去噪声

09 托架切片

案例3：手机支架

010 3D打印的后处理

011 3D打印机的操作

012 3D打印机的组成

013 3D 打印制造过程 1

014 3D 打印制造过程 2

015 3D 打印制造过程 3

016 3D 打印制造过程 4

017 3D 打印制造过程 5

018 3D 打印制造过程 6

019 3D 打印作品展示

案例 4：节能灯

020 后处理

021 模型打印 1

022 模型打印 2

023 模型打印 3

024 模型打印 4

025 模型打印 5

026 模型打印 6

027 模型展示

参 考 文 献

[1] 杨继全，冯春梅. 3D 打印：面向未来的制造技术 ［M］. 北京：化学工业出版社，2014.
[2] 杨伟群. 3D 设计与 3D 打印 ［M］. 北京：清华大学出版社，2015.
[3] 高帆. 3D 打印技术概论 ［M］. 北京：机械工业出版社，2015.
[4] 付丽敏. 走进 3D 打印世界 ［M］. 北京：清华大学出版社，2016.
[5] 曹明元. 3D 打印技术概论 ［M］. 北京：机械工业出版社，2016.
[6] 曹明元. 3D 设计与打印实训教程（机械制造）［M］. 北京：机械工业出版社，2017.